普通高等学校岩土工程(本科)规划教材

地 基 处 理

主 编 肖昭然

黄河水利出版社
·郑 州·

内 容 提 要

本书根据岩土工程专业教学计划要求编写。全书共分为12章,论述了岩土工程领域常见的地基处理方法,主要内容有换填法、排水固结法、强夯法、振冲法与砂石桩法、水泥粉煤灰碎石桩法、石灰桩与灰土桩法、水泥土搅拌法、高压喷射注浆法、灌浆法、土工合成材料和复合地基基本理论。对于每一种地基处理方法,全面介绍其基本理论、计算方法、施工工艺及检测技术等,所附的思考题与习题摘自注册工程师资格考试题库。

本书可作为高等院校岩土工程专业本科生教学用书,书中部分内容也适用于研究生教学的要求,亦可供工程技术人员及注册工程师执业资格考试参考。

图书在版编目(CIP)数据

地基处理/肖昭然主编 . —郑州:黄河水利出版社,
2012.9
普通高等学校岩土工程(本科)规划教材
ISBN 978 - 7 - 5509 - 0348 - 7

Ⅰ.①地…　Ⅱ.①肖…　Ⅲ.①地基处理 - 高等学校 -
教材　Ⅳ.①TU472

中国版本图书馆 CIP 数据核字(2012)第 215182 号

策划编辑:王志宽　电话:0371 - 66024331　E-mail:wangzhikuan83@126.com

出　版　社:黄河水利出版社
　　　　　地址:河南省郑州市顺河路黄委会综合楼 14 层　邮政编码:450003
发行单位:黄河水利出版社
　　　　　发行部电话:0371 - 66026940、66020550、66028024、66022620(传真)
　　　　　E-mail:hhslcbs@126.com
承印单位:郑州海华印务有限公司
开本:787 mm×1 092 mm　1/16
印张:15.5
字数:360 千字　　　　　　　　　　印数:1—3 100
版次:2012 年 9 月第 1 版　　　　　　印次:2012 年 9 月第 1 次印刷

定价:32.00 元

前　言

　　随着我国经济的迅猛发展,交通以及高层建筑物的建设等也发展迅速,对地基和基础工程提出了更高的要求,且愈来愈多的工程需要对天然地基进行人工处理,以满足结构物对地基承载力和变形的要求,保证结构物的安全和正常使用。地基处理作为一门实用性很强的学科,其理论与实践正处于不断发展、完善之中,日益受到了工程界及学术界的重视。各种软弱地基在我国分布很广,在工程建设中地基处理费用所占比例往往很高。我国从20世纪70年代开始采用复合地基加固软土地基,其理论和实践水平不断提高。复合地基能提高地基的承载力,减少地基沉降量及沉降差,提高地基抗地震液化能力,所以它是加固软弱地基的一种行之有效的方法,也是土力学中一个较有生命力的分支。

　　岩土工程地基处理的主要目的在于:提高软弱地基的强度,保证地基的稳定;降低软弱地基的压缩性,减小基础的沉降量;防止地震时地基土的震动液化;改良与消除特殊土的不良特性;在满足地基承载力和变形的同时,保证结构物的安全与正常使用。

　　地基处理是一门综合性的技术学科,它涉及的专业极为广泛,是实践性强、综合性大、社会性广、专业性极强的系统工程。随着我国国民经济的腾飞,一方面,岩土工程界博采众长,广泛引进吸收了世界各国的先进技术与经验;另一方面因地制宜创造性地研究与开发,形成了具有中国特色的地基处理的先进技术体系。

　　地基处理技术是岩土工程专业的一门专业课程。本课程的主要任务是通过理论教学环节,使学生获得岩土工程地基处理方法的基础知识和基本技能,能够进行一般工程的地基处理设计与计算,并能得到初步的工程训练和实践。

　　本教材是根据岩土工程专业教学计划进行编写的。教材在传承经典的同时,总结了地基处理技术实现创新的发展脉络。其主要特点是:

　　(1)体现传承又理清技术创新思路。每种地基处理方法全面介绍其基本理论、计算方法和检测技术,同时引进新的发展内容,介绍每种地基处理技术的历史发展和新技术的革新。

　　(2)注重知识体系的系统性。结合相关学科中的内容,讲解基本理论和计算方法,各章节内容和工程背景相联系,尤其是基本计算方法相似的地基处理技术的关系,使知识系统更加科学,便于理解和应用。

　　(3)注重理论联系实际,增强可读性。本书图文并茂、生动活泼,安排了一定数量的例题和工程背景介绍,便于理解基本概念、基本理论和基本计算方法,有利于拓展知识,提高分析问题、解决问题的能力。所附思考题与习题摘自历年注册工程师资格考试题库,便于读者复习和准备注册资格考试之用。

　　本书编写人员及编写分工如下:第一章由河南工业大学肖昭然、曾长女编写,第五、八章由曾长女编写,第二章由河南工业大学冯永编写,第三章由河南工业大学李勇泉编写,第四章由河南工业大学师旭超编写,第六章由河南工程学院张明编写,第七章由河南工大学蒋敏敏编写,第九章由郑州大学王俊林、丁亚峰编写,第十章、十二章由河南工业大学刘起霞编写,第十一章由王俊林、郑州大学赵婉编写。全书由肖昭然、曾长女统稿和资料整理。

　　在初稿编写过程中得到了岩土工程界老师与同行的指导。此外,本教材还参考了很多单位及个人的科研成果和技术总结,在此一并致谢。

　　由于编者水平有限,书中疏漏之处在所难免,恳请广大读者批评指正。

作　者

2012 年 3 月

目 录

第一章　绪　论

第一节　概　述

　　改革开放促进了我国国民经济的飞速发展,自 20 世纪 90 年代以来,我国土木工程建设发展很快。土木工程功能化、城市建设立体化、交通运输高速化以及改善综合居住条件已成为我国现代土木工程建设的特征。各类土木工程建设项目对地基提出了更高的要求。各种地基处理技术在我国被充分应用、发展和创新,取得了举世瞩目的成绩。

一、地基处理的概念

(一)基本概念

1. 场地

　　工程建设所直接占有并直接使用的有限面积的土地称为场地。场地范围内及其邻近的地质环境都会直接影响场地的稳定性。场地的概念是宏观的,它不仅代表着所划定的土地范围,还涉及某种地质现象和工程地质问题所概括的地区。所以,场地不能机械地理解为建筑占地面积,在地质条件复杂的地区,还包括该面积在内的某个微地貌、地形和地质单元。

2. 地基

　　承托建筑物基础的这一部分很小的场地称为地基。

　　建筑物的地基所面临的问题一般有以下四方面。

1)强度和稳定性问题

　　稳定性问题是指在建(构)筑物荷载(包括静、动荷载的各种组合)作用下,地基土体能否保持稳定,强度是否超过极限值。地基稳定性问题有时也称为承载力问题,但两者并不完全相同。地基承载力概念在建筑领域用得较多。若地基稳定性不能满足要求,地基在建(构)筑物荷载作用下将会产生局部或整体剪切破坏,影响建(构)筑物的安全与正常使用,严重的可能引起建(构)筑物的破坏。地基的稳定性或地基承载力大小,主要与地基土体的抗剪强度有关,也与基础形式、大小和埋深等影响因素有关。

2)变形问题

　　变形问题是指在建(构)筑物的荷载(包括静、动荷载的各种组合)作用下,地基土体产生的变形(包括沉降、水平位移、不均匀沉降)是否超过相应的允许值。若地基变形超过允许值,将会影响建(构)筑物的安全和正常使用,严重的可能引起建(构)筑物的破坏。地基变形主要与荷载大小和地基土体的变形特性有关,也与基础形式、基础尺寸等因素有关。

3)渗漏问题

渗透问题主要有两类:一类是蓄水构筑物地基渗流量是否超过其允许值,如水库坝基渗流量超过允许值的后果是造成较大水量损失,甚至导致蓄水失败;另一类是地基中水力比降是否超过其允许值,当地基中水力比降超过其允许值时,地基土会因潜蚀和管涌产生稳定性破坏,进而导致建(构)筑物破坏。地基渗透问题主要与地基中水力比降和土体的渗透性有关。

4)液化与振沉问题

在动力荷载(地震、机器以及车辆振动、波浪和爆炸等)作用下,会引起饱和粉、细砂及粉土产生液化,它是使土体失去抗剪强度而呈现近似液体的一种现象,会造成地基失稳而使结构物大量陷落。强烈地震又会使软黏土产生振沉,造成事故。

3. 基础

基础是指建筑物向地基传递荷载的下部结构。它具有承上启下的作用,在上部结构的荷载及地基反力的相互作用下而承受由此产生的轴力、剪力和弯矩。另外,基础底面的反力反过来又作为地基上的荷载,使地基土产生应力和变形。

4. 地基处理

地基处理是指天然地基很软弱,不能满足地基承载力和变形的设计要求,而地基需经过人工处理后再建造基础者。欧美国家称为地基处理,亦有称地基加固。

(二)地基处理的对象

地基处理的对象是软弱地基和特殊土地基。在土木工程建设中常遇到的软弱土和不良土主要包括软黏土、人工填土(包括素填土、杂填土和冲填土)、部分砂土和粉土、湿陷性土、有机质土和泥炭土、膨胀土、垃圾土、盐渍土、多年冻土、岩溶、土洞和山区地基土等。

1. 软黏土

软黏土是软性黏土的简称。它是第四纪后期形成的海相、湖相、三角洲相、溺古相和湖泊相的黏土沉积物或河流冲积物。有的软黏土属于新近淤积物。软黏土大部分处于饱和状态,其天然含水量大于液限,孔隙比大于 1.0。当天然孔隙比大于 1.5 时,称为淤泥;当天然孔隙比大于 1.0 小于 1.5 时,称为淤泥质土。软黏土的特点是天然含水量高,一般为 35% ~ 80%;天然孔隙比大,一般为 1.0 ~ 2.0;抗剪强度低,不排水抗剪强度为 5 ~ 25 kPa;压缩系数高,渗透系数小。在荷载作用下,软黏土地基承载力低,地基沉降变形大,不均匀沉降也大,而且沉降稳定历时比较长,一般需要几年,甚至十几年。软黏土地基分布广泛,主要分布在我国沿海以及内地河流两岸和湖泊地区。例如:天津、连云港、上海、杭州、宁波、温州、福州、厦门、湛江、广州、深圳、珠海等沿海地区,以及昆明、武汉、南京、马鞍山等内陆地区。

2. 人工填土

按照物质组成和堆填方式,人工填土可分为素填土、杂填土和冲填土三类;按堆填的时间,人工填土又可分为老填土和新填土两类。黏土堆填时间超过 10 年,粉土堆填时间超过 5 年,称为老填土。

素填土是由碎石、砂或粉土、黏土等一种或几种组成的填土,其中不含杂质或含杂质较少。若经分层压实则称为压实填土。近年开山填沟筑地、围海筑地工程较多,填土常用开山石料,大小不一,有的直径达数米,填筑厚度有的达数十米,极不均匀。

杂填土是人类活动形成的无规则堆积物,其成分复杂,性质也不相同,且无规律性。在大多数情况下,杂填土是比较疏松和不均匀的。在同一场地的不同位置,地基承载力和压缩性也可能有较大的差异。

冲填土是由水力冲填泥沙形成的填土,在围海筑地中常被采用。冲填土的性质与所冲填泥沙的来源及冲填时的水力条件有密切关系。含黏土颗粒较多的冲填土往往是欠固结的,其强度和压缩性指标都比同类天然沉积土差。以粉细砂为主的冲填土,其性质基本上和粉细砂相同。

3. 部分砂土和粉土

部分砂土和粉土主要指饱和粉砂土、饱和细砂土和砂质粉土。处于饱和状态的细砂土、粉砂土和砂质粉土在静载作用下虽然具有较高的强度,但在机器振动、车辆荷载、波浪或地震力的反复作用下有可能产生液化或产生大量震陷变形。地基会因地基土体液化而丧失承载能力。如需要承担动力荷载,这类地基也往往需要进行地基处理。

4. 湿陷性土

湿陷性土包括湿陷性黄土、粉砂土和干旱半干旱地区具有崩解性的碎石土等。是否属于湿陷性土可根据野外浸水载荷试验确定。湿陷性黄土是指在覆盖土层的自重应力及自重应力和建筑物附加应力综合作用下,受水浸湿后,土的结构迅速破坏,并发生显著的附加下沉,其强度也迅速降低的黄土。黄土湿陷而引起建筑物不均匀沉降是造成黄土地区事故的主要原因。由于大面积地下水位上升等原因,部分湿陷性黄土饱和度达到80%以上,黄土湿陷性消退,转变为低承载力(100 kPa)和高压缩性土。饱和黄土既不同于软黏土,也不属于湿陷性黄土。它兼具两者特性,这类地基的处理问题逐渐增多。黄土在我国特别发育,地层多、厚度大,广泛分布在甘肃、陕西、山西大部分地区,以及河南、河北、山东、宁夏、辽宁、新疆等部分地区。当黄土作为建筑物地基时,首先要判断它是否具有湿陷性,然后才考虑是否需要地基处理以及如何处理。

5. 有机质土和泥炭土

土中有机质含量大于5%时称为有机质土,大于60%时称为泥炭土。土中有机质含量高,强度往往降低,压缩性增大,特别是泥炭土,其含水量极高,有时可达200%以上,压缩性很大,且不均匀,一般不宜作为建筑物地基,如用做建筑物地基需要进行地基处理。

6. 膨胀土

膨胀土是指黏粒成分主要由亲水性黏土矿物组成的黏土,温度变化时会产生强烈的胀缩变形。膨胀土吸水膨胀、失水收缩常会给建(构)筑物造成伤害。膨胀土在我国分布范围很广,根据现有的资料,广西、云南、湖北、河南、安徽、四川、河北、山东、陕西、江苏、内蒙古、贵州和广东等地均有不同范围的分布。利用膨胀土作为建(构)筑物地基时,必须考虑膨胀土在环境的温度和湿度下的地基处理措施。

7. 垃圾土

垃圾土是指城市废弃的工业垃圾和生活垃圾形成的地基土。垃圾土的性质很大程度上取决于废弃垃圾的类别和堆积时间。垃圾土的性质十分复杂,垃圾土成分不仅具有区域性,而且与堆积的季节有关。生活垃圾比工业垃圾更为复杂。垃圾堆场的地基处理也已成为岩土工程师的工作内容,不仅要保持垃圾土的地基稳定,而且要解决好防止垃圾污染地下水源等环境保护问题。垃圾场的再利用也已引起人们的重视。

8. 盐渍土

土中含盐量超过一定数量的土称为盐渍土。盐渍土地基浸水后,土中盐溶解可能产生地基溶陷,某些盐渍土(如含硫酸钠的土)在环境温度和湿度变化时,可能产生土体体积膨胀。除此之外,盐渍土中的盐溶液还会导致建筑物材料和市政设施材料的腐蚀,造成建筑物或市政设施的破坏。盐渍土主要分布在西北干旱地区的新疆、青海、甘肃、宁夏、内蒙古等地势低洼的盆地和平原中,盐渍土在海滨地区也有分布。

9. 多年冻土

多年冻土是指温度连续三年或三年以上保持在 0 ℃或以下,并含有冰的土层。多年冻土的强度和变形有许多特殊性。例如,冻土中因有冰和冰水存在,故在长期荷载作用下有强烈的流变性。多年冻土在人类活动影响下,可能产生融化。因此,多年冻土作为建筑物地基需慎重考虑,需要采取必要的处理措施。

10. 岩溶、土洞和山区地基土

岩溶又称喀斯特,它是石灰岩、白云岩、泥炭岩、大理石、岩盐、石膏等可溶性岩石受水的化学作用和机械作用而形成的溶洞、溶沟、裂隙,以及由于溶洞的顶板塌落使地表产生陷穴、洼地等现象和作用的总称。土洞是岩溶地区上覆盖土层被地下水冲蚀或被地下水潜蚀所形成的洞穴。

岩溶和土洞对建(构)筑物的影响很大,可能造成地面变形、地基陷落、发生水的渗漏和涌水现象。在岩溶地区修建建筑物时要特别重视岩溶和土洞的影响。

山区地基地质条件比较复杂,主要表现在地基的不均匀性和场地的稳定性两方面。山区基岩表面起伏大,且可能有大块孤石,这些因素常会导致建筑物基础产生不均匀沉降。另外,在山区常有可能遇到滑坡、崩塌和泥石流等不良地质现象,给建(构)筑物造成直接的或潜在的威胁。在山区修建建(构)筑物时要重视地基的稳定性和避免过大的不均匀沉降,必要时需要进行地基处理。

除在上述各种软弱和不良地基上建造建(构)筑物时需要考虑地基处理外,当旧房改造、加层,工厂设备更新和道路加宽等造成荷载增大,对原来地基提出更高要求,原地基不能满足新的要求时;或者在开挖深基坑,建造地下商场、地下车库、地下铁道等工程中有土体稳定、变形或渗流问题时,也需要进行地基处理。地基处理也常用于减小或消除施工扰动对周围环境的影响。

二、地基处理方法选用和规划原则

我国地域辽阔,工程地质条件千变万化,各地施工机械条件、技术水平、经验积累以及建筑材料品种、价格差异很大,在选用地基处理方法时一定要因地制宜,具体工程具体分析,要充分发挥地方优势,利用地方资源。

在地基处理的设计和施工过程中应保证安全适用、技术先进、经济合理、确保质量。同时应满足工程设计要求,做到因地制宜、就地取材、保护环境和节约资源。土木工程地基处理应执行国家有关规范(程),且应符合国家现行的有关强制性标准的规定。

地基处理的核心是处理方法的正确选择与实施。在选择处理方法时需要综合考虑各种影响因素，如建(构)筑物的体型、刚度、结构受力体系、建筑材料和使用要求，荷载大小、分布和种类，基础类型、布置和埋深，基底压力，天然地基承载力，稳定安全系数，变形允许值，地基土的类别，加固深度，上部结构要求，周围环境条件，材料来源，施工工期，施工队伍技术素质与施工技术条件，设备状况和经济指标等。对地基条件复杂、需要应用多种处理方法的重大项目，还要详细调查施工区内地形及地质成因、地基成层状况、软弱土层厚度、不均匀性和分布范围、持力层位置及状况、地下水情况及地基土的物理和力学性质；施工中需考虑对场地及邻近建(构)筑物可能产生的影响、占地大小、工期及用料等。只有综合分析上述因素，坚持技术先进、经济合理、安全适用、确保质量的原则拟订处理方案，才能获得最佳的处理效果。

首先，根据建(构)筑物对地基的各种要求和天然地基条件确定地基是否需要处理。若天然地基能够满足建(构)筑物对地基的要求，应尽量采用天然地基。若天然地基不能满足建(构)筑物对地基的要求，则需要确定进行地基处理的要求。

当天然地基不能满足建(构)筑物对地基的要求时，应将上部结构、基础和地基统一考虑。在考虑地基处理方案时，应重视上部结构、基础和地基的共同作用。不能只考虑加固地基，应同时考虑上部结构体型是否合理、整体刚度是否足够等。在确定地基处理方案时，应同时考虑只对地基进行处理的方案，或选用加强上部结构刚度和地基处理相结合的方案。

其次，对提出的多种方案进行技术、经济、进度等方面的比较分析，并重视考虑环境保护要求，确定采用一种或几种地基处理方法。这也是地基处理方案的优化过程。

最后，可根据初步确定的地基处理方案，根据需要决定是否进行小型现场试验或进行补充调查。然后进行施工设计，再进行地基处理施工。施工过程中要进行监测、检测，如有需要还应进行反分析，根据情况可对设计进行修改、补充。

需要强调的是，要重视对天然地基工程地质条件的详细了解。许多由地基问题造成的工程事故或地基处理达不到预期目的，往往是对工程地质条件了解不够全面造成的。详细的工程地质勘察是判断天然地基能否满足建(构)筑物对地基要求的重要依据之一。如果需要进行地基处理，详细的工程地质勘察资料也是确定合理的地基处理方法的主要基本资料之一。通过工程地质勘察，调查建筑物场地的地形地貌，查明地质条件(包括岩土的性质、成因类型、地质年代、厚度和分布范围)。对地基中是否存在明浜、暗浜、古河道、古井、古墓要了解清楚。对于岩层，还应查明风化程度及地层的接触关系，调查天然地层的地质构造，查明水文地质及工程地质条件，确定有无不良地质现象；如滑坡、崩塌、岩溶、土洞、冲沟、泥石流、岸边冲刷及地震等。测定地基土的物理力学性质指标，包括天然重度、相对密度、颗粒分析、塑性指数、渗透系数、压缩系数、压缩模量、抗剪强度等。最后按照要求，对场地的稳定性和适宜性，地基的均匀性、承载力和变形特性等进行评价。

另外，需要强调进行地基处理多方案比较。对于具体工程，技术上可行的地基处理方案往往有几个，应通过技术、经济、进度等方面综合分析以及环境的影响，进行地基处理方案优化，以得到较好的地基处理方案。

第二节　地基处理技术的创新发展进程

地基处理技术在我国的发展可以追溯到很早以前,我们的祖先第一次使用灰土垫层的日期估计已难以考证。在人类历史发展过程中,随着土木工程的发展,地基处理技术也在不断发展。工程建设的需要促进了地基处理技术的发展,现代地基处理技术是伴随现代化建设发展而发展的。

一、地基处理技术发展

我国地基处理技术从起步到发展至今,经历了两大阶段。

第一阶段:20世纪50~60年代为起步应用阶段,这一时期大量的地基处理技术被从国外引进,特别是从苏联引进,最为广泛使用的是垫层等浅层处理方法,主要为砂石垫层、砂桩挤密、石灰桩、灰土桩、化学灌浆、重锤夯实、干浸水及井点降水等。表1-1为部分地基处理方法在我国得到应用的最早年份。

表1-1　部分地基处理方法在我国得到应用的最早年份

地基处理方法	年份	地基处理方法	年份
普通砂井法	20世纪50年代	土工合成材料	20世纪70年代末
真空预压法	1980年	强夯置换法	1988年
袋装砂井法	20世纪70年代	EPS超轻质填料法	1995年
塑料排水带法	1981年	低强度桩复合地基法	1990年
砂桩法	20世纪50年代	刚性桩复合地基法	1981年
土桩法	20世纪50年代中	锚杆静压桩法	1982年
灰土法	20世纪60年代中	掏土纠倾法	20世纪60年代初
振冲法	1977年	顶升纠倾法	1986年
强夯法	1978年	树根桩法	1981年
高压喷射注浆法	1972年	沉管碎石桩法	1987年
浆液深层搅拌法	1977年	石灰桩法	1953年
粉体深层搅拌法	1983年		

第二阶段:20世纪70年代至今为地基处理技术的应用、发展、创新阶段。大批国外先进技术被引进并结合我国自身特点,初步形成了具有中国特色的地基处理技术及其支护体系,许多领域达到了国际领先水平。伴随着我国土木工程建设的飞速发展,地基处理技术也发展很快。为了适应工程建设发展的需要,高压喷射注浆法、振冲法、强夯法、深层搅拌法、强夯置换法、EPS超轻质填料法等许多地基处理方法从国外引进,并在实践中得到发展;许多已经在我国得到应用的地基处理技术,如排水固结法、土桩和灰土桩法、砂桩法等也得到不断发展、提高;在工程实践中我国还发展了许多新的地基处理技术,如真空

堆载联合预压法、锚杆静压桩法、孔内夯扩碎石桩法、低强度桩复合地基法、刚性桩复合地基法等。这个阶段的主要特点如下:

(1)大直径灌注桩得到了前所未有的发展。20 世纪 70 年代中后期陆续在广州、深圳、北京、上海、厦门等大城市应用于高层和重型构筑物地基处理,90 年代初普及到全国数以百计的中小城市及新兴开发区,广泛应用于软土、黄土、膨胀土、特殊土地基。据估计,近年我国应用大直径灌注桩数之多,堪称世界各国之最,可谓起步虽晚而发展迅猛。

(2)石灰桩、碎石桩、高喷注浆、深层搅拌、真空预压、动力固结、塑料排水板法等得到了广泛的研究和应用。利用工业废渣、废料及城市建筑垃圾处理地基的研究取得了可喜的进步。

(3)大刚度的柔性桩复合地基的出现,极大地拓展了地基处理的应用领域,其主要途径是通过提高桩体材料的强度和刚度来实现提高复合地基的承载力。在这一领域开发了碎石、水泥、粉煤灰以及水泥、赤泥、碎石和水泥、粉煤灰、生石灰、砂石桩等复合地基。使得工业废料得到重复利用,有效地降低了成本。

(4)近年来引人注目的发展是大桩距的较短的钢筋混凝土疏桩复合地基得到了开发与应用。它是一种介于传统概念上的桩基与复合地基之间的新型地基基础形状。采用桩基疏布使得桩间土的承载作用得到充分发挥,使桩与土共同承受上部结构荷载,从而有效地将建筑物沉降控制在允许范围内。尽管疏桩基础设计理论有待完善,但它必将会推动这一新型基础形式的广泛应用。

(5)深基坑工程及其支护体系得到迅猛发展。深基坑工程是近十几年来我国在城市建设迅猛发展中伴随着高层和超高层建筑、地铁、地下车库、地下商城等大型市政地下设施的兴建而发展起来的地基处理技术。资料表明,我国已建和在建的高楼、超高楼的基坑深度已由 6 m 发展到 20 m 以上。开发利用地下空间成为城市发展的新方向。

深基坑的发展又伴随着支护结构的发展,经过实践筛选已形成了我国自己的支护体系。基坑深度在 6 m 以内乃至 10 m 以内首选的支护结构类型为水泥搅拌桩和土钉墙。6~10 m 的基坑除采用前述方法外,常采用钻孔桩、沉管桩或钢筋混凝土预制桩等,并根据边界条件如防渗止水时则辅以水泥土搅拌桩,化学灌浆或高压喷射注浆而成隔水帷幕,有时亦用钢板桩或 H 型钢桩。当基坑深度大于 10 m 时,一般考虑采用地下连续墙等。

总的来说,目前我国的地基处理技术已经有了长足的进步,在有的领域已接近或达到国际先进水平,能够为国民经济建设服务。

二、地基处理技术发展新趋势

随着新技术、新工艺的出现,同时随着土建规模的进一步扩大和为减少占用良田,土建项目向地基土更加复杂地区转移,对地基处理技术提出了更高的要求,在这一前提下,地基处理技术呈现出了一些新的发展趋势。主要体现在以下几方面:

(1)土工合成材料地基的广泛应用。这种处理方法是在地基处理过程中应用高分子土工合成材料,将其埋入软弱地基土中,使其形成高弹性复合体,以提高承载力、减少沉降和增强地基稳定性。土工合成加筋材料的发展促进了加筋土法的发展。轻质土工合成材料 EPS 作为填土材料形成 EPS 轻量填土法在高速公路路堤中得到应用。三维植被网的生产使土坡加固和绿化有机结合起来,它的应用已取得了良好的经济效益与社会效益。

(2)积极研究空心桩处理法,将人工挖孔桩设计成空心桩,从而在满足强度要求的同时,节省混凝土,减少废土外运,施工便捷、工艺安全、结构合理。

(3)各类地基处理技术之间、不同的施工工艺正互相嫁接、移植、交叉渗透,从而又形成了新技术、新工艺。这些演变说明了各类技术并不是各自孤立的技术,而通过嫁接、移植、交叉渗透,能产生更好的技术效果、经济效益和社会效益,这是我国地基处理技术发展的一个新动向。

(4)地基处理技术与基础工程施工技术相互融合、渗透,提高稳定性和安全性。

(5)地基处理技术中采用节能、环保新型材料,新工艺,走节能、环保的可持续发展之路。地基处理材料的发展促进了地基处理水平的提高。新材料的应用,使地基处理效能提高,并产生了一些新的地基处理方法。塑料排水带的应用提高了排水固结法施工质量和工效,且便于施工管理。灌浆材料如超细水泥、粉煤灰水泥浆材、硅粉水泥浆材等水泥浆材和化学浆材的发展有效地扩大了灌浆法的应用范围,满足了工程需要。近年来,地基处理还同工业废料的利用结合起来。粉煤灰垫层、石灰粉煤灰桩复合地基、钢渣桩复合地基、渣土桩复合地基等的应用取得了较好的社会效益和经济效益。

(6)由于受我国仪表工业、机械制造业水平限制,在机械设备和处理能力方面与国外先进水平仍有相当差距。为满足日益发展的地基处理工程的需要,近几年来地基处理机械发展很快。例如,我国强夯机械向系列化、标准化发展。单击夯击能有了很大提高。深层搅拌机型号增加,既有单轴深层搅拌和固定双轴深层搅拌机,浆液喷射和粉体喷射深层搅拌机,又有研制成功的四轴深层搅拌机,搅拌深度和成桩直径也在扩大,海上深层搅拌机也已投入使用。高压喷射注浆机机械发展也很快,出现了不少新的高压喷射设备,如井口传动由液压代替机械,改进了气、水、浆液的输送装置,提高了喷射压力,增加了对地层的冲切搅拌能力。水平旋喷机械的成功运用,使高压喷射注浆法进一步扩大了应用范围。近年还发展了将深层搅拌和喷射注浆混合溶于一机,形成桩内圈为机械搅拌、外圈为喷射注浆的水泥土桩。注浆机械也在发展,应用于排水固结法的塑料排水带插带机的出现大大提高了工作效率。振冲器的生产也已走向系列化、标准化。地基处理机械的发展使地基处理能力得到了较大的提高。

总之,地基处理技术在我国得到了广泛的普及,地基处理水平得到不断提高。地基处理技术已得到土木工程界的各个部门,如勘察、设计、施工、监理、教学、科研和管理部门的关心与重视。地基处理技术的进步带来了巨大的经济效益和社会效益。

第三节　地基处理方法分类及适用范围

近年来,为满足工程建设的需要,我国引进、发展了许多地基处理新技术。考虑到低强度桩复合地基和钢筋混凝土桩复合地基技术发展较快,其计算理论也可归属于复合地基理论,故本书在地基处理方法分类时将其纳入。

按照加固原理将地基处理方法分为八大类:置换、排水固结、灌入固化物、振密和挤密、加筋、冷热处理、托换、纠倾和偏移。第二、三、四、五类属土质改良,最后两类是既有建筑物地基加固和纠倾,每一类又含多种处理方法。由于各种方法较多,本节只介绍本书中涉及的地基处理方法,如表1-2所示,其他地基处理方法参考相关文献。

表1-2 地基处理方法分类及适用范围

类别	方法	简要原理	适用范围
置换法	换填法	将软弱土或不良土开挖至一定深度,回填抗剪强度较高、压缩性较小的岩土材料,如砂、砾、石渣等,并分层夯实,形成双层地基。垫层能有效扩散基底压力,可提高地基承载力,减小沉降	各种软弱土地基
	砂石桩置换法	利用振冲法、沉管法或其他方法在饱和黏土地基中成孔,在孔内填入砂石料,形成砂石桩。砂石桩置换部分地基土体,形成复合地基,以提高承载力,减小沉降	黏土地基,因承载力提高幅度小,工后沉降大,已很少应用
	强夯置换法	采用边填碎石边强夯的方法在地基中形成碎石石墩体,由碎石墩、墩间土以及碎石垫层形成复合地基,以提高承载力,减小沉降	粉砂土和软黏土地基等
	石灰桩法	通过机械或人工成孔,在软弱地基中填入生石灰块或生石灰块加其他掺合料,通过石灰的吸水膨胀、放热以及离子交换作用改善桩间土的物理力学性质,并形成石灰桩复合地基,可提高地基承载力,减小沉降	杂填土、软黏土地基
排水固结法	堆载预压法	在地基中设置排水通道——砂垫层和竖向排水系统,缩小土体固结排水距离,地基在预压荷载作用下排水固结,地基产生变形,地基土强度提高。卸去预压荷载后再建造建(构)筑物,地基承载力提高,工后沉降小	软黏土、杂填土、泥炭土地基等
	真空预压法	在软黏土地基中设置排水体系(同堆载预压法),然后在上面形成一不透气层(覆盖不透气密封膜或其他措施),通过对排水体系进行长时间不断抽气、抽水,在地基中形成负压区,而使软黏土地基产生排水固结,达到提高地基承载力,减小工后沉降的目的	软黏土地基
	电渗法	在地基中形成直流电场,在电场作用下,地基土体产生排水固结,达到提高地基承载力,减小工后沉降的目的	软黏土地基
	降低地下水位法	通过降低地下水位,改变地基土受力状态,其效果如堆载预压,使地基土产生排水固结,达到加固目的	砂性土或透水性较好的软黏土层

续表 1-2

类别	方法	简要原理	适用范围
灌入固化物法	深层搅拌法	利用深层搅拌机将水泥浆或水泥粉和地基土在原位搅拌形成圆柱状、格栅状或连续墙水泥土增强体,形成复合地基,提高地基承载力,减小沉降,也常用它形成水泥土防渗帷幕。深层搅拌法分喷浆搅拌法和喷粉搅拌法两种	淤泥、淤泥质土、黏土和粉土等软土地基
	高压喷射注浆法	利用高压喷射专用机械,在地基中通过高压喷射流冲切土体,用浆液置换部分土体,形成水泥土增强体。按喷射流组成形式,高压喷射注浆法有单管法、二重管法和三重管法。按施工工艺可形成定喷、摆喷和旋喷。高压喷射注浆法可形成复合地基以提高承载力、减小沉降,也常用它形成水泥土防渗帷幕	淤泥、淤泥质土、黏土、粉土、黄土、砂土、人工填土和碎石土等地基
	渗入性灌浆法	在灌浆压力作用下,将浆液灌入地基中以填充原有孔隙,改善土体的物理力学性质	中砂、粗砂、砾石地基
	强夯法	采用质量为 10~40 t 的夯锤从高处自由落下,地基土体在强夯的冲击力和振动力作用下密实,可提高地基承载力,减小沉降	碎石土、砂土、低饱和度的粉土与黏土,湿陷性黄土等地基的浅层处理
	振冲密实法	一方面依靠振冲器的振动使饱和砂层发生液化,砂颗粒重新排列,孔隙减小;另一方面依靠振冲器的水平振动力,加回填料使砂层挤密,从而达到提高地基承载力,减小沉降,提高地基土体抗液化能力的目的。振冲密实法可加回填料,也可不加回填料	黏粒含量小于 10%的疏松砂性土地基
	挤密砂石桩法	采用振动沉管法等在地基中设置碎石桩,在制桩过程中对周围土层产生挤密作用。被挤密的桩间土和密实的砂石桩形成砂石桩复合地基,达到提高地基承载力,减小沉降的目的	砂土地基、非饱和黏土地基
	土桩、灰土桩法	采用沉管法、爆破法和冲击法在地基中设置土桩或灰土桩,在成桩过程中挤密桩间土,由挤密的桩间土和密实的土桩或灰土桩形成土桩复合地基或灰土桩复合地基,以提高地基承载力和减小沉降,有时为了消除湿陷性黄土的湿陷性	地下水位以上的湿陷性黄土、杂填土、素填土等地基
	夯实水泥土桩法	在地基中人工挖孔,然后填入水泥与土的混合物,分层夯实,形成水泥土桩复合地基,提高地基承载力和减小沉降	地下水位以上的湿陷性黄土、杂填土、素填土等地基
加筋法	加筋土垫层法	在地基中铺设加筋材料(如土工织物、土工格栅、金属板条等)形成加筋土垫层,以增大压力扩散角,提高地基稳定性	筋条间用无黏性土,加筋土垫层可适用各种软弱地基
	加筋土挡墙法	利用在填土中分层铺设加筋材料以提高填土的稳定性,形成加筋土挡墙。挡墙外侧可采用面板形式,也可采用加筋材料包裹形式	应用于填土挡土结构

第四节　复合地基简述

一、复合地基的概念

复合地基是指天然地基在地基处理过程中部分土体得到增强,或被置换,或在天然地基中设置加筋材料,形成增强体,由增强体和周围地基共同承担荷载的地基。复合地基通常由增强体、基体(天然地基土体或被改良的天然地基土体)、褥垫层组成。在荷载作用下,基体和增强体共同承担荷载并协调建筑物的变形。根据地基中增强体的方向,复合地基可分为水平向增强体复合地基和竖向增强体复合地基。

二、复合地基的承载力与变形计算

(一)承载力计算

1. 复合地基的桩土面积置换率和桩土应力比

1)桩土面积置换率

复合地基中桩体的横截面面积与其所分担的地基处理面积之比,称为桩土面积置换率。其表达式为

$$m = \frac{A_p}{A_e} = \frac{d^2}{d_e^2} \tag{1-1}$$

式中　A_p——桩体的横截面面积,m^2;

　　　A_e——一根桩所分担的地基处理面积,m^2;

　　　d——桩身平均直径,m;

　　　d_e——一根桩分担的地基处理面积的等效圆直径,m,可参见《建筑地基处理技术规范》(JGJ 79—2002)计算。

2)桩土应力比

桩土应力比是指复合地基加固区表面上桩体的竖向应力和桩间土的竖向应力之比,用 n 表示,即

$$n = \frac{\sigma_p}{\sigma_s} \tag{1-2}$$

式中　σ_p——桩体的竖向应力;

　　　σ_s——桩间土的竖向应力。

2. 复合地基承载力计算

复合地基承载力特征值应通过现场复合地基载荷试验确定,而竖向承载桩的复合地基承载力特征值也应通过现场单桩或多桩复合地基载荷试验确定。对成桩材料不同的桩,在确定单桩极限承载力时,可通过现场载荷试验确定,也可按理论公式进行计算,但需经过现场试验后,方可确定其有关参数。初步设计时,可依据单桩和处理后桩间土承载力特征值用简化公式估算。复合地基承载力由两部分组成——桩的承载力和桩间土的承载力。合理估计二者对复合地基承载力的贡献是桩体复合地基承载力计算的关键。

1) 复合地基承载力特征值

复合地基承载力特征值可估算为

$$f_{spk} = mf_{pk} + \beta(1 - m)f_{sk} \tag{1-3}$$

若设 $n = \dfrac{f_{pk}}{f_{sk}}$，对于散体材料桩复合地基也可估算为

$$f_{spk} = [1 + m(n - 1)]f_{sk} \tag{1-4}$$

式中　f_{spk}——复合地基承载力特征值，kPa；

　　　　m——桩土面积置换率；

　　　　f_{pk}——桩体单位截面面积承载力特征值，kPa，宜通过单桩载荷试验确定，也可按当地经验取值，如无经验，可取天然地基承载力特征值；

　　　　β——桩间土承载力折减系数，对散体材料桩及柔性桩复合地基取 $\beta = 1.0$，刚性桩及半刚性桩复合地基取 $\beta \leqslant 1.0$；

　　　　f_{sk}——处理后桩间土承载力特征值，kPa，可通过室内试验或现场原位测试确定；

　　　　n——桩土应力比。

2) 桩体承载力特征值

R_a 取式(1-5)及式(1-7)中的小值。

$$R_a = u_p \sum_{i=1}^{n} q_{si}l_i + \alpha q_p A_p \tag{1-5}$$

$$f_{pk} = \frac{R_a}{A_p} \tag{1-6}$$

$$R_a = \eta f_{cu} A_p \tag{1-7}$$

式中　R_a——单桩竖向承载力特征值，kN；

　　　　u_p——桩的周长，m；

　　　　q_{si}——桩周第 i 层土的侧阻力特征值，kPa；

　　　　l_i——桩长范围内第 i 层土的厚度，m，对于半刚性桩应考虑有效桩长对 R_a 的影响；

　　　　α——桩端天然地基土的承载力折减系数，$\alpha \leqslant 1.0$；

　　　　q_p——桩端阻力特征值，kPa，按照《建筑地基基础设计规范》(GB 50007—2011)有关规定确定；

　　　　A_p——桩的横截面面积，m^2；

　　　　η——桩身强度折减系数，依据《建筑地基处理技术规范》(JGJ 79—2002)取值，$\eta \leqslant 0.33$；

　　　　f_{cu}——桩体混合料试块的立方体抗压强度平均值，kPa；

　　　　其余符号意义同前。

(二)变形计算

在实际计算中，可把复合地基沉降量分为两部分(见图 1-1)：第一部分是复合加固区的沉降变形 s_1，计算方法有复合模量法、应力修正法(E_s 法)、桩身压缩量法(E_p 法)等。但工程中常将加固区中的桩体和桩间土的复合体(复合模量法)的压缩模量采用分层复合模量(E_{spi})，分层按天然土层划分，采用分层总和法计算 s_1。第二部分是加固区以下下

卧层的沉降变形 s_2，采用应力扩散后的应力计算加固区下卧层的沉降变形，用扩散后应力作用宽度作为计算宽度，采用分层总和法计算。

其总沉降变形量为

$$s = s_1 + s_2 \tag{1-8}$$

复合模量表征的是复合土体抵抗变形的能力。数值上等于某一应力水平时复合地基应力与复合地基相对变形之比。通常，复合模量可用桩抵抗变形能力与桩间土抵抗变形能力的某种叠加来表示。由于复合地基是由土和增强体（桩）组成的，因此复合模量与土和桩的模量密切相关。复合模量的计算式为

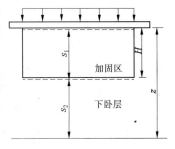

图 1-1　复合地基的沉降

$$E_{sp} = mE_p + (1 - m)E_s \tag{1-9}$$

式中　E_{sp}——复合模量；

　　　E_p——桩体压缩模量；

　　　E_s——桩间土压缩模量。

式(1-9)是在某些特定的理想条件下导出的，其条件为：

(1)复合地基上的基础为绝对刚性。

(2)桩端落在坚硬的土层上，即桩没有向下的刺入变形。

式(1-9)的缺陷在于不能反映桩长的作用和桩端阻力效应。

实际工程中，桩的模量直接测定比较困难。通过假定桩土模量比等于桩土应力比，采用复合地基承载力的提高系数计算复合模量。

承载力提高系数为

$$\xi = \frac{f_{spk}}{f_{ak}} \tag{1-10}$$

ξ 也是模量提高系数，复合土层的复合模量为

$$E_{sp} = \xi E_s \tag{1-11}$$

具体计算公式见第十二章。

思考题与习题

1-1　软弱土有哪些主要特点？

1-2　何谓软土、软弱土和软弱地基？

1-3　一般建筑物地基所面临的问题有哪些？

1-4　选用地基处理方法时应遵循哪些原则？

1-5　为防止地基土液化，一般可采用哪几种地基处理方法？

1-6　复合地基由哪几部分组成？

第二章　换填法

第一节　概　述

换填法就是将基础底面以下不太深的一定范围内的软弱土层挖去,然后以质地坚硬、强度较高、性能稳定、抗侵蚀性的砂、碎石、卵石、素土、灰土、煤渣、矿渣等材料分层充填,并以人工或机械方法分层压、夯、振动,使之达到要求的密实度,成为良好的人工地基。工程实践表明,在合适的条件下,采用换填法能有效地解决中小型工程的地基处理问题。本法的优点是:可就地取材,施工方便,不需特殊的机械设备,既能缩短工期,又能降低造价。因此,换填法得到了较为普遍的应用。

按换填材料的不同,将垫层分为砂垫层、砂卵石垫层、碎石垫层、灰土或素土垫层、煤渣垫层、矿渣垫层以及用其他性能稳定、无侵蚀性的材料做的垫层等。不同材料的垫层,其应力分布稍有差异,但根据试验成果及实测资料,垫层地基的强度和变形特性基本相同,因此可将各种材料的垫层设计近似地按砂垫层的设计方法进行计算。换土垫层与原土相比,具有承载力高、刚度大、变形小等优点。

换填法适用于淤泥、淤泥质土、湿陷性黄土、素填土、杂填土地基及暗沟、暗塘等浅层软弱地基及不均匀地基的处理。但在用于消除黄土湿陷性时,应符合国家现行标准《湿陷性黄土地区建筑规范》(GB 50025—2004)中的有关规定。在采用大面积填土作为建筑地基时,应符合现行国家标准《建筑地基基础设计规范》(GB 50007—2011)中的有关规定。当地基软弱土层较薄,而且上部荷载不大时,也可直接以人工或机械方法(填料或石填料)进行表层压、夯、振动等密实处理,同样可取得换填加固地基的效果。

第二节　换填法原理

换填法主要基于以下原理:

(1)提高地基承载力。

基础的地基承载力与基础下土层的抗剪强度有关。如果以抗剪强度较高的砂或其他填筑材料代替较软弱的土,可提高地基的承载力,避免地基破坏。

(2)减小沉降量。

一般地基浅层部分的沉降量在总沉降量中所占的比例是比较大的。以条形基础为例,在相当于基础宽度的深度范围内的沉降量约占总沉降量的50%。加以密实砂或其他填筑材料代替上部软弱土层,就可以减小这部分的沉降量。由于砂垫层或其他垫层对应力的扩散作用,使作用在下卧层土上的压力减小,这样也会相应减小下卧层土的沉降量。

(3)加速软弱土层的排水固结。

建筑物的不透水基础直接与软弱土层相接触时,在荷载的作用下,软弱土地基中的水被迫绕基础两侧排出,因而使基底下的软弱土不易固结,形成较大的孔隙水压力,还可能导致由于地基强度降低而产生塑性破坏的危险。砂垫层和砂石垫层等垫层材料透水性大,软弱土层受压后,垫层可作为良好的排水面,可以使基础下面的孔隙水压力迅速消散,加速垫层下软弱土层的固结和提高其强度,避免地基土发生塑性破坏。

(4)防止冻胀。

因为粗颗粒的垫层材料孔隙大,不易产生毛细管现象,因此可以防止寒冷地区土中结冰所造成的冻胀。这时,砂垫层的底面应满足当地冻结深度的要求。

(5)消除膨胀土的胀缩作用。

在膨胀土地基上采用换土垫层法时,一般可选用砂、碎石、块石、煤渣或灰土等作为垫层,但是垫层的厚度应根据变形计算确定,一般不小于 30 cm,且垫层的宽度应大于基础的宽度,而基础两侧宜用与垫层相同的材料回填。

(6)消除湿陷性黄土的湿陷作用。

采用素土、灰土或二灰土垫层处理湿陷性黄土,可用于消除 1～3 m 厚黄土层的湿陷性。

(7)用于处理暗浜和暗沟的建筑场地。

城市建筑场地,有时遇到暗浜和暗沟。此类地基具有土质松软、均匀性差、有机质含量较高等特点,其承载力一般满足不了建筑物的要求。一般处理的方法有基础加深、短柱支承和换土垫层。而换土垫层法适用于处理范围较大、处理深度不大、土质较差、无法直接作为基础持力层的情况。

在各种不同类型的工程中,换填垫层所起的主要作用有时也是不同的。例如,砂垫层可分为换土砂垫层和排水砂垫层两种。一般工业与民用建筑物基础下的砂垫层主要起换土的作用;而在路堤及土坝等工程中,主要是利用砂垫层起排水固结作用,提高固结速率,促使地基的强度增长。换土垫层视工程具体情况而异,软弱土层较薄时,常采用全部换土,软弱土层较厚时,可采用部分换土,并允许有一定程度的沉降及变形。

如前所述,换填法的主要作用是改善原地基土的承载力并减小其沉降量。这一目的通常是通过外界的压(夯、振)实功来实现的。

当地基软弱土层较薄,而且上部荷载不大时,也可直接以人工或机械方法(填料或石填料)进行表层压、夯、振动等密实处理,同样可取得换填加固地基的效果。

第三节　垫层设计

一、垫层材料的选择

(1)砂石。宜选用碎石、卵石、角砾、原砾、砾砂、粗砂、中砂或石屑(粒径小于 2 mm 的部分不应超过总重的 45%),应级配良好,不含植物残体、垃圾等杂质。当使用粉细砂或石粉(粒径小于 0.075 mm 的部分不应超过总重的 9%)时,应掺入不少于总重 30% 的碎石或卵石。最大粒径不宜大于 50 mm。对湿陷性黄土地基,不得选用砂石等渗水材料。

（2）粉质黏土。土料中有机质含量不得超过 5%，亦不得含有冻土或膨胀土。当含有碎石时，其粒径不宜大于 50 mm。用于湿陷性黄土地基或膨胀土地基的粉质黏土垫层，土料中不得夹有砖、瓦和石块。

（3）灰土。体积配合比宜为 2：8 或 3：7。土料宜用粉质黏土，不得使用块状黏土和砂质粉土，不得含有松软杂质，并应过筛，其颗粒粒径不得大于 15 mm。石灰宜用新鲜的消石灰，其颗粒粒径不得大于 5 mm。

（4）粉煤灰。可用于道路、堆场和小型建筑、构筑物等的换填垫层。粉煤灰垫层上宜覆土 0.3 ~ 0.5 m。粉煤灰垫层中采用掺加剂时，应通过试验确定其性能及适用条件。作为建筑物垫层的粉煤灰应符合有关放射性安全标准的要求。粉煤灰垫层中的金属构件、管网宜采取适当防腐措施。大量填筑粉煤灰时应考虑对地下水和土壤的环境影响。

（5）矿渣。垫层使用的矿渣是指高炉重矿渣，可分为分级矿渣、混合矿渣及原状矿渣。矿渣垫层主要用于堆场、道路和地坪，也可用于小型建筑、构筑物地基。选用矿渣的松散重度不小于 11 kN/m^3，有机质及含泥总量不超过 5%。设计、施工前必须对选用的矿渣进行试验，在确认其性能稳定并符合安全规定后方可使用。作为建筑物垫层的矿渣应符合对放射性安全标准的要求。易受酸、碱影响的基础或地下管网不得采用矿渣垫层。大量填筑矿渣时，应考虑对地下水和土壤的环境影响。

（6）其他工业废渣。在有可靠试验结果或成功工程经验时，质地坚硬、性能稳定、无腐蚀性和放射性危害的工业废渣等均可用于填筑换填垫层。被选用工业废渣的粒径、级配和施工工艺等应通过试验确定。

（7）土工合成材料。由分层铺设的土工合成材料与地基土构成加筋垫层。所用土工合成材料的品种与性能及填料的土类应根据工程特性和地基土条件，按照现行国家标准《土工合成材料应用技术规范》（GB 50290—98）的要求，通过设计并进行现场试验后确定。作为加筋的土工合成材料应采用抗拉强度较高、受力时伸长率不大于 4% ~ 5%、耐久性好、抗腐蚀的土工格栅、土工格室、土工垫或土工织物等土工合成材料；垫层填料宜用碎石、角砾、砾砂、粗砂、中砂或粉质黏土等材料。当工程要求垫层具有排水功能时，垫层材料应具有良好的透水性。

在软土地基上使用加筋垫层时，应保证建筑稳定并满足允许变形的要求。

二、垫层的设计要点

不同材料的垫层，其应力分布稍有差异，但如前所述，根据试验成果及实测资料，垫层地基的强度和变形特性基本相同，各种材料的垫层设计近似地按砂垫层的设计方法进行计算，砂垫层设计的方法有多种，本节只介绍一种常用的方法。

（一）砂垫层厚度的确定

根据垫层作用的原理，砂垫层厚度必须满足在建筑物荷载作用下垫层地基不应产生剪切破坏，同时通过垫层传递至下卧软弱土层的应力也不产生局部剪切破坏，即应满足式（2-1）对软弱下卧层验算的要求（但其中地基压力扩散角的取值方法不同）

$$\sigma_z + \sigma_{cz} \leqslant f_{az} \tag{2-1}$$

式中　f_{az}——垫层底面处经深度修正后的地基承载力特征值，kPa；

σ_{cz}——砂垫层底面处土的自重应力标准值,kPa;

σ_z——砂垫层底面处的附加应力设计值,kPa,按图 2-1 中的应力扩散图形计算。

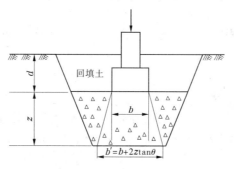

图 2-1　砂垫层剖面图

对条形基础为

$$\sigma_z = \frac{b(p - \sigma_c)}{b + 2z\tan\theta} \tag{2-2}$$

对矩形基础为

$$\sigma_z = \frac{bl(p - \sigma_c)}{(b + 2z\tan\theta)(l + 2z\tan\theta)} \tag{2-3}$$

式中　l、b——基础的长度和宽度,m;

　　　z——砂垫层的厚度,m;

　　　p——基底压力设计值,kPa;

　　　σ_c——基础底面标高处土的自重应力,kPa;

　　　θ——砂垫层的压力扩散角,可按表 2-1 采用。

表 2-1　压力扩散角 θ　　　　　　　　(°)

z/b	不同换填材料 θ 值		
	中砂、粗砂、砾砂、圆砾、角砾、石屑、卵石、碎石、矿渣	粉质黏土、粉煤灰	灰土
0.25	20	6	28
≥0.50	30	23	

注:1. 当 $z/b < 0.25$ 时,除灰土取 $\theta = 28°$ 外,其余材料均取 $\theta = 0°$,必要时,宜由试验确定。

2. 当 $0.25 < z/b < 0.5$ 时,θ 值可内插求得。

换填垫层的厚度不宜小于 0.5 m,也不宜大于 3 m。

计算时,先假设一个垫层的厚度,然后用式(2-1)验算。如不合要求,则改变厚度,重新验算,直至满足要求,一般砂垫层的厚度为 1～2 m,过薄的垫层(<0.5 m)的作用不显著,垫层太厚(>3 m)则施工较困难。

(二)砂垫层宽度的确定

砂垫层的宽度一方面要满足应力扩散的要求,另一方面防止垫层向两边挤动。关于宽度的计算,目前还缺乏可靠的理论方法,在实践中常常按照当地某些经验数(考虑垫层两侧土的性质)或按经验方法确定,常用的经验方法是扩散角法,如图 2-1 所示,设垫层厚度为 z,垫层底宽按基础底面每边向外扩出考虑,那么条形基础下砂垫层底宽应不小于 $z\tan\theta$,则扩散层的底宽可按基础的底宽 b 向外扩出 $2z\tan\theta$,即 $b+2z\tan\theta$。扩散角 θ 仍按表 2-1 的规定采用。底宽确定以后,根据开挖基坑所要求的坡度延伸至地面,即得砂垫层的设计断面。

砂垫层断面确定之后,对于比较重要的建筑物还要求验算基础的沉降,以便使建筑物基础的最终沉降值小于建筑物的允许沉降值。验算时不考虑砂垫层本身的变形。

以上按应力扩散设计砂垫层的方法比较简单,故常被设计人员所采用。但是必须注意,应用此法验算砂垫层的厚度时,往往得不到接近实际的结果。因为增加砂垫层的厚度时,式(2-1)中的 σ_z 虽可减小,但 σ_{cz} 却增大了,因而两者之和 $\sigma_z+\sigma_{cz}$ 的减小并不明显,所以这样设计的砂垫层往往较厚(偏于安全)。因此,对于重要工程,建议通过现场试验来确定。

第四节　垫层施工

一、常用垫层施工方法

换土垫层的施工可按换填材料(如砂石垫层、素土垫层、灰土垫层、粉煤灰垫层和矿渣垫层等)分类,或按压(夯、振)实方法分类。目前,国内常用的垫层施工方法主要有机械碾压法、重锤夯实法和振动压实法。

机械碾压法是采用各种压实机械,如压路机、羊足碾、振动碾等来压实地基土的一种压实方法。这种方法常用于大面积填土的压实、杂填土地基处理、道路工程基坑面积较大的换土垫层的分层压实。施工时,先按设计挖掉要处理的软弱土层,把基础底部土碾压密实后,再分层填土,逐层压密填土。

重锤夯实法是利用起重设备将夯锤提升到一定高度,然后自由落锤,利用重锤自由下落时的冲击能来夯实浅层土层,重复夯打,使浅部地基土或分层填土夯实。主要设备为起重机、夯锤、钢丝绳和吊钩等。重锤夯实法一般适用于地下水位距地表 0.8 m 以上非饱和的黏土、砂土、杂填土和分层填土,用以提高其强度,减少其压缩性和不均匀性,也可用于消除或减少湿陷性黄土的表层湿陷性,但在有效夯实深度内存在软弱土时,或当夯击振动对邻近建筑物或设备有影响时,不得采用。因为饱和土在瞬间冲击力作用下水不易排出,很难夯实。

振动压实法是利用振动压实机将松散土振动密实。地基土的颗粒受振动而发生相对运动,移动至稳固位置,减小土的孔隙而压实。此法适用于处理无黏性土或黏粒含量少、透水性较好的松散杂填土以及矿渣、碎石、砾砂、砾石、砂砾石等地基。

总的来说,垫层施工应根据不同的换填材料选择施工机械。粉质黏土、灰土宜采用平碾、振动碾和羊足碾,中小型工程也可采用蛙式打夯机、柴油夯;砂石等宜采用振动碾;粉煤灰宜用平碾、振动碾、平板式振动器、蛙式夯;矿渣宜采用平碾、振动碾、平板式振动器。

二、具体要求

(一)材料要求

在垫层的施工中,填料质量是直接影响垫层施工质量的关键因素。对于砂、石料和矿渣等垫层主要检验其粒径级配以及含泥量;对于土、石灰填料,主要检查其含水量是否接近最优含水量,石灰的质量等级以及活性 $CaO + MgO$ 的含量,存放时间等。

(二)施工参数、机具及方法选择

砂石垫层选用的砂石料应进行室内击实试验,根据曲线确定最大干密度和最优含水量,然后根据设计要求的压实系数确定设计要求的干密度,以此作为检验砂石垫层质量控制的技术指标。在无击实试验数据时,砂石垫层的中密状态可作为设计要求的干密度:中砂1.6,粗砂1.7,碎石、卵石2.0～2.1即可。

砂和砂石垫层采用的施工机具和方法对垫层的施工质量至关重要。下卧层是高灵敏度的软土时,在铺设第一层时要注意不能采用振动能量大的机具扰动下卧层。除此之外,一般情况下,砂及砂石垫层首先用振动法,振动法更能有效地使砂和砂石密实。我国目前常采用的方法有振动压实法(包括平振和插振)、夯实法、碾压法等。常采用的机具有振捣器、振动压实机、平板振动器、蛙式打夯机、压路机等。

(三)施工要点

(1)砂垫层施工中的关键是将砂加密到设计要求的密实度。加密的方法常用的有振动法(包括平振、插振、夯实)、碾压法等。这些方法要求在基坑内分层铺砂,然后逐层振密或压实,分层的厚度视振动力而定,一般为15～20 cm。施工时,应将下层的密实度经检验合格后,方可进行上层施工。

(2)砂及砂石料可根据施工方法的不同控制最优含水量。最优含水量由工地试验确定。

(3)铺筑前,应先行验槽。浮土应清除,边坡必须稳定,防止塌土。基坑(槽)两侧附近如有低于地基的孔洞、沟、井和墓穴等,应在未做垫层前加以填实。

(4)开挖基坑铺设砂垫层时,必须避免扰动软弱土层的表面,否则坑底土的结构在施工时遭到破坏后,其强度就会显著降低,以致在建筑物荷重的作用下,将产生很大的附加沉降。因此,基坑开挖后应及时回填,不应暴露过久或浸水,并防止践踏坑底。

(5)砂、砂石垫层底面应铺设在同一标高上,当深度不同时,基坑地基土面应挖成踏步(阶梯)或斜坡搭接,搭接处应注意捣实,施工应按先深后浅的顺序进行。

(6)人工级配的砂石垫层,应将砂石拌和均匀后,再行铺填捣实。采用细砂作为垫层的填料时,应注意地下水的影响,且不宜使用平振法、插振法。

(7)地下水位高出基础底面时,应采取排水降水措施,这时要注意边坡的稳定,以防止塌土混入砂石垫层中影响垫层的质量。

第五节　效果检验

对粉质黏土、灰土、粉煤灰和砂石垫层的施工质量检验可用环刀法、贯入仪、静力触探

或标准贯入试验检验;对砂石、矿渣垫层可用重型动力触探检验,并均应通过现场试验以设计压实系数所对应的贯入度为标准检验垫层的施工质量。压实系数也可采用环刀法、灌砂法、灌水法或其他方法检验。

垫层的施工质量检验必须分层进行,应在每层的压实系数符合设计要求后铺填上层土。采用环刀法检验垫层的施工质量时,取样点应位于每层厚度的 2/3 深度处。检验点数量,对于大基坑,每 50 ~ 100 m² 不应少于 1 个;对于基槽,每 10 ~ 20 m 不应少于 1 个;每个独立柱基不应少于 1 个。采用贯入仪或动力触探检验垫层的施工质量时,每分层检验点的间距应小于 4 m。竣工验收采用载荷试验检验垫层承载力时,每个单体工程不宜少于 3 点;对于大型工程,则应按单体工程的数量或工程的面积确定检验点数。

垫层质量检验包括分层施工质量检查和工程质量验收。

分层施工的质量和质量标准应使垫层达到设计要求的密实度。检验方法主要有环刀法和贯入法(可用钢叉或钢筋贯入代替)两种。

(1)环刀法:用容积不小于 200 cm³ 的环刀压入垫层中的每层 2/3 的深度处取样,测定其干密度,干密度应不小于该砂石料在中密状态的干密度值。

(2)贯入法:先将砂垫层表面 3 cm 左右厚的砂刮去,然后用贯入仪、钢叉或钢筋以贯入度的大小来定性地检验砂垫层质量,以不大于通过相关试验所确定的贯入度为合格。钢筋贯入法所用的钢筋直径为 20 mm、长 1.25 m 的平头钢筋,垂直距离砂垫层表面 70 cm 时自由下落,测其贯入深度。钢叉贯入法所用的钢叉有四齿,重 40 N,它于 50 cm 高处自由落下,测其贯入深度。

工程竣工质量验收的检测、试验方法如下:

(1)静载荷试验。

根据垫层静载荷实测资料,确定垫层的承载力和变形模量。

(2)静力触探试验。

根据现场静力触探试验的比贯入阻力曲线资料,确定垫层的承载力及其密实状态。

(3)标准贯入试验。

由标准贯入试验的标准贯入锤击数,换算出垫层的承载力及其密实状态。

(4)轻便触探试验。

利用轻便触探试验的锤击数,确定垫层的承载力、变形模量和垫层的密实度。

(5)中型或重型以及超重型动力触探试验。

根据动力触探试验锤击数,确定垫层的承载力、变形模量和垫层的密实度。

(6)现场取样做物理、力学性质试验。

检验垫层竣工后的密实度,估算垫层的承载力及压缩模量。

上述试验、检测项目,对于中小型工程不需全部采用,对于大型或重点工程项目应进行全面的检查验收。

其检验数量每单位工程不应少于 3 点;1 000 m² 以上工程,每 100 m² 至少应有 1 点;3 000 m² 以上的工程,每 300 m² 至少应有 1 点。每一独立基础下至少应有 1 点,基槽每 10 ~ 20 m 应有 1 点。

思考题与习题

2-1　换填法处理地基的目的和作用是什么?

2-2　换填法的材料选取有什么要求?

2-3　换填法的原理和土的击实特性有什么联系?

2-4　简述换填法的适用范围。

2-5　换填法的效果检验方法有哪些?

2-6　某工程地基为软弱地基,采用换填法处理,换填材料为砾砂,垫层厚度为 1 m,已知:该基础为条形基础,基础宽度为 2 m,基础埋深位于地表下 1.5 m,上部结构作用在基础上的荷载 $P=200$ kN/m;自地面至地下 6.0 m 均为淤泥质土,其天然重度为 17.6 kN/m³,饱和重度为 19.7 kN/m³,承载力特征值为 80 kPa,地下水位在地表下 2.7 m。问:

(1)作用于垫层底部的附加应力为多少?

(2)下卧层承载力是否满足要求?

2-7　某四层砖混结构的住宅建筑,承重墙下为条形基础,宽 1.2 m,埋深 1 m,上部建筑物作用于基础的荷载为 120 kN/m,基础的平均重度为 20 kN/m³。地基土表层为粉质黏土,厚度为 1 m,重度为 17.5 kN/m³;第二层为淤泥,厚度为 15 m,重度为 17.8 kN/m³,地基承载力特征值 $f_{ak}=50$ kPa;第三层为密实的砂砾石。地下水距地表 1 m。因为地基土较软弱,不能承受建筑物的荷载。试设计该砂垫层。

第三章   排水固结法

第一节   概　述

我国沿海地区和内陆湖泊及河流谷地分布着大量软黏土。这种土的特点是含水量大、压缩性高、强度低、透水性差、埋藏较深。在软土地基上直接建造建筑物或进行填土时,地基将由于固结和剪切变形会产生很大的沉降和沉降差异,而且沉降的延续时间长,因此有可能影响建筑物的正常使用。另外,由于其强度低,地基承载力和稳定性往往不能满足工程要求而产生地基土破坏。所以,这类软土地基通常需要采取加固处理,排水固结法就是处理软黏土地基的有效方法之一。

排水固结法是对天然地基,或先在地基设置砂井上(袋装砂井或塑料排水带)等竖向排水体,然后利用建筑物本身重量分级逐渐加载,或在建筑物建造前在场地上先行加载预压,使土体中的孔隙水排出,逐渐固结,地基发生沉降的同时强度逐渐提高的方法。该法常用于解决软黏土地基的沉降和稳定问题,可使地基的沉降在加载预压期间不致产生过大的沉降和沉降差。同时,排水固结法可增加地基土的抗剪强度,从而提高地基的承载力和稳定性。

排水固结法由排水系统和加压系统两个主要部分组成。加压系统是为地基提供必要的固结压力而设置的,它使地基土层因产生附加压力而发生排水固结。排水系统是为改善地基原有的天然排水系统的边界条件,增加孔隙水排出路径,缩短排水距离,从而加速地基土的排水固结进程而设置的。

如果没有加压系统,排水固结就没有动力,即不能形成超静水压力,即使有良好的排水系统,孔隙水仍然难以排出,也就谈不上土层的固结。反之,若没有排水系统,土层排水途径少,排水距离长,即使有加压系统,孔隙水排出速度仍然慢,预压期间难以完成设计要求的固结沉降量,地基强度也就难以及时提高,进一步的加载也就无法顺利进行。因此,加压系统和排水系统是相互配合、相互影响的。当软土层较薄,或土的渗透性较好而施工期允许较长时,可仅在地面铺设一定厚度的砂垫层,然后加载,土层中水沿竖向流入砂垫层而排出。当工程遇到透水性很差的深厚软土层时,可在地基中设置砂井等竖向排水体,地面连以排水砂垫层,构成排水系统。

根据加压系统和排水系统的不同,派生出多种固结加固地基的方法。排水固结法是从简单的堆载预压这一传统处理方法发展起来的。由于细粒黏土透水差,土层厚时,排水固结需耗费很长时间。20 世纪 30 年代初,美国发明了砂井预载预压法,从而大大加快了黏土排水固结速度,该法在全世界得到了广泛应用。20 世纪 40 年代初,瑞典的齐鲁曼等发明了纸板排水法,这种方法可用于在极软弱地基中设置竖向排水体,不仅排水体质量稳定,而且施工速度快、费用低,弥补了砂井排水的一些不足。1952 年,瑞典皇家地质学院的研究人员提出了真空预压法加固软弱地基技术,该法无须堆载,利用大气压力和孔隙中负压加速排水固结,有一定的优越性。20 世纪 60 年代末,日本的研究者改进了普通砂井,开发出质量更容易保证,直径大大缩小,施工更加方便、快捷的袋装砂井排水。20 世纪 70 年代初期,日本又开发出渗透性良好、便于施工、质量更加稳定的塑料排水带,进一步完善和改进了竖向排水体施工技术。由此可以清楚地看出,排水固结的各种方法都是在改进加压和排水两个系统基础上发展起来的。排水固结法分类如图 3-1 所示。

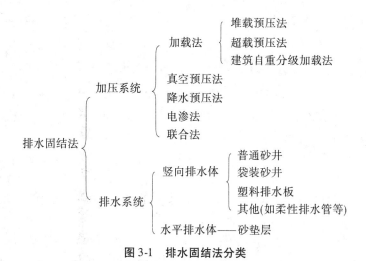

图 3-1　排水固结法分类

排水固结法可和其他地基处理方法结合起来使用,作为综合处理地基的手段,如天津新港曾进行了真空预压(使地基土强度提高)并设置碎石桩形成复合地基的试验,取得了良好的效果。又如美国跨越金山湾南端的 Dumbarton 桥东侧引道路堤场地,路堤下淤泥的抗剪强度小于 5 kPa,其固结时间将需要 30 ~ 40 年,为了支撑路堤和加速所预计的 2 m 沉降量,采用如下方案:①采用土工聚合物以分布路堤荷载和减小不均匀沉降;②使用轻质填料以减轻荷载;③采用竖向排水体使固结时间缩短到 1 年以内;④设置土工聚合物滤网以防排水层发生污染等。

第二节　排水固结法原理

一、堆载预压法的加固原理

在饱和软土地基中施加荷载后,孔隙水被缓慢排出,孔隙体积随之逐渐减小,地基发生固结变形。同时,随着超静水压力逐渐消散,有效应力逐渐提高,地基土强度就逐渐增大。通常堆载预压有两种情况:①在建筑物建造以前,在场地先进行堆载预压,待建筑物施工时再移去预压荷载,如图 3-2(a)所示。②超载预压。主要是对机场场道、高速公路或铁路路堤等对沉降和稳定性要求比较高的建筑物地基进行的,如图 3-2(b)所示。

现以图 3-3 为例说明。当土样的天然固结压力为 σ_0 时,其孔隙比为 e_0,在 $e \sim \sigma'_c$ 坐标系中其相应的点为 a 点,当压力增加 $\Delta\sigma'$,固结终了时为 c 点,孔隙比减小 Δe,曲线 abc 称为压缩曲线。与此同时,抗剪强度与固结压力成比例地由 a 点提高到 c 点。所以,土体

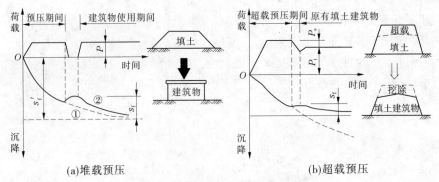

图 3-2　　堆载预压沉降—时间曲线

在受压固结时,一方面孔隙比减小产生压缩,另一方面抗剪强度也得到提高。如从 c 点卸除压力 $\Delta\sigma'$,则土样发生膨胀,图中 cef 为卸荷膨胀曲线。如从 f 点再加压 $\Delta\sigma'$,土样发生再压缩,沿虚线变化到 c',其相应的强度线如图 3-3 中所示。从再压缩曲线 fgc' 可清楚地看出,固结压力同样从 σ'_0 增加 $\Delta\sigma'$,而孔隙比减小值为 $\Delta e'$,$\Delta e'$ 比 Δe 小得多。这说明,如在建筑物场地先加一个和上部建筑物相同的压力进行预压,使土层固结(相当于压缩曲线上从 a 点变化到 c 点),然后卸除荷载(相当于膨胀曲线上从 c 点变化到 f 点)再建造建筑物(相当于在压缩曲线上从 f 点变化到 c' 点)。这样,建筑物新引起的沉降即可大大减小。如果预压荷载大于建筑物荷载,即所谓超载预压,则效果更好。因为经过超载预压,当土层的固结压力大于使用荷载下的固结压力时,原来的正常固结黏土层将处于超固结状态,而使土层在使用荷载下的变形大为减小。

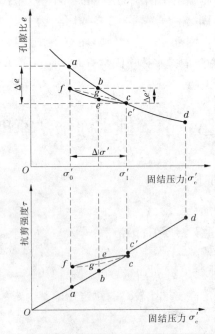

图 3-3　　排水固结法增大地基土密度的原理

土在某一压力作用下,自由水逐渐排出,土体随之压缩,土体的密度和强度随时间增长的过程称为土的固结过程。所以,固结过程就是孔隙水压力消散、有效应力增长和土体逐步压密的过程。

如果地基内某点的总应力为 σ,有效应力为 σ',孔隙水压力为 u,则三者的关系为

$$\sigma' = \sigma - u \tag{3-1}$$

此时的固结度 U 表示为

$$U = \sigma'/\sigma \tag{3-2}$$

则加荷后土的固结过程表示为

当 $t = 0$ 时,$u = \sigma$,$\sigma' = 0$,$U = 0$;

当 $0 < t < \infty$ 时,$u + \sigma' = \sigma$,$0 < U < 1$;

当 $t = \infty$ 时,$u = 0$,$U = 1$(固结完成)。

用填土等外加荷载对地基进行预压,是通过增加总应力 σ,并使孔隙水压力 u 消散来增加有效应力 σ' 的方法。降水预压法是土层在降水范围内土的浸水重度变为饱和重度,因而产生了附加压力,使土层固结,有效应力增加。真空预压是通过覆盖于地面的密封膜下抽真空,使膜内、外形成气压差,黏土层产生固结压力。

地基土层的排水固结效果与排水边界有关。根据太沙基一维固结理论,$t = (T_v/C_v) \times H^2$,即黏土达到一定固结度所需时间与其最大排水距离的平方成正比。随土层厚度增大,固结所需时间迅速增加。设置竖向排水体来增加排水路径、缩短排水距离是加速地基排水固结行之有效的方法。软土层越厚,一维固结所需的时间越长。如果淤泥质土层厚度大于 10 m,要达到较大的固结度 $U > 80\%$,所需的时间要几年至十几年之久,为了加速固结,最有效的方法是在天然土层中增加排水途径,缩短排水距离,在天然地基中设置排水体,如图 3-4 所示。这时土层中的孔隙水主要从水平向通过砂井排出。所以,砂井(袋装砂井或塑料排水带)的作用就是增加排水条件,缩短排水距离,加速地基土的固结、抗剪强度的增长和沉降的发展。为此,缩短了预压工程的预压期,在短期内达到较好的固结效果,使沉降提前完成;加速地基土的强度增长,使地基承载力提高的速率始终大于施工荷载增长的速率,以保证地基的稳定性,这一点从理论和实践上都得到了证实。

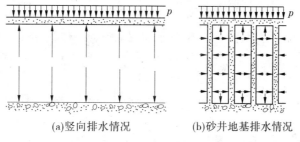

(a)竖向排水情况　　　　　(b)砂井地基排水情况

图 3-4　排水固结法原理

排水固结法的应用条件,除要有砂井(袋装砂井或塑料排水带)的施工机械和材料外,还必须有:①预压荷载;②预压时间;③使用的土类条件。预压荷载是个关键问题,因为施加预压荷载后才能引起地基土的排水固结。然而,施加一个与建筑物相等的荷载,这并非轻而易举的事,少则几千吨,大则数十万吨,许多工程因无条件施加预压荷载而不宜

采用砂井处理地基,这时就必须采用真空预压法、降水预压法或电渗排水法等。堆载预压是在地基中形成超静水压力的条件下排水固结的,称为正压固结;真空预压和降水预压是在负超静压力下排水固结的,称为负压固结。

二、真空预压法的加固原理

真空预压法是在需要加固的软土地基表面先铺设砂垫层,然后埋设竖向排水体,竖向排水体常采用袋装砂井或塑料排水带。再用不透气的封闭膜使其与大气隔绝,薄膜四周埋入土中,通过砂垫层埋设的吸水管道,用真空装置进行抽气,使其形成真空,使土中水排出,增加地基的有效应力,如图 3-5 所示。

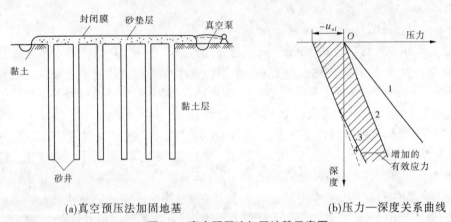

(a)真空预压法加固地基　　　　　(b)压力—深度关系曲线

图 3-5　真空预压法加固地基示意图

当抽真空时,先后在地表砂垫层及竖向排水体内逐步形成负压,使土体内部与竖向排水体、垫层之间形成压差。在此压差作用下,土体中的孔隙水不断由排水管道排出,使土体固结。

此外,封闭气泡排出,土的渗透性加大。如饱和土体中含有少量封闭气泡,在正压作用下,该气泡堵塞孔隙,使土的渗透性降低,固结过程减慢。但在真空吸力下,封闭气泡被吸出,从而使土体的渗透性提高,固结过程加速。

为了满足某些使用荷载大、承载力要求高的建筑物的需要,1983 年开展了真空和堆载联合预压法的研究,实践证明,真空预压和堆载预压的效果是可以叠加的。采用真空和堆载联合预压法已获得相当于 130 kPa 等效荷载的预压效果。真空和堆载联合预压法示意图如图 3-6 所示。

排水固结法适用于处理各类淤泥、淤泥质土及冲填土等饱和黏土地基。砂井法特别适用于存在连续薄砂层的地基。由于砂井只能加速主固结而不能减少次固结,对有机质土和泥炭等次固结土,一般不宜采用砂井法。降低地下水位法、真空预压法和电渗法由于不增加剪应力,地基不会产生剪切破坏,所以它们适用于很软弱的黏土地基。

三、降低地下水位预压法的加固原理

降低地下水位法是指利用井点抽水降低地下水位以增加土的自重应力,达到预压加

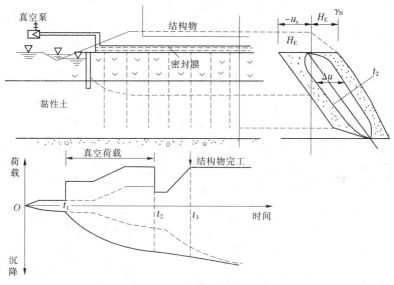

$-u_x$—真空压力；Δu—时间 t_2 所残留的孔隙水压力

图 3-6　真空和堆载联合预压法示意图

固的目的。降低地下水位能使土的性质得到改善,使地基发生附加沉降。降低地基中的地下水位,使地基中的软土承受了相当于水位下降高度水柱的重量而固结。降低地下水位和有效应力增长的关系见图 3-7。

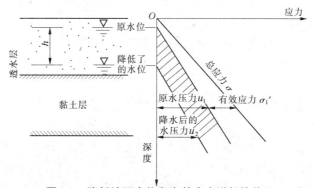

图 3-7　降低地下水位和有效应力增长的关系

降低地下水位法最适用于砂性土或在软黏土层中存在砂或粉土的情况。对于深处的软黏土层,为加速其固结,往往设置砂井并采用井点法降低地下水位。当应用真空装置降水时,地下水位可降低 5 ~ 6 m,产生的预压荷载为 50 ~ 60 kPa,相当于 3 m 左右的砂石堆载,可见其效果是很可观的。当需要更深的降水时,则需要用高扬程的井点法,效果将更显著。

降低地下水位的方法有多种,在选用降低地下水位方法时,还要根据多种因素如地基土类型、透水层位置和厚度、水的补给源、井点布置形状、要求降低水位的深度和工程特点,进行技术经济比较后确定。各类井点的适用范围见表 3-1。

表 3-1　　各类井点的适用范围

井点类别	土层渗透系数(m/d)	降低地下水位深度(m)
单层轻型井点	0.1 ~ 50	3 ~ 6
多层轻型井点	0.1 ~ 50	6 ~ 12
喷射井点	0.1 ~ 2	8 ~ 20
电渗井点	<0.1	根据选用的井点确定
管井井点	20 ~ 200	3 ~ 5
深井井点	10 ~ 250	>15

第三节　排水系统设计与计算

排水系统包括竖向排水体(简称竖井)和水平排水体(砂垫层)两部分。利用排水固结法处理地基必须在地表铺设砂垫层形成水平排水体,而排水体严格来说,并非必不可少的。在软土层厚度不大或软土层含较多薄粉砂夹层,预计依靠地基中的天然排水通道固结速率能够满足设计要求的条件下,可以不设置竖向排水体,以简化施工,节省费用。但当一般工程上遇到的黏土层厚度较大时,如不改变黏土层的排水边界条件,仅采用预压法,则软土固结十分缓慢,地基土的强度增长太慢而不能快速堆载,使预压时间延长,或者在一定时间内所需的超载过大而难以实施,这时一般要在地基内设置砂井等竖向排水井,以缩短排水距离,增加排水通道,加速土层的固结。

排水固结法的设计,实质上就是进行排水系统和加压系统的设计,使地基在受压过程中排水固结、强度相应增加以满足逐渐加荷条件下地基稳定性的要求,并加速地基的固结沉降,缩短预压的时间。

在设计以前应进行详细的勘探和土工试验以取得必要的设计资料,主要的设计资料包括:

(1)土层分布及成因。通过钻探了解土层的分布,天然沉积土层通常都是成层分布的,应查明土层在水平方向和竖直方向的变化。通过必要的钻孔连续取样及试验以确定土的种类、土的成层程度。若黏土层中常分布有薄砂层或粉砂夹层,它们对土的固结速率有很大影响。通过钻探确定透水层的位置、地下水位埋深及地下水的承压与补给情况等。

(2)固结试验。通过试验取得:固结压力 σ_c' 与孔隙比 e 的关系($e \sim \sigma_c'$ 曲线或 $e \sim \lg\sigma_c'$ 关系曲线),土的先期固结压力,不同固结压力下土的竖向及水平向固结系数(包括一部分重塑土固结系数)。

(3)土的抗剪强度指标及不排水强度沿深度的变化。

(4)砂井及砂垫层所用砂料的颗粒分布、渗透系数。

(5)塑料排水带在不同侧压力和弯曲条件下的通水量。

一、竖向排水体(简称竖井)设计

竖井包括普通砂井、袋装砂井和塑料排水带三种。竖井的布置主要包括竖井的直径和间距、竖井的深度、竖井的布置、砂井砂料,以及排水砂垫层的材料及厚度等几个方面的内容。

(一)竖井的直径和间距

竖井的直径和间距主要取决于黏土层的固结特性与施工期限的要求。分析竖井直径和间距对加速土层固结的作用之后可以看出,为了加速土层的固结,缩小井距要比增大竖井直径的效果要好得多。此外,事实还证明,即使竖井直径很小,比如直径只有 3 cm 的理想井(不计井阻和涂抹作用),其加速固结的作用也是极其明显和有效的,所以原则上应该按照"细而密"的方案布置为好。竖井的直径还与施工方法有关。如采用带有活瓣的管尖或混凝土端靴的套管然后灌砂,使其密实而成形的施工方法,竖井直径不宜过小,否则容易造成灌砂率不足、缩颈或竖井不连续等质量问题。

目前,普通砂井直径一般为 200 ~ 500 mm,井径比为 6 ~ 8。袋装砂井直径一般为 70 ~ 100 mm,井径比为 15 ~ 30。塑料排水带常用当量直径表示,塑料排水带宽度为 b,厚度为 δ,则换算直径可按下式计算

$$D_p = \alpha \frac{2(b + \delta)}{\pi} \tag{3-3}$$

式中 α ——换算系数,一般为 0.75 ~ 1.0。

塑料排水带尺寸一般为 100 mm × 4 mm,井径比为 15 ~ 30。

(二)竖井的深度

竖井的深度主要根据土层的分布、地基中附加应力大小、施工期限和施工条件以及地基稳定性等因素确定,竖向排水体的长度一般为 10 ~ 25 m,一般应遵循下列原则:

(1)当软土层不厚、底部有透水层时,排水体应尽可能穿透软土层。

(2)当深厚的高压缩性土层间有砂层或砂透镜体时,排水体应尽可能打至砂层或砂透镜体。而采用真空预压时应尽量避免排水体与砂层相连接,以免影响真空效果。

(3)对于无砂层的深厚地基,则可根据其稳定性及建筑物在地基中造成的附加应力与自重应力的比值确定(一般为 0.1 ~ 0.2)。

(4)按稳定性控制的工程,如路堤、土坝、岸坡、堆料等,排水体深度应通过稳定性分析确定,排水体长度应大于最危险滑动面的深度。

(5)按沉降控制的工程,排水体长度可从压载后的沉降量满足上部建筑物容许的沉降量来确定。

(三)竖井的布置

竖井的平面布置多采用等边三角形或正方形,如图 3-8 所示。假设在大面积荷载作用下每个砂井均为一独立排水系统。等边三角形排列式,每一砂井影响范围为一正六边形,如图 3-8(a)中虚线所示;而正方形布置时,竖井影响范围亦为正方形,如图 3-8(b)中的虚线所示。为简化计算,每一砂井影响范围均作一个等面积(等效)圆看待,则等效圆直径 d_e 与砂井间距 l 之间关系如下:

（1）等边三角形排列：$d_e = \sqrt{\dfrac{2\sqrt{3}}{\pi}}\,l = 1.05l$。

（2）正方形排列：$d_e = \sqrt{\dfrac{4}{\pi}}\,l = 1.13l$。

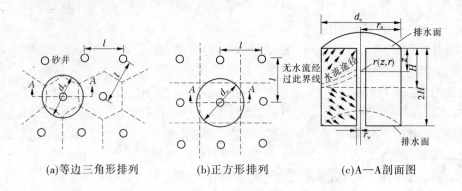

(a)等边三角形排列　　　(b)正方形排列　　　(c)A—A剖面图

图 3-8　竖井平面布置及影响范围土桩体剖面

竖井的布置范围比建筑物基础范围稍大为好，这是因为基础以外一定范围内的地基中仍然产生由于建筑物荷载而引起的压应力和剪应力。基础外的地基土如能加速其固结，对提高地基的稳定性和减小侧向变形以及由此引起的沉降是有好处的。

（四）砂料设计

制作砂井的砂宜用中粗砂，砂的粒径必须能保证砂井具有良好的透水性。砂井粒度要不被黏土颗粒堵塞。砂应是洁净的，不应有草根等杂物，其含泥量不能超过 5%。其中密状态的干密度不小于 1.55 t/m³。砂井灌砂量应按井孔容积和砂的中密状态时的干密度计算，其实际灌砂量不得小于计算值的 95%。

二、地基固结度的计算

固结度计算是砂井地基设计中的一项重要内容。因为由各级荷载下不同时间的固结度，就可以推算地基强度的增长，从而可进行各级荷载下地基稳定性的分析，并确定相应的加荷计划。如果已知各级荷载下不同时间的固结度，就可推算各个时间的沉降量。

砂井地基的固结理论都是假设荷载是瞬时施加的，所以首先介绍瞬间加荷条件下固结度的计算，然后根据实际加荷过程进行修正计算。

（一）瞬时加荷情况下地基固结度的计算

1. 固结度计算通式

固结度计算通式为

$$\overline{U} = 1 - \alpha e^{-\beta t} \qquad\qquad (3\text{-}4)$$

其中 α 和 β 取值见表 3-2。

表 3-2　不同条件下的固结度计算公式

序号	条件	平均固结度计算公式	α	β	说明
1	竖向排水固结（$\overline{U}_z > 30\%$）	$\overline{U}_z = 1 - \dfrac{8}{\pi^2}\mathrm{e}^{-\frac{\pi^2 C_v}{4H^2}t}$	$\left(\dfrac{8}{\pi^2}\right)$	$\dfrac{\pi^2 C_v}{4H^2}$	太沙基解
2	向内径向排水固结	$\overline{U}_r = 1 - \mathrm{e}^{-\frac{8}{F_n}\frac{C_h}{d_e^2}t}$	1	$\dfrac{8}{F_n}\dfrac{C_h}{d_e^2}$	巴隆解
3	竖向和向内径向排水固结（砂井地基平均固结度）	$\overline{U}_{rz} = 1 - (1-\overline{U})(1-\overline{U}_r)$ $= 1 - \dfrac{8}{\pi^2}\mathrm{e}^{-(\frac{8C_h}{F_n d_e^2}+\frac{\pi^2 C_v}{4H^2})t}$	$\dfrac{8}{\pi^2}$	$\dfrac{8}{F_n}\dfrac{C_h}{d_e^2}+$ $\dfrac{\pi^2 C_v}{4H^2}$	
4	砂井未贯穿受压土层的平均固结度	$\overline{U} = Q\overline{U}_{rz} + (1-Q)\overline{U}_z$ $\approx 1 - \dfrac{8Q}{\pi^2}\mathrm{e}^{\frac{8C_h}{F_n d_e^2}t}$	$\dfrac{8Q}{\pi^2}$	$\dfrac{8C_h}{F_n d_e^2}$	$Q=\dfrac{H_1}{H_1+H_2}$ H_1——砂井长度；H_2——砂井以下压缩层厚度

注：此表是理想井的计算公式，如果是非理想井，将表中所有的 F_n 均换成 F 即可。

2. 非理想井固结度的计算

以上固结度的计算考虑的都是理想井（不计井阻和涂抹）情况下的计算。实际上，饱和软土层固结渗流水流向竖井，再通过竖井流向砂垫层而排出预压区，由于井对渗流的阻力，这将影响土层的固结速率，这一现象称为井阻效应。此外，竖井施工时对周围土产生涂抹和扰动作用，扰动区土的渗透系数将减小，这就是涂抹效应。随着砂井、袋装砂井及塑料排水带的广泛使用，人们逐渐意识到井阻和涂抹作用对固结效果的影响是不可忽视的，特别是当排水竖井采用挤土方式施工时。Barron（1948）首次建立了等应变和自由应变条件下考虑涂抹作用以及在等应变条件下考虑井阻作用的竖井理论。1974 年，日本的 Yoshikuni 等建立了更为严密的自由应变条件下考虑井阻作用的竖井理论。Hansbo 则于 1981 年推导得到了等应变条件下考虑井阻和涂抹作用的竖井地基的径向排水平均固结度的表达式。1987 年谢康和鉴于固结理论解析解存在的一些缺陷，提出了等应变条件下考虑井阻和涂抹作用的竖井地基固结问题的精确解以及简便实用的径向平均固结度的计算式。本书介绍《建筑地基处理技术规范》（JGJ 79—2002）推荐使用的方法，其计算公式如下

$$\overline{U}_r = 1 - \mathrm{e}^{-\frac{8T_h}{F}} \tag{3-5}$$

其中，F 是一个综合参数，它是由三部分组成的，表示为：$F = F_n + F_s + F_r$。
其中

$$F_n = \ln n - \frac{3}{4}, n \geqslant 15$$

$$F_s = \left(\frac{k_h}{k_s} - 1\right) \ln s$$

$$F_r = \frac{\pi^2 L^2}{4} \frac{k_h}{q_w}$$

式中 k_h——天然土层水平向渗透系数，cm/s；

    k_s——涂抹区土的水平向渗透系数，cm/s，可取 $k_s = (\frac{1}{5} \sim \frac{1}{3}) k_h$；

    s——涂抹区土的直径 d_s 与竖井直径 d_w 的比值，可取 $s = 2.0 \sim 3.0$，对中等灵敏黏土取低值，对高灵敏黏土取高值；

    L——竖井深度，cm；

    q_w——竖井纵向通水量，cm³/s，为单位水力梯度下单位时间的排水量。

(二)逐渐加荷情况下地基固结度的计算

以上所有计算固结度的理论公式都是假设荷载是一次瞬间施加的。而实际工程中，荷载总是分级逐渐施加的，因此根据上述理论方法求得的固结—时间关系或沉降—时间关系都必须加以修正。《建筑地基处理技术规范》(JGJ 79—2002)推荐使用的方法是改进的高木俊介法。它是日本学者高木俊介根据巴隆理论，考虑变速加荷使砂井地基在辐射向和垂直向排水条件下推导出砂井地基平均固结度的，其特点是不需要求得瞬时加荷条件下地基固结度，而是可直接求得修正后的平均固结度。其计算公式如下

$$\bar{U}_t = \sum_{i=1}^{n} \frac{\dot{q}_i}{\sum \Delta p} \left[(T_i - T_{i-1}) - \frac{\alpha}{\beta} e^{-\beta t} (e^{\beta T_i} - e^{-\beta T_{i-1}}) \right] \tag{3-6}$$

式中 $\bar{U}_t$——t 时间地基的平均固结度(%)；

    $\sum \Delta p$——各级荷载的累计值，kPa；

    $\dot{q}_i$——第 n 级荷载的平均加荷速率；

    T_{i-1}、T_i——第 i 级荷载加荷的起始和终止时间(从零点起算)，d，当计算第 i 级荷载加荷过程中某时间 t 的固结度时，T_i 改为 t；

    α、β——同表 3-2。

【例3-1】 地基土为淤泥质黏土层，水平向渗透系数 $k_h = 1.0 \times 10^{-7}$ cm/s，固结系数 $C_v = C_h = 1.8 \times 10^{-3}$ cm²/s，受压土层厚度 20 m，袋装砂井直径 $d_w = 70$ mm，砂料渗透系数 $k_w = 2.0 \times 10^{-2}$ cm/s，涂抹区土的渗透系数 $k_s = \frac{1}{5} k_h = 0.2 \times 10^{-7}$ cm/s。取涂抹区直径 d_s 与竖井直径 d_w 的比值 $s = 2$，袋装砂井为等边三角形布置，间距 1.4 m，深度为 20 m，砂井底部为不透水层，砂井打穿受压土层。预压荷载总压力为 100 kPa，分两级等速加荷。其加荷过程为：第一级堆载 60 kPa，10 d 内匀速加荷，之后预压时间 20 d；第二级堆载 40 kPa，10 d 内匀速加荷，之后预压时间 80 d。求采用改进的高木俊介法计算考虑袋装砂井井阻和涂抹区影响下的受压土层的平均固结度。

解： 非理想井，匀速加荷，要求采用改进的高木俊介法计算。

（1）砂井纵向通水量。

$$q_w = k_w \times \pi d_w^2 / 4 = 2.0 \times 10^{-2} \times 3.14 \times 7^2 / 4 = 0.769 (\text{cm}^3)$$

（2）求 F。

$$F_n = \ln n - \frac{3}{4} = \ln 21 - \frac{3}{4} = 2.29 (n = 21 > 15)$$

$$F_r = \frac{\pi^2 L^2}{4} \frac{k_h}{q_w} = \frac{3.14^2 \times 2\,000^2}{4} \times \frac{1.0 \times 10^{-7}}{0.769} = 1.28$$

$$F_s = \left(\frac{k_h}{k_s} - 1\right) \ln s = \left(\frac{1.0 \times 10^{-7}}{0.2 \times 10^{-7}} - 1\right) \ln 2 = 2.77$$

$$F = F_n + F_r + F_s = 2.29 + 1.28 + 2.77 = 6.34$$

（3）求系数 α、β。

$$\alpha = 8/\pi^2 = 0.811$$

$$\beta = \frac{8C_h}{Fd_e^2} + \frac{\pi^2 C_v}{4H^2} = \frac{8 \times 1.8 \times 10^{-3}}{6.34 \times (1.05 \times 1.4)^2} + \frac{3.14^2 \times 1.8 \times 10^{-3}}{4 \times 2\,000^2}$$

$$= 1.06 \times 10^{-7} (1/s) = 0.009\,2 (1/d)$$

（4）求最终的地基平均固结度。

$$\overline{U}_t = \frac{6}{100} \times \left[(10 - 0) - \frac{0.811}{0.009\,2} e^{-0.009\,2 \times 120} \times (e^{0.009\,2 \times 10} - e^0) \right] +$$

$$\frac{4}{100} \times \left[(40 - 30) - \frac{0.811}{0.009\,2} e^{-0.009\,2 \times 120} \times (e^{0.009\,2 \times 40} - e^{0.009\,2 \times 30}) \right]$$

$$= 0.68$$

三、水平排水体设计

水平排水体即砂垫层,其作用是保证地基固结过程中排出的水能够顺利地通过砂垫层后迅速排出,使受压土层的固结能够正常进行,以利提高地基处理效果,缩短固结时间。因此,水平排水垫层的质量对排水固结处理的效果有着重要的影响。

(一)垫层材料

排水垫层材料宜采用透水性好的中粗砂,含泥量应小于 5%,砂料中可混有少量粒径小于 50 mm 的石粒。砂垫层的干密度应大于 1.5 t/m³。若无理想的砂料来源,亦可选用符合排水要求的其他材料,还可采用连通砂井的砂沟来代替整片砂垫层。砂沟可按纵横交错的网格状布置,使砂井位于砂沟的交叉点上。

(二)垫层厚度

排水砂垫层的厚度首先应满足地基对其排水能力的要求,其次,当地基表面承载力很低时,砂垫层还具备持力层的功能,以承担施工机械荷载。满足排水要求的砂垫层厚度以大于 400 mm 为宜。为满足一定的承载力要求,可用厚的砂垫层或用砂与其他粒料形成混合料持力层,具体厚度按承载力大小或有关规定确定。

在预压区内宜设置与砂垫层相连的排水盲沟,并把从地基中排出的水引出预压场地。

第四节　加压系统的计算与设计

加压系统方面的设计主要就是预压法的设计。所谓预压法，就是在建筑物建造以前，在建筑场地进行预压，使地基的固结沉降基本完成和提高地基土强度的方法。

对于在持续荷载下体积会发生很大的压缩和强度会增长的土，而又有足够时间进行压缩时这种方法特别适用。为了加速压缩过程，可采用比建筑物重量大的所谓超载进行预压。当预计的压缩时间过长时，可在地基中设置砂井、塑料排水带等竖向排水井以加速土层的固结，缩短预压时间。适合于采用预压法处理的土是：饱和软黏土、可压缩粉土、有机质土和泥炭土等。无机质黏土的次固结沉降一般很小，这种土的地基采用竖向排水井预压很有效。预压法已成功地应用于码头、堆场、道路、机场跑道、贮油罐、桥台等对沉降和稳定性要求比较高的建筑物地基处理中。

预压法主要有堆载预压法、真空预压法、降水预压法、真空联合堆载预压法等，这里只介绍堆载预压法和真空预压法。

一、堆载预压法

堆载预压法是工程上广泛使用、行之有效的方法。堆载一般用填土、砂石等散粒材料，油罐通常用充水的方法对地基进行预压。对堤坝、堆场等工程，则以其本身的重量有控制地分级逐渐加荷，直至设计标高。

对路堤、土坝、贮油罐等荷载比较大的建筑物，荷载往往需分级逐渐施加。待前期荷载下地基土强度提高，然后加下一级荷载。因此，需对地基土因固结而提高的强度进行估算，并对各级荷载下地基的稳定性进行分析。同时，对堆载预压工程，还必须对预压荷载和建筑物荷载下的沉降量进行估算，以便能控制建筑物使用期间的沉降和不均匀沉降。

(一)地基土抗剪强度增长的预估

在预压荷载作用下，随着排水固结的过程，地基土的抗剪强度就随着时间而增长，而且剪应力在某种条件(剪切蠕动)下，还可能导致强度的衰减。因此，适当地控制加荷速率，使由于固结而增长的地基强度与剪应力的增长相适应，则地基稳定；反之，如果加荷速率控制不当，使地基中剪应力的增长超过了由于固结而引起的强度增长，地基就会发生局部剪切破坏，甚至地基产生整体破坏而滑动。

正常固结饱和软黏土地基，某点某一时间的抗剪强度为

$$\tau_{ft} = \tau_{f0} + \Delta\sigma_z U_t \tan\varphi_{cu} \tag{3-7}$$

式中　τ_{ft}——某点某一时间的抗剪强度，kPa；

τ_{f0}——天然地基抗剪强度；

$\Delta\sigma_z$——预压荷载引起的该点的附加竖向应力，kPa；

U_t——给定时间 t、给定点的固结度，可取土层的平均固结度(%)，

φ_{cu}——三轴固结不排水压缩试验求得的土的内摩擦角，(°)。

(二)沉降量计算

对于以沉降为控制条件需进行预压处理的工程，沉降计算的目的在于估算堆载预压

期间沉降的发展情况、预压时间、超载大小以及卸载后所剩留的沉降量,以便调整排水系统和加压系统的设计。对于以稳定为控制条件需进行预压处理的工程,通过沉降计算,可以估计施工期间因地基沉降而增加的土石方量,估计工程完工后尚未完成的沉降量,以便确定预留高度。

最终沉降量 s_∞ 可按下式计算

$$s_\infty = \xi \sum_{i=1}^{n} \frac{e_{0i} - e_{1i}}{1 + e_{0i}} \Delta h_i \tag{3-8}$$

式中　e_{0i}——第 i 层中点的土自重应力所对应的孔隙比,由室内固结试验所得的 $e \sim \sigma_0'$ 曲线上查得;

$\quad\quad e_{1i}$——第 i 层中点的土自重应力和附加应力值和相对应的孔隙比,由室内固结试验所得 $e \sim \sigma_0'$ 曲线上查得;

$\quad\quad \Delta h_i$——第 i 层土的厚度,m;

$\quad\quad \xi$——经验系数,对正常固结饱和黏土地基可取 $\xi = 1.1 \sim 1.4$,当荷载较大、地基土较弱时取大值,否则取较小值。

(三)其他说明

堆载预压法里除一般的堆载法、超载预压法外,还有利用建筑物自重加压法。该法是指直接利用建筑物自身重量,分期施工,使地基在前期荷载下固结,强度提高到满足下一级荷载再继续施工,如此反复,直至建筑物竣工,达到使用荷载。由于在施工过程中,地基逐渐发生固结沉降,至建筑物投入使用时沉降大部分完成。该法由于不需要另外的加载系统,是一种经济有效的方法。该法适用于某些对沉降要求不严格(能够适应较大变形),而以地基稳定性为控制条件的建筑物,如路堤、土坝、贮油罐等。

路堤、土坝类建筑物由于填土层厚度大、荷载大,虽对沉降变形无严格限制,但对软土地基强度往往不能满足快速填筑的要求。因此,工程施工中必须严格控制加荷速率,采用分层填筑方法,以确保地基的稳定。

而贮油罐、贮水池类建筑物工作荷载大(可达 200 kPa),天然地基承载力往往达不到要求。这类建筑物在使用前,必须先进行分级冲水预压加固,以提高地基土的强度,满足地基稳定性要求。

二、真空预压法

设计内容除排水系统外,主要包括封闭膜内的真空度、加固土层要求达到的平均固结度、竖向排水体、沉降计算等。

(1)封闭膜内的真空度。真空预压效果和封闭膜内所达到的真空度大小关系极大。根据国内一些工程的经验,若采用合理的工艺和设备,膜内真空度一般可维持600 mmHg,相当于 80 kPa 的真空压力,此值可作为最大膜内设计真空度。

(2)加固土层要求达到平均固结度。一般可采用 80% 的固结度,如工期许可,也可采用更大一些的固结度作为设计要求达到的固结度。

(3)竖向排水体一般采用袋装砂井或塑料排水带。真空预压处理地基时,必须设置竖向排水体,由于砂井(袋装砂井或塑料排水带)能将真空度从砂垫层中传至土体,并将土体中的水抽至砂垫层然后排出。若不设置竖向排水体,砂井就起不到上述作用和加固目的。

抽真空的时间与土质条件和竖向排水体的间距有关。达到相同的固结度,间距越小,则所需的时间越短(见表 3-3)。

表 3-3　袋装砂井间距与所需时间关系

袋装砂井间距(m)	固结度(%)	所需时间(d)
1.3	80	40 ~ 50
	90	60 ~ 70
1.5	80	60 ~ 70
	90	85 ~ 100
1.8	80	90 ~ 105
	90	120 ~ 130

(4)沉降计算。先计算加固前建筑物荷载下天然地基的沉降量,然后计算真空预压期间所完成的沉降量,两者之差即为预压后在建筑物使用荷载下可能发生的沉降。预压期间的沉降可根据设计要求达到固结度推算加固区所增加的平均有效应力。从 $e \sim \sigma_0'$ 曲线上查出相应的孔隙比进行计算。

对承载力要求高、沉降限制严格的建筑物,可采用真空－堆载联合预压法。真空是负压,堆载是正压,通过实际工程测出的沉降量、承载力、变形模量和十字板强度的变化表明其效果是可以叠加的。

真空预压的总面积不得小于基础外边缘所包围的面积,一般真空的边缘应比建筑物基础外缘超出 2 ~ 3 m。另外,每块预压的面积尽可能大,根据加固要求彼此间可搭接或有一定间距。加固面积越大,加固面积与周边长度之比也越大,气密性也越好,真空度也越高,如表 3-4 所示。根据现有的材料和工艺设备,每块面积已达 3 万 m²。

表 3-4　真空度与加固面积的关系

加固面积 $F(m^2)$	264	900	1 250	2 500	3 000	4 000	10 000	20 000
周边长度 $S(m)$	70	120	143	205	230	260	500	900
$F/S(m)$	3.77	7.5	8.74	12.2	13.04	15.38	20	22.2
真空度(mmHg)	515	530	600	610	630	650	680	730

注:1 mmHg = 133.22 Pa。

真空预压的关键在于要有良好的气密性,使预压区与大气层隔绝。当在加固区发现有透气层和透水层时,一般可在塑料薄膜周边采取另加水泥土搅拌桩的壁式密封措施。

第五节　排水固结施工工艺

运用排水固结法原理的各种地基处理方法,其施工主要内容可归纳为三个主要方面:

排水砂垫层施工、竖向排水体施工和施加预压荷载。

一、排水砂垫层施工

排水砂垫层的作用是在预压过程中,使从土体进入垫层的渗流水迅速排出,土体固结能正常进行,因而垫层的质量将直接关系到加固效果和预压时间。

(一)垫层材料

垫层材料应采用渗水好的砂料,其渗透系数一般不低于 10^{-3} cm/s,同时能起到一定的反滤作用。垫层通常采用级配良好的中粗砂,含泥量不大于 3%,一般不宜采用粉、细砂,也可采用连通砂井的砂沟来代替整片砂垫层。

(二)垫层厚度

排水垫层的厚度一方面要满足从土层渗入垫层的渗流水能及时排出,另一方面应起到持力层的作用。一般情况应选用 30~50 cm 厚的排水垫层。对新吹填不久的或无硬壳层的软黏土及水下施工的特殊条件,应采用厚的或混合料排水垫层。

(三)垫层施工

(1)当地基承载力较好,能上一般建筑机械时,可采用机械分堆摊铺法,即先堆成若干砂堆,然后用推土机或人工摊平。

(2)当硬壳层承载力不足时,可采用顺序推进铺筑法,避免机械进入未铺垫层的场地。

(3)若地基表面非常软,新沉积或新吹填不久的超软地基,首先要改善地基表面的持力条件,可先在地基表面铺设筋网层,再铺砂垫层。筋网可用土工聚合物、塑料编织网或竹筋网等材料。但应注意对受水平力作用的地基,当筋网腐烂形成软弱夹层时对地基稳定性的不利影响。

(4)尽管对超软地基表面采取了加强措施,但持力条件仍然很差,一般轻型机械上不去,在这种情况下,通常采用人工或轻便机械顺序推进铺设。

应当指出,无论采用何种方法施工,在排水垫层的施工过程中都应避免过度扰动软土表面,以免造成砂土混合,影响垫层的排水效果。此外,在铺设砂层前,应清除干净砂井表面的淤泥或其他杂物,以利于砂井排水。

二、竖向排水体施工

竖向排水体有 30~50 cm 直径的普通砂井、7~12 cm 直径的袋装砂井和 10 cm 宽的塑料排水带。

(一)普通砂井施工

砂井施工要求:保证砂井连续和密实,并且不出现颈缩现象;尽量减小对周围土的扰动;砂井的长度、直径和间距应满足设计要求。

砂井施工一般先在地基中成孔,再在孔内灌砂形成砂井。表 3-5 为砂井成孔和灌砂方法。选用时,应尽量选用对周围土扰动小且施工效率高的方法。

砂井成孔的典型方法有套管成孔法、射水成孔法、螺旋钻成孔法和爆破成孔法。

表 3-5　砂井成孔和灌砂方法

类型	成孔方法		灌砂方法	
使用套管	管端封闭	冲击打入 振动打入 静力打入	用压缩空气 用饱和砂	静力提拔套管 振动提拔套管 静力提拔套管
	管端敞开		浸水自然下沉	静力提拔套管
不使用套管	旋转射水、冲击射水		用饱和砂	

1. 套管成孔法

该法是将带活瓣管尖或套用混凝土端靴的套管沉到预定深度,然后在管内灌砂、拔出套管形成砂井。根据沉管工艺的不同,该法又分为静压沉管法、锤击沉管法、锤击静压联合沉管法和振动沉管法等。

静压沉管法、锤击沉管法及锤击静压联合沉管法提管时宜将管内砂柱带起来,造成砂井颈缩或断开,影响排水效果,辅以气压法虽有一定效果,但工艺复杂。

振动沉管法是以振动锤为动力,将套管沉到预定深度,灌砂后振动、提管形成砂井。该法能保证砂井连续,但其振动作用对土的扰动较大。此外,沉管法的一个缺点是由于击土效应产生一定的涂抹作用,影响孔隙水的排出。

2. 射水成孔法

该法是通过专用喷头、依靠高压下的水射流成孔,成孔后经清孔、灌砂形成砂井。

射水成孔工艺,对土质较好且均匀的黏土地基是较适用的,但对土质很软的淤泥,因成孔和灌砂过程中容易缩孔,很难保证砂井的直径和连续性,对夹有粉砂薄层的软土地基,若压力控制不严,易在冲水成孔时出现串孔,对地基扰动较大。

射水成孔的设备比较简单,对土的扰动较小,但在泥浆排放、塌孔、缩颈、串孔、灌砂等方面都存在一定的问题。

3. 螺旋钻成孔法

该法以螺旋钻具干钻成孔,然后在孔内灌砂形成砂井。此法适用于陆上工程,砂井长度在 10 m 以内,土质较好,不会出现缩颈和塌孔现象的软弱地基。该法所用设备简单而机动,成孔比较规整,但灌砂质量较难掌握,对很软弱的地基不适用。

4. 爆破成孔法

此法是先用直径为 73 mm 的螺纹钻钻成一个砂井所要求设计深度的孔,在孔中放置由传爆线和炸药组成的条药包,爆破后将孔扩大,然后往孔内灌砂形成砂井。这种方法施工简易,不需要复杂的机具,适用于深为 6~7 m 的浅砂井。

以上各种成孔方法,必须保证砂井的施工质量,以防缩颈、断颈或错位现象的发生。制作砂井的砂宜用中砂,砂的粒径必须能保证砂井具有良好的渗水性。砂井粒度要不被黏土颗粒堵塞。砂应是洁净的,不应有草根等杂物,其含泥量不应超过 3%。

对所用的砂,国外要求做粒径分析试验。粒径级配曲线与反滤层所要求的砂料应基本相同。为了最大限度地发挥砂井的排水过滤作用,太沙基认为砂的 d_{15}(小于某粒径的含量占砂总重 15% 的粒径)应不小于压密层土 d_{15} 的 4 倍和不大于压密层土 d_{85}(小于某粒径含量的 85% 的粒径)的 4 倍,即

$$4d_{15}(土) \leqslant d_{15}(砂) \leqslant 4d_{85}(土)$$

砂井的灌砂量应按砂在中密状态时的干重度和井管外径所形成的体积计算,其实际灌砂量按质量控制要求,不得小于计算值的 95%。

为了避免砂井断颈或缩颈现象,可用灌砂的密实度来控制灌砂量。灌砂时可适当灌水,以利密实。

砂井位置的允许偏差为该井的直径,垂直度的允许偏差为 1.5%。

(二)袋装砂井施工

袋装砂井是普通砂井的改良和发展。普通砂井已有 50 多年的使用历史,而袋装砂井在 20 世纪 60 年代末期才开始使用,目前国外已广泛使用,国内也在广泛使用。

普通砂井常用的施工方法的缺点是:套管成孔法在打设套管时必将扰动其周围土,使透水性减弱(即涂抹作用);射水成孔法对含水量高的软土地基施工质量难以保证,砂井中容易混入较多的泥沙;螺旋钻成孔法在含水量高的软土地中也难做到孔壁直立,施工过程中需要排出废土,而处理废土需要人力、场地和时间,因此它的适用范围也受到一定的限制。应当指出,对含水量很高的软土,应用砂井容易产生缩颈、断颈或错位现象。

普通砂井即使在施工时能形成完整的砂井,但当地面荷载较大时,软土层便产生侧向变形,也可能使砂井错位。

袋装砂井是用具有一定伸缩性和抗拉强度很高的聚丙烯或聚乙烯编织袋装满砂子,它基本上解决了大直径砂井所存在的问题,使砂井的设计和施工更加科学化,保证了砂井的连续性;打设设备实现了轻型化,比较适宜在软土地基上施工;用砂量大为减少;施工速度快、工程造价低,是一种比较理想的竖向排水体。

1. 施工机具

袋装砂井直径一般为 70 ~ 120 mm,为了提高施工效率,减轻设备重量,国内外均开发了专用于袋装砂井施工的设备,基本形式为导管式振动打设机。但在移位方式上则各有差异。国内几种典型设备有履带臂架式、步履臂架式、轨道门架式、吊机导架式等,其性能如表 3-6 所示。

表 3-6　打设机械性能

打设机械型号	进行方式	打设动力	整机质量(t)	接地面积(m²)	接地压力(kN/m²)	打设深度(m)	打设效率(m/台班)
SSD20	履带臂架式	振动锤	34.5	35.0	10	20	1 500
UB - 16	步履臂架式	振动锤	15	3.0	50	10 ~ 15	1 000
	轨道门架式	振动锤	18	8.0	23	10 ~ 15	1 000
	吊机导架式	振动锤			>100	12	1 000

由于袋装砂井直径小、间距小,所以加固同样面积的土所需打设袋装砂井的根数要比普通砂井的根数多。如直径为 70 mm 的袋装砂井按 1.2 m 正方形布置,则每 1.44 m² 需

打设一根,而直径为 0.4 m 的普通砂井,按 1.6 m 正方形布置,每 2.56 m² 需打设一根,所以前者打设的根数是后者的 1.8 倍。国内某些单位对普通砂井和袋装砂井作了经济比较,在同一工程中,加固每平方米地基的袋装砂井费用是普通砂井的 50% 左右。

2. 砂袋材料的选择

砂袋材料必须透水、透气,具有足够的强度、韧性和柔性,并且在水中能起耐腐蚀和滤网作用。

3. 袋装砂井直径、长度和间距选择

袋装砂井的直径一般采用 70~120 mm,间距 1.5~2.0 m,井径比为 15~25。

灌入砂袋的砂宜用干砂,并应灌制密实。砂袋长度应较砂井孔长度长 50 cm,使其放入井孔内后能露出地面,以便埋入排水砂垫层中。

袋装砂井施工时,所用钢管的内径宜略大于砂井直径,以减小施工过程中对地基土的扰动。

(三) 塑料排水带施工

塑料排水带的施工方法和原理与袋装砂井的大致相同。塑料排水带是施工用专用插板机将其插入地基中,然后在地基表面加载预压(或采用真空预压),土中水沿塑料带的通道溢出,从而使地基土得到的加固方法。

塑料排水带是由纸板排水发展和演变而来的。塑料排水带弥补了纸板排水在饱水强度、耐久性和透水性等方面的不足。其特点是单孔过水断面大,排水通畅、质量轻、强度高、耐久性好,是一种较理想的竖向排水体。它由芯板和滤膜组成。芯板是由聚丙烯和聚乙烯塑料加工而成的两面有间隔沟槽的板体。土层中的固结渗流水通过滤膜渗入滤槽内,并通过沟槽从排水垫层中排出。根据塑料排水带的结构,要求滤膜渗透性好,与黏土接触后其渗透系数不低于中粗砂,排水沟槽输水畅通。此外,塑料带排水沟槽面部因受土压力作用而减小,因此在选用时应着重于带芯材料、滤膜质量、塑料带的结构等因素综合考虑。

1. 塑料排水带材料

塑料排水带由于所用材料不同,结构也各异。国内外工程上所应用的塑料排水带的结构,主要有图 3-9 所示的几种。

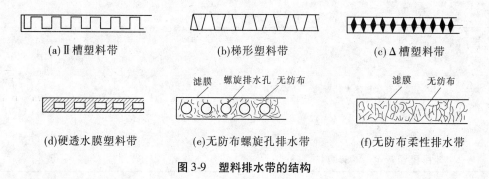

(a) Ⅱ 槽塑料带　　　　　　(b) 梯形塑料带　　　　　　(c) Δ 槽塑料带

(d) 硬透水膜塑料带　　　(e) 无防布螺旋孔排水带　　　(f) 无防布柔性排水带

图 3-9　塑料排水带的结构

2. 塑料排水带性能

选择塑料排水带时,应使其具有良好的透水性和强度。塑料带的纵向通水量不小于

$(15\sim40)\times10^3\ mm^3/s$;滤膜的渗透系数不小于 $5\times10^{-3}\ mm/s$;芯带的抗拉强度 $\geqslant10\sim15$ N/mm;滤膜的抗拉强度,干态时不小于 $1.5\sim3$ N/mm,湿态时不小于 $1.0\sim2.5$ N/mm(插入土中较短时用小值,较长时用大值)。整个排水带应反复对折 5 次不断裂才认为合格。

3.塑料排水带施工

塑料排水带打设顺序包括定位、将塑料带通过导管从管靴穿出、将塑料带与桩尖连接贴近管靴并对准桩位、插入塑料带、拔管剪断塑料带等。

在施工中尚应注意以下几点:

(1)塑料带滤水膜在转盘和打设过程中应避免损坏,防止淤泥进入带芯堵塞输水孔而影响塑料带的排水效果。

(2)塑料带与桩尖连接要牢固,避免拔管时脱开,将塑料带拔出。

(3)桩尖平端与导管靴配合适当,避免错缝,防止淤泥在打设过程中进入导管。增大对塑料带的阻力,甚至将塑料带拔出。

(4)塑料带需接长时,为减小带与导管阻力,应采用滤水膜内平搭接的连接方法,为保证输水畅通并有足够的搭接强度,搭接长度需在 200 mm 以上。

三、施加预压荷载

(一)利用建筑物自重加压

利用建筑物本身自重对地基加压是一种经济而有效的方法。此法一般应用于以地基的稳定性为控制条件,能适应较大变形的建筑物,如路堤、土坝、储矿场、贮油罐、水池等。特别是对贮油罐和水池等建筑物,先进行充水加压,一方面可检验罐壁本身有无渗透现象,同时,还利用分级逐渐充水预压,使地基土强度得以提高,满足稳定性要求。对路堤、土坝等建筑物,由于填土高、荷载大,地基的强度不能满足快速填筑的要求,工程上都采用严格控制加荷速率、逐层填筑的方法以确保地基的稳定性。

(二)堆载预压

堆载预压的材料一般以散料为主,如土、石料、砂、砖等。大面积施工时通常采用自卸汽车与推土机联合作业。对超软地基的堆载预压,第一级荷载宜用轻型机械或人工作业。堆载预压工艺简单,但处理不当,特别是当加荷速率控制不好时,容易导致工程施工的失败。因此,施工时应注意以下几点:

(1)必须严格控制加荷速率。除严格执行设计中制订的加荷计划外,还应通过施工过程中的现场观测掌握地基变形动态,以保证在各级荷载下地基的稳定性。当地基变形出现异常时,应及时调整加荷计划。为此,加荷过程中应每天进行竖向变形、边桩位移及孔隙水压力等项目的观测。基本控制标准是:竖向变形每天不应超过 10 mm,边桩水平位移每天不应超过 4 mm。

(2)堆载面积要足够。堆载的顶面积不小于建筑物的底面积。堆载的底面积也应适当扩大,以保证建筑物范围内的地基得到均匀加固。

(3)要注意堆载过程中荷载的均匀分布,避免局部堆载过高导致地基局部失稳破坏。

不论利用建筑物自身荷载加压或堆载加压,最为危险的是急于求成,不认真进行设计,忽视对加荷速率的控制,施加超过地基承载力的荷载。特别是对于打入式砂井地基,未待因打砂井而使地基减小的强度得到恢复就进行加荷,这样就容易导致工程的失败。从沉降角度来分析,地基的沉降不仅仅是固结沉降,由于侧向变形也产生一部分沉降,特别是当荷载大时,如果不注意加荷速率的控制,地基内产生局部塑性区而因侧向变形引起沉降,从而增大总沉降量。

(三)真空预压

1. 埋设水平向分布滤水管

分布管埋于排水砂垫层中。真空分布管及已施工完成的排水系统,在真空预压排水固结法加固软基工程施工中起着排水和传递真空预压荷载的双重作用。真空分布管一般采用条形或鱼刺形两种排列方法,如图 3-10 和图 3-11 所示。

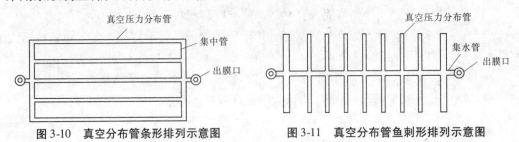

图 3-10　真空分布管条形排列示意图　　　图 3-11　真空分布管鱼刺形排列示意图

通过多项工程施工实践和技术经验,采用周边为封闭环形的棉状真空分布管工艺结构比较理想,在正常情况下使真空压力分布均匀,一旦在加固单元体中局部出现非正常情况,可通过纵横连通的真空分布管相互平衡取得弥补,以及时采取补救措施,确保了真空预压加固全过程真空压力的均匀分布。

真空分布管的埋深根据排水砂垫层厚度具体确定,一般设在排水砂垫层中部,当排水砂垫层较厚时,一般在滤水管上有 10~20 cm 砂覆盖层为宜,但应防止尖锐物露出砂面刺穿密封膜。

真空分布管根据其作用及排出水质特性选用塑料管材为宜。要求真空分布管在预压过程中能适应地基的变形差,能承受足够的径向压力,而不出现径向变形。

真空分布管的滤水孔一般采用 $\phi(8~10)$,间距 5 cm,三角形排列,如图 3-12 所示,也可采用其他滤水结构的真空分布管。

为确保真空分布管的滤水效果,应采取扩大滤水面的措施,一般在滤水管上绕

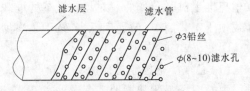

图 3-12　滤水管结构图

3 mm 铅丝,螺距 5 cm,外包尼龙窗纱布 1~2 层,也可采用波纹管结构的真空分布管。滤水层是防止水平排水垫层砂料进入滤水管的一项措施,一般采用棕皮或其他孔隙小、渗透性好的材料,如编织布或无纺织土工聚合物等。不论选用何种材料作为滤水层,都要确保其渗透系数与排水垫层的渗透系数相当。亦可采用带孔的塑料螺纹管,外包竖向排水带的滤膜,用薄膜绳系紧,工程实践表明,使用效果满足排水及传递真空压力要求。

真空分布管直径根据加固软基的固结排水量大小及射流真空泵的特性选用,一般情况下选用 ϕ 50 即可,因 ϕ 50 管的流水能力远大于固结软基的固结排出的水量,不致对真

空预压荷载造成任何影响。

2. 真空密封系统施工

密封膜铺设质量好坏是真空预压加固法成败的关键。密封膜应选用抗老化性能好、韧性大、抗穿刺能力强的不透气材料。普通聚氯乙烯薄膜虽可使用，但性能不如线性聚乙烯等专用膜好。密封膜热合时宜用双热合线平搭接，搭接长度应大于 15 mm。密封膜宜铺设三层，以确保自身的密封性能。膜周边可采用挖沟折铺、平铺并用黏土压边，围捻沟内覆水以及膜上全面覆水等方法进行密封。当处理区内有充足水源补给的透水层时，应采用封闭式板桩墙、封闭式板桩墙加沟内覆水或其他密封措施隔断透水层。

3. 真空设备及施工工艺

真空预压荷载施加是应用专用射流真空泵对处于密封状态下的被加固软基土体抽真空，使被加固土体内，真空压力不断增加，大气压力随之减小，被加固土体内外大气压差不断增加，直到达到设计压力，即预压荷载达到满载，预压荷载在预压加固全过程中一直保持稳定而且分布均匀。

在施加预压荷载施工中，真空预压荷载施加系统是由真空泵、真空连接管、止回阀、截门与串膜装置连接形成的。

4. 真空预压荷载施加步骤

在比较深入地掌握真空预压力加固软基特点的基础上，并在完成排水及真空压力传递系统、真空密封系统及真空顶压荷载工艺后按以下步骤进行真空预压荷载施加施工：

（1）按照工艺要求，将射流真空泵、真空管、出膜口按密封要求连接好。

（2）接好泵、真空管及膜内真空压力传感器，并测记初读数。

（3）射流箱处接好进水管，并在箱内注满水。

（4）在加固范围内按要求设置沉降观测点。

（5）开动离心泵进行真空抽气，膜内真空压力逐渐提高，由于被加固的土层在预压初期排水量较大，并且砂垫层中空气体积大，因此抽真空初期以排气为主，真空度提高较慢，随着砂垫层中空气排出及土层开始排水固结程度的提高，膜内真空度逐渐稳定在 80 kPa 以上，这个过程一般需要 3 ~ 10 d 时间。当达到预定真空度以后，为节约能源，可根据经验采取自动控制、间隔抽真空的措施。

在抽真空过程中，特别是初期，砂垫层和持力垫层及土体中气体排出，体积增大，使射流箱内循环水减少，由于射流摩擦使水温升高，水的密度发生变化，直接影响射流真空泵的真空效果，所以应采取连续补水措施，在抽真空过程中保持水箱满，温度正常。

（6）在距加固边缘大于 50 m 以外的区域，有效视距范围内选取测量点及临时后视点（对临时后视点每月校核一次）。

（四）降水预压

井点降水，一般是先用高压射水将井管外径为 28 ~ 50 mm、下端具有长约 1.7 m 的滤管沉到所需要深度，并将井管顶部用管路与真空泵相连，借真空泵的吸力使地下水位下降，形成漏斗状的水位线。

井管间距视土质而定，一般为 0.8 ~ 2.0 m，井点可按实际情况进行布置。滤管长度一般取 1 ~ 2 m，滤孔面积应占滤管表面积的 20% ~ 25%，滤管外包两层滤网和棕皮，以防止滤管被堵塞。

降水 5~6 m 时,降水预压荷载可达 50~60 kPa,相应于堆高 3 m 左右的砂石料,而相对降水预压工程量小很多,如果采用轻型多层井点或喷射井点等其他降水方法,则效果将更加明显。天津等沿海城市曾成功地采用了射流喷射方法降低地下水位,降水深度可达 9 m,而真空泵一般只能降低 5 m。

降水预压法较堆载预压法的另一个优点是,降水预压使土中孔隙水压力降低,所以不会发生土体破坏,因而不需控制加荷速率,可一次降至预定深度,从而缩短固结时间。

第六节　排水固结质量检验

一、施工过程质量检验和监测

施工过程质量检验和监测应包括以下几个方面的内容:

(1)塑料排水带必须在现场随机抽样送往实验室进行性能指标的测试,其性能指标包括纵向通水量、复合体抗拉强度、滤膜抗拉强度、滤膜渗透系数和等效孔径等。

(2)对不同来源的砂井和砂垫层砂料,必须取样进行颗粒分析和渗透性试验。

(3)对于以抗滑稳定性控制的重要工程,应在预压区内选择代表性位置预留孔位,在加荷不同阶段进行原位十字板剪切试验和取土进行室内土工试验,以检验地基的抗滑稳定性,并检验地基的处理效果。

(4)对预压工程,应进行地基竖向变形、侧向位移和孔隙水压力等项目的监测。在预压期间应及时整理变形—时间、孔隙水压力—时间等关系曲线,推算地基的最终固结变形量、不同时间的固结度和相应的变形量,以分析处理效果并为确定卸荷时间提供依据。

(5)真空预压工程除应进行地基变形、孔隙水压力的监测外,还应进行膜下真空度和地下水位的量测,真空度应满足设计要求。

二、竣工验收检验

竣工验收应符合下列规定:

(1)排水竖井处理深度范围内和竖井底面以下受压土层,经预压所完成的竖向变形和平均固结度应满足设计要求。

(2)应对预压的地基土进行原位十字板剪切试验和室内土工试验以检验处理效果。必要时,还应进行现场载荷试验,试验数量不应少于 3 点。

思考题与习题

3-1　排水固结法由哪几个部分组成?各部分的作用是什么?

3-2　堆载预压法的加固机制是怎样的?

3-3　设计中,砂井的直径、间距及深度是如何确定的?

3-4　在堆载预压过程中,常用的地基土抗剪强度增长计算方法有哪几种?

3-5　地基土的沉降包括哪几部分？在固结过程中某时刻的沉降量如何计算？

3-6　堆载预压、砂井堆载预压、砂井真空预压、降水预压和超载预压几种方法中，哪几种不需要控制加荷速度？为什么？

3-7　堆载预压、砂井堆载预压、砂井真空预压、降水预压和超载预压几种方法中，哪几种预压法为正压固结？哪几种预压法为负压固结？

3-8　真空预压法施工的大致过程是怎样的？其密封系统应注意哪几方面？

3-9　地基土为淤泥质黏土层，固结系数 $C_v = C_h = 1.8 \times 10^{-3}$ cm^2/s，受压土层厚度 20 m，袋装砂井直径 $d_w = 70$ mm，为等边三角形布置，间距 1.4 m，深度为 20 m，砂井底部为不透水层，砂井打穿受压土层。预压荷载总压力为 100 kPa，分两级等速加荷。其加荷过程为：

第一级堆载 60 kPa，10 d 内匀速加荷，之后预压时间 20 d；

第二级堆载 40 kPa，10 d 内匀速加荷，之后预压时间 80 d。

求在不考虑袋装砂井的井阻和涂抹影响下受压土层的平均固结度。

3-10　如图 3-13 所示某路堤下软土地基采用袋装砂井处理。受压土层厚 30 m，土的固结系数 $C_v = C_h = 1.8 \times 10^{-3}$ cm^2/s，袋装砂井直径 $d_w = 7$ cm，砂井间距 $l = 1.4$ m，砂井深度 $H_1 = 20$ m，砂井平面布置为等边三边形，求：瞬时加压后 $t = 120$ d 时受压土层的平均固结度（不考虑井阻和涂抹影响）。

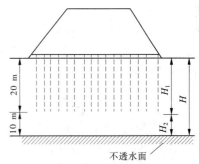

图 3-13　习题 3-10 图

3-11　有一饱和软黏土层，厚度 $H = 8$ m，压缩模量 $E_s = 1.8$ MPa，地下水位与饱和软黏土层顶面相齐。先准备分层铺设 1 m 砂垫层（重度为 18 kN/m^3），施工塑料排水板至饱和软黏土层底面。然后采用 80 kPa 大面积真空预压 3 个月。求固结度达到 80% 时的沉降量（沉降修正系数 ψ_s 取 1.1，附加应力不随深度变化）。

第四章　强夯法

第一节　概　述

　　强夯法又称动力固结法,是用起重机械(起重机或起重机配三角架、龙门架)将 8 ~ 40 t夯锤起吊到 6 ~ 25 m 高度后,自由落下,给地基以强大的冲击能量夯击,使土中出现冲击波和冲击应力,迫使土体孔隙压缩,土体局部液化,在夯击点周围产生裂隙,形成良好的排水通道,孔隙水和气体逸出,使土粒重新排列,经时效压密达到固结,从而提高地基承载力,降低其压缩性的一种有效的地基加固方法,也是我国目前最为常用和最经济的深层地基处理方法之一。强夯机作业见图 4-1。20 世纪 60 年代,强夯法首次由法国的梅纳公司应用于采石场废土石围海造地的场地内,经强夯法施工后,建造了 20 幢 8 层公寓建筑。强夯法于 20 世纪 70 年代初传入我国。经过几十年的推广和应用,在建筑工程、水利工程、公路工程中已经得到了广泛的应用。

图 4-1　强夯机作业

　　强夯可提高地基土的强度、降低土的压缩性、改善砂土的抗液化条件、消除黄土的湿陷性等。同时,夯击能还可提高土层的均匀程度,减小将来可能出现的差异沉降。强夯法在初期仅用于加固砂土和碎石土地基,经过多年的发展和应用,它已适用于碎石土、砂土、低饱和度的粉土与黏土、湿陷性黄土、杂填土和素填土等地基的处理。对饱和度较高的黏土,若用一般方法强夯处理效果不太显著,尤其是用以加固淤泥和淤泥质土地基,处理效果更差,使用时应慎重对待,必须给排水留出路。为此,强夯法加袋装砂井(或塑料排水带)是一个在软黏土地基上进行综合处理的有效途径。近年来,对高饱和度的粉土和黏土地基也有强夯成功的工程实例。此外,有人采用在夯坑内回填块石、碎石或其他粗颗粒材料,强行夯入并排开软土,最终形成砂石桩与软土的复合地基,并称之为强夯置换(或动力置换、强夯挤淤)。

　　当前,应用强夯法处理的工程范围极为广泛,有工业与民用建筑、仓库、贮油罐、储仓、公路和铁路路基、飞机场跑道及码头等。总之,强夯法在某种程度上比机械的、化学的及其他力学的加固方法更为广泛和有效。工程实践表明,强夯法具有施工简单、加固效果好、使用经济等优点,因而被世界各国工程界所重视。

第二节　强夯法加固机制

强夯法对地基土的大面积加固,深度可达30 m。但到目前为止,还没有一套成熟和完善的理论与设计计算方法。强夯法利用强大的夯击能给地基一冲击力,并在地基中产生冲击波,在冲击力作用下,夯锤对上部土体进行冲切,土体结构破坏,形成夯坑,并对周围土进行动力挤压。图4-2为某工程测得的单点夯夯坑夯沉量及周围地表隆起情况。

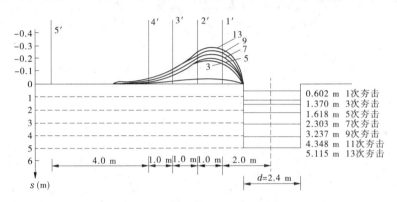

1′、2′、3′、4′、5′—地表隆起观测点;1、3、5、7、9、11、13—夯击次数

图4-2　某工程测得的单点夯夯坑夯沉量及周围地表隆起情况

目前,强夯法加固地基有三种不同的加固机制:动力密实、动力固结和强夯动力置换,它取决于地基土的类别和强夯施工工艺。

一、动力密实

采用强夯加固多孔隙、粗颗粒、非饱和土是基于动力密实的机制,即用冲击型动力荷载,使土体中的孔隙减小,土体变得密实,从而提高地基土的强度。非饱和土的夯实过程,就是土中的气相(空气)被挤出的过程,其夯实变形主要是由土颗粒的相对位移引起的。实际工程表明,在冲击动能作用下,地面会立即产生沉降,一般夯击一遍后,其夯坑深度可达0.6~1.0 m,夯坑底部形成一层超压密硬壳层,承载力可比夯前提高2~3倍。非饱和土在中等夯击能量1 000~2 000 kN·m的作用下,主要是产生冲切变形,在加固深度范围内气相体积大大减小,最大可减小60%。

二、动力固结

用强夯法处理细颗粒饱和土时,则是借助于动力固结理论,即巨大的冲击能量在土中产生很大的应力波,破坏了土体原有的结构,使土体局部发生液化并产生许多裂隙,增加了排水通道,使孔隙水顺利逸出,待超孔隙水压力消散后,土体固结。由于软土的触变性,强度得到提高。图4-3为某工地土层强夯前后强度提高的测定情况。

Menard根据强夯法的实践,首次对传统的固结理论提出了不同的看法,认为饱和土

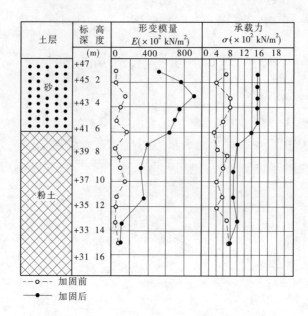

土层	标高深度 (m)	形变模量 $E(\times 10^2\ kN/m^2)$	承载力 $\sigma(\times 10^2\ kN/m^2)$

--○-- 加固前

—●— 加固后

图 4-3　某工地土层强夯前后强度提高的测定情况

是可压缩的。归纳成以下四点。

(一)饱和土的压缩性

Menard 认为,由于土中有机物的分解,第四纪土中大多数都含有以微气泡形式出现的气体,其含气量为 1% ~4%,进行强夯时,气体体积压缩,孔隙水压力增大,随后气体有所膨胀,孔隙水排出的同时,孔隙水压力就减小。这样每夯击一遍,液相气体和气相气体都有所减小。根据试验,每夯击一遍,气体体积可减少 40%。

(二)产生液化

在重复夯击作用下,施加在土体的夯击能量使气体逐渐受到压缩,因此土体的沉降量与夯击能成正比。当气体按体积百分比接近零时,土体便变成不可压缩的。相应于孔隙水压力上升到附加压力相等的能量级,土体即产生液化。图 4-4 所示的液化度为孔隙水压力与液化压力之比,而液化压力即为覆盖压力。当液化度为 100% 时,亦即为土体产生液化的临界状态,而该能量级称为饱和能。此时,吸附水变成自由水,土的强度下降到最小值。一旦达到饱和能而继续施加能量时,除使土起重塑的破坏作用外,能量纯属是浪费。

(三)渗透性变化

在很大夯击能作用下,地基土体中出现冲击波和动应力。当所出现的超孔隙水压力大于颗粒间的侧向压力时,土颗粒间出现裂隙,形成排水通道。此时,土的渗透系数骤增,孔隙水得以顺利排出。在有规则网格布置夯点的现场,通过

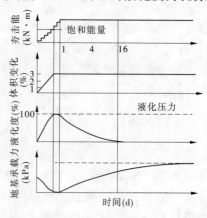

图 4-4　夯击一遍的情况

积聚的夯击能量,在夯坑四周会形成有规则的垂直裂缝,夯坑附近出现涌水现象。

当孔隙水压力消散到小于颗粒间的侧向压力时,裂隙即自行闭合,土中水的运动重新恢复常态。国外资料报道,夯击时出现的冲击波将土颗粒间吸附水转化成为自由水,因而促使了毛细管通道横断面的增大。

(四)触变恢复

在重复夯击作用下,土体的强度逐渐降低,当土体出现液化或接近液化时,土的强度达到最低值。此时土体产生裂隙,而土中吸附水部分变成自由水,随着孔隙水压力的消散,土的抗剪强度和变形模量都有了大幅度的增长。这时自由水重新被土颗粒所吸附而变成了吸附水,这也是具有触变性土的特性。图4-5为夯击三遍的情况。从图中可见,每夯击一遍,体积变化有所减少,而地基承载力有所增大,但体积的变化和承载力的提高,并不是遵照夯击能的算术级数规律增加的。

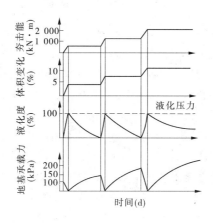

图 4-5　夯击三遍的情况

鉴于以上强夯法加固的机制,Menard对强夯中出现的现象,又提出了一个新的弹簧活塞模型,对动力固结的机制作了解释。图4-6表示静力固结理论与动力固结理论的模型间区别,主要表现为四个主要特性,见表4-1。

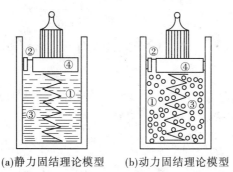

(a)静力固结理论模型　　(b)动力固结理论模型

①—液体;②—小孔;③—弹簧;④—活塞

图 4-6　静力固结理论模型和动力固结理论模型

表 4-1　静力固结理论模型与动力固结理论模型的比较

静力固结理论	动力固结理论
①不可压缩的液体；	①含有少量气泡的可压缩液体；
②固结时液体排出所通过的小孔,其孔径是不变的；	②固结时液体排出所通过的小孔,其孔径是变化的；
③弹簧刚度是常数；	③弹簧刚度为变数；
④活塞无摩阻力	④活塞有摩阻力

三、强夯动力置换

强夯动力置换可分为整式置换和桩式置换,如图 4-7 所示。强夯置换是利用强夯能量将碎石、矿渣等物理力学性能较好的粗粒强制挤入地基,主要通过置换作用来达到加固地基的目的,它主要用于处理饱和黏土。用得较多的是桩式置换,其作用机制类似于砂石桩。在置换过程中,土体结构破坏,地基土体中产生超孔隙水压力,随着时间发展土体强度恢复,同时由于碎石墩具有较好的透水性,利用超孔隙水压力消散产生固结。这样,通过置换挤密与排水固结作用,碎石墩和墩间土形成碎石墩复合地基,可以提高地基承载力和减小沉降。整式置换是置换率要求较大时,以密集的群点进行置换,使被置换土体整体向两侧或四周排出,置换体连成统一整体,构成置换层,其作用机制类似于换土垫层。整式置换后的双层状地基,其变形和强度性状取决于置换材料的性质、置换层的厚度以及下卧层的性质。

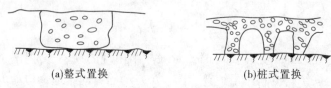

(a)整式置换　　　　　　　　　　(b)桩式置换

图 4-7　置换类型

第三节　强夯法与强夯置换法的设计

一、强夯法

(一)有效加固深度

影响强夯有效加固深度的因素很多,有锤重、锤底面积和落距,还有地基土性质、土层分布、地下水位以及其他有关设计参数等。我国常采用的是根据国外经验方式进行修正后的估算公式

$$H = \alpha\sqrt{Mh} \tag{4-1}$$

式中　H——有效加固深度,m；

M——锤重(以 10 kN 为单位);

h——落距,m;

α——对不同土质的修正系数,软土可取 0.5,黄土可取 0.34 ~ 0.5。

目前,国内外尚无关于有效加固深度的确切定义,但一般可理解为:经强夯加固后,该土层强度和变形等指标能满足设计要求的土层范围。实际上影响有效加固深度的因素很多,除锤重和落距外,还有地基土的性质、不同土层的厚度和埋藏顺序、地下水位以及其他强夯的设计参数等。因此,强夯的有效加固深度应根据现场试夯或当地经验确定。在缺少经验或试验资料时,可按表 4-2 预估。

表 4-2 强夯法的有效加固深度 (单位:m)

单击夯击能(kN·m)	碎石土、砂土等	粉土、黏土、湿陷性黄土等
2 000	5.0 ~ 6.0	5.0 ~ 6.0
3 000	6.0 ~ 7.0	6.0 ~ 7.0
4 000	7.0 ~ 8.0	7.0 ~ 8.0
5 000	8.0 ~ 9.0	8.0 ~ 8.5
6 000	9.0 ~ 9.5	>8.5 ~ 9.0

注:强夯法的有效加固深度应从起夯面算起。

(二)夯锤和落距

单击夯击能为夯锤重 M 与落距 h 的乘积。一般来说,夯击时最好锤重和落距大,则单击能量大,夯击击数少,夯击遍数也相应减少,加固效果和技术经济较好。整个加固场地的总夯击能量(即锤重×落距×总夯击数)除以加固面积称为单位夯击能。强夯的单位夯击能应根据地基土类别、结构类型、荷载大小和要求处理的深度等综合考虑,并可通过试验确定。一般情况下,对粗粒土可取 1 000 ~ 4 000 kN·m/m²,对细粒土可取 1 500 ~ 5 000 kN·m/m²。

但对饱和黏土所需的能量不能一次施加,否则土体会产生侧向挤出,强度反而有所降低,且难以恢复。根据需要可分几遍施加,两遍间可间歇一段时间,这样可逐步增加土的强度,改善土的压缩性。

在设计中,根据需要加固的深度初步确定采用的单位夯击能,然后根据机具条件因地制宜地确定锤重和落距。

一般夯锤可取 10 ~ 25 t。夯锤材质最好用铸钢,也可用钢板为外壳内灌混凝土的锤。夯锤的平面一般为圆形,夯锤中宜对称设置若干个上下贯通的排气孔,孔径可取 250 ~ 300 mm。夯锤实物见图 4-8。夯锤底面静压力值可取 24 ~ 40 kPa,强夯置换锤底静压力值可取 40 ~ 200 kPa。锤底面积宜按土的性质确定。单夯锤底面积对砂类土一般为 3 ~ 4 m²,对黏土不宜小于 6 m²。夯锤确定后,根据要求的单点夯击能量,就能确定夯锤的落距。国内通常采用的落距是 8 ~ 25 m。对相同的夯击能量,常选用大落距的施工方案,这是因为增大落距可获得较大

图 4-8 夯锤实物

的接地速度,能将大部分能量有效地传到地下深处,增加深层夯实效果,减少消耗在地表土层塑性变形的能量。

(三)夯击次数与遍数

夯击次数应根据现场试夯的夯击次数、夯沉量关系曲线、最后两击夯沉量之差并结合现场具体情况来确定。施工的合理夯击次数,应取单击夯沉量开始趋于稳定时的累计夯击次数,且这一稳定的单击夯沉量即可用做施工时收锤的控制夯沉量。但必须同时满足:

(1)最后两击的平均夯沉量不大于 50 mm,当单击夯击能量较大时,应不大于 100 mm;当单击夯击能大于 6 000 kN·m 时,应不大于 200 mm。

(2)夯坑周围地基不应发生过大的隆起。

(3)不因夯坑过深而发生起锤困难。

各试夯点的夯击数,应以土体竖向压缩最大,侧向位移最小为原则,一般为 5~15 击。夯击遍数一般为 2~3 遍,最后以低能量满夯一遍。

(四)间隔时间

强夯间隔时间是指两遍夯击之间的时间。间隔一定时间有利于土中超静孔隙水压力的消失。间隔时间取决于土中超静孔隙水压力的消失时间。当缺少实测资料时,间隔时间可根据地基土的渗透性确定,对于渗透性较差的黏土地基的间隔时间,应不少于 3~4 周,对于渗透性较好的地基,可连续夯击。

(五)夯点布置及间距

夯点的布置一般为正方形、等边三角形或等腰三角形。由于基础的应力扩散作用,强夯处理范围应大于建(构)筑物基础范围,具体放大范围可根据建筑结构类型和重要性等因素考虑确定。对于一般建筑物,每边超出基础外缘的宽度宜为基底下设计处理深度的 1/2~2/3,并不宜小于 3 m。夯间距应根据地基土的性质和要求处理的深度来确定。一般第一遍夯击点间距可取 5~9 m,第二遍夯击点位于第一遍夯击点之间,以后各遍夯击点间距可与第一遍相同,也可适当减小。

图 4-9 表示了两种夯击点的布置及夯击次序。图 4-9(a)中,13 个击点夯一遍分三次完成,第一次夯 5 点,6 m×6 m 正方形布置;第二次夯 4 点,4.2 m×4.2 m 正方形布置;第三次夯 4 点,3 m×3 m 正方形布置。三次完成后 13 个夯击点为 2.1 m×2.1 m 正方形布置。图 4-9(b)中,9 个夯击点夯一遍分三次完成。第一次夯 4 点,6 m×6 m 正方形布置;

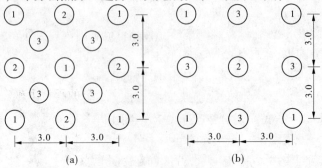

(a)　　　　　　　　　　　(b)

图 4-9　夯击点布置及夯击次序　(单位:m)

第二次夯 1 点,6 m×6 m 正方形中心;第三次夯 4 点,4.2 m×4.2 m 正方形布置。三次完成后 9 个夯击点为 3 m×3 m 正方形布置。

二、强夯置换法

强夯置换是强夯用于加固饱和软黏土地基的方法。强夯置换法的加固机制与强夯法的加固机制不同,它是利用重锤高落差产生的高冲击能将碎石、片石、矿渣等性能较好的材料强力挤入地基中,在地基中形成一个一个的粒料墩,墩与墩间土形成复合地基,以提高地基承载力,减小沉降。在强夯置换过程中,土体结构破坏,地基土体产生超孔隙水压力,但随着时间的增加,土体结构强度会得到恢复。粒料墩一般都有较好的透水性,利于土体中超孔隙水压力消散而产生固结。

强夯置换法在设计前必须通过现场试验确定其运用性和处理效果。应在施工现场有代表性的场地上选取一个或几个试验区,进行试夯或试验性施工,试验区数量应根据建筑场地复杂程度、建筑规模及建筑类型确定。

(一)处理深度

强夯置换墩的深度由土质条件决定,除厚层饱和粉土外,一般应穿透软土层,到达较硬土层上。深度不宜超过 7 m。

(二)墩体材料

墩体材料可采用级配良好的块(片)石、碎石、矿渣等坚硬粗颗粒材料,粒径不宜大于夯锤底面直径的 0.2 倍,含泥量不宜大于 10%,粒径大于 300 mm 的颗粒含量不宜超过全重的 30%。

(三)单击夯击能与夯击次数

强夯置换法的单击夯击能与夯点的夯击次数应通过现场试夯确定,且应同时满足下列条件:

(1)墩底穿透软弱土层,且达到设计墩长。

(2)累计夯沉量为设计墩长的 1.5~2.0 倍。

(3)最后两击的平均夯沉量不大于下列规定值:

当单击夯击能小于 400 kN·m 时,为 50 mm;当单击夯击能为 4 000~6 000 kN·m 时,为 100 mm;当单击夯击能大于 6 000 kN·m 时,为 200 mm。

(4)夯坑周围地面不应发生过大的隆起。

(5)不因夯坑过深而发生提锤困难。

(四)墩位布置

墩位宜采用等边三角形或正方形布置。对于独立基础或条形基础,可根据基础形状与宽度相应布置。墩间距应根据荷载大小和天然地基土的承载力确定,当满堂布置时可取夯锤直径的 2~3 倍。对于独立基础或条形基础,可取夯锤直径的 1.5~2.0 倍。墩的计算直径可取夯锤直径的 1.1~1.2 倍。墩顶应铺设一层厚度不小于 500 mm 的压实垫层,垫层材料可与墩体相同,粒径不宜大于 100 mm。

(五)处理范围

处理范围应大于基础范围。每边超出基础外缘的宽度宜为基底下设计处理深度的

1/2～2/3，并不宜小于 3 m。

（六）承载力确定

确定软黏土中强夯置换复合地基承载力特征值时，可只考虑墩体，不考虑墩间土的作用，其承载力应通过现场单墩载荷试验确定，对饱和粉土地基可按复合地基考虑，其承载力可通过现场单墩复合地基载荷试验确定。

第四节　强夯法与强夯置换法施工

一、施工机具

随着强夯技术的不断发展，起重机械也由初期的小型履带式起重机，逐步发展到大能量的专用设备。如法国已开发出用液压驱动的专用三角架，能将质量40 t 的夯锤提升到40 m 的高度。又如法国尼斯机场扩建跑道，要求加固深度达40 m，为此特制了一台起重量为200 t，提升高度25 m，具有186 个轮胎的超级起重台车，这是迄今为止世界上最大的强夯施工设备。

我国在20 世纪70 年代末引进强夯技术的初期，普遍采用起重量为15 t 左右的履带式起重机作为强夯起重机械。在装备动滑轮组和脱钩装置，并配有推土机等辅助设备以防止机架倾覆的前提下，最大起重量10 t，最高落距10 m，最大单击夯击能为 1 000 kN·m。之后，随着起重机械的发展，多数施工企业配备了50 t 履带式起重机作为强夯机械，在不需推土机等辅助设备的情况下可进行单击夯击能为 3 000 kN·m 的强夯施工。至20 世纪80 年代，履带式起重机的起重能力有了大幅度的提高，一般可以进行单击夯击能为4 000～6 000 kN·m 的强夯施工，从而使我国强夯施工由过去只能从事低能量级夯击提高到能进行中等能量级夯击的水平。至今，各地已从事过单击夯击能为 8 000～150 000 kN·m的强夯施工。

如何选择强夯起重机械是强夯施工的首要问题。一般遵循的原则是既要满足工程要求，又要降低工程费用。首先从满足工程要求来分析，即根据设计要求达到的地基处理深度来确定单击夯击能，并选择相应的起重机械。

二、施工要点

（一）试夯或试验性施工

强夯法或强夯置换法施工前，应根据初步确定的强夯参数，在施工现场有代表性的场地上选取一个或几个试验区进行试夯或试验性施工，并通过测试，检验强夯或强夯置换效果，以便最后确定工程采用的各项参数。

强夯法施工前，应先在现场进行原位试验（旁压试验、十字板试验、触探试验等），取原状土样测定含水量、塑限、液限、粒度成分等，然后在实验室进行动力固结试验或现场进行试验性施工，以取得有关数据。从而根据地基承载力、压缩性、加固影响深度等确定施工时每一遍夯击的最佳夯击能、每一点的最佳夯击数、各夯击点间的间距以及前后两遍锤击之间的间歇时间（孔隙水压力消散时间）等参数。

强夯法施工过程中,还应对现场地基土层进行一系列对比的观测工作,包括地面沉降测定,孔隙水压力测定,侧向压力、振动加速度测定等。对强夯加固后效果的检验可采用原位测试的方法如现场十字板、动力触探、静力触探、载荷试验、波速试验等,也可采用室内常规试验、室内动力固结试验等。

(二)平整场地

预先估计强夯或强夯置换后可能产生的平均地面变形,并以此确定夯前地面高程,然后用推土机平整。同时,应认真查明场地范围内的地下构筑物和各种地下管线的位置及标高等,尽量避免在其上进行强夯施工,否则应根据强夯或强夯置换的影响深度估计可能产生的危害,必要时应采取措施,以免强夯或强夯置换施工而造成损坏。

(三)降低地下水位或铺垫层

强夯前要求拟加固的场地必须具有一层稍硬的表层,使其能支承起重设备;并便于对所施工的"夯击能"得到扩散;同时也可加大地下水位与地表面的距离。对场地地下水位在 -2 m 深度以下的砂砾石土层,可直接施行强夯,无须铺设垫层;对地下水位较高的饱和黏土与易液化流动的饱和砂土,都需要铺设砂、砂砾或碎石垫层才能进行强夯,否则土体会发生流动。垫层厚度随场地的土质条件、夯锤重量及其形状等条件而定。当场地土质条件好,夯锤小或形状构造合理,起吊时吸力小时,也可减小垫层厚度。垫层厚度一般为 0.5 ~ 2 m。铺设的垫层不能含有黏土。

(四)隔振与减振

因强夯施工方法是利用夯锤巨大冲击能和冲击波反复夯击地基表面,由此产生的噪声与振动波对周围的建筑物和居民将造成一定的影响,如何解决施工中扰民问题是施工中必须考虑的问题。当强夯法或强夯置换法施工所产生的振动对邻近建筑物或设备产生有害的影响时,应设置监测点,并采取挖隔振沟等隔振或防振措施。对距离强夯施工现场小于 40 m 的建筑物要挖宽度 1 m、深度超过被影响建筑物基础深度的减振沟,以避免因强夯施工产生的冲击波可能对该建筑物造成损害。施工中的噪声扰民问题最好采取白天施工、错开午休时间等措施,最大限度减少扰民。

强夯机械笨重,自行能力较差,转场需用大型拖车,因此应尽量减小强夯施工中的转场频率,以提高强夯机械的利用率。

三、强夯法施工步骤

(1)清理并平整施工场地。

(2)标出第一遍夯点位置,并测量场地高程。

(3)起重机就位,夯锤置于夯点位置。

(4)测量夯前锤顶高度。

(5)将夯锤起吊到预定高度,开启脱钩装置,待夯锤自由下落后,放下吊钩,测量锤顶高程,当发现因坑底倾斜而造成夯锤歪斜时,应及时将坑底整平。

(6)重复步骤(5),按设计规定的夯击次数以及控制标准,完成一个夯点的夯击。

(7)换夯点,重复步骤(3)至(6),完成第一遍全部夯点的夯击。

(8)用推土机将夯坑填平,并测量场地高程。

(9)在规定的时间间隔后,按上述步骤逐次完成全部夯击遍数,最后用低能量满夯,将场地表层松土夯实,并测量夯后场地高程。

四、强夯置换法施工

强夯置换法施工可按下列步骤进行:

(1)清理并平整施工场地,当表土松软时可铺设一层厚度为 1.0~2.0 m 的砂石施工垫层。

(2)标出夯点位置,并测量场地高程。

(3)起重机就位,夯锤置于夯点位置。

(4)测量夯前锤顶高程。

(5)夯击并逐击记录夯坑深度。当夯坑过深而发生起锤困难时停夯,向坑内填料直至与坑顶平,记录填料数量,如此重复直至满足规定的夯击次数及控制标准,完成一个墩体的夯击。当夯点周围软土挤出影响施工时,可随时清理并在夯点周围铺垫碎石,继续施工。

(6)按由内而外、隔行跳打原则完成全部夯点的施工。

(7)推平场地,用低能量满夯,将场地表层松土夯实,并测量夯后场地高程。

(8)铺设垫层,并分层碾压密实。

五、施工监测

施工监测对于强夯法和强夯置换法施工来说非常重要,因为施工中所采用的各项参数和施工步骤是否符合设计要求,在施工结束后往往很难进行检查,所以施工过程中应有专人负责监测工作:

(1)夯前应检查夯锤质量和落距,以确保单击夯击能符合设计要求,因为若夯锤使用过久,往往因底面磨损而使质量减小。落距未达设计要求的情况,在施工中也常发生,这些都将减小单击夯击能。

(2)在每一遍夯击前,应对夯点放线进行复核,夯完后检查夯坑位置,发现偏差或漏夯应及时纠正。

(3)施工过程中应按设计要求检查每个夯点的夯击次数和每击的夯沉量。对强夯置换尚应检查置换深度。

(4)施工过程中应对各项参数和施工情况进行详细记录。

六、效果检验

(一)检验时间

强夯施工结束后应间隔一定时间方能对地基质量进行检验。对于碎石土和砂土地基,其间隔时间可取 1~2 周,低饱和度的粉土和黏土地基可取 2~4 周。

（二）质量检验的方法

质量检验宜根据土性选用原位测试和室内土工试验。对于一般工程,应采用两种或两种以上的方法进行检验;对于重要工程应增加检验项目,也可做现场大压板载荷试验。

（三）质量检验的数量

质量检验的数量应根据场地复杂程度和建筑物的重要性确定。对于简单场地上的一般建筑物,每个建筑物地基的检验点不应少于 3 处;对于复杂场地或重要建筑物地基,应增加检验点数。检验深度应不小于设计处理的深度。

（四）现场试验

1. 触探试验

触探试验包括静力触探试验和动力触探试验。

1）静力触探试验

静力触探试验有单桥探头和双桥探头,用以查明加固后土在水平方向和垂直方向的变化,确定加固后地基土承载力和变形模量。

2）动力触探试验

动力触探试验常用的有四种类型,其适用范围为:

(1)轻型动力触探试验:用于贯入深度小于 4 m 的一般性黏土和黏性素填土。

(2)重型动力触探试验:用于砂土和碎石土。

(3)超重型动力触探试验:用于加固后密实的碎石或埋深较大、厚度较大的碎石土。

(4)标准贯入试验:用于砂土、粉土和黏土,并用以检验加固后液化消除情况。

2. 载荷试验

载荷试验适用于测定地基土的承载力和变形特性。

3. 旁压试验

旁压试验有预钻式旁压试验和自钻式旁压试验。预钻式旁压试验适用于可塑以上的黏土、粉土,中密以上的砂土、碎石土。自钻式旁压试验适用于黏土、粉土、砂土和饱和软土。

4. 十字板剪切试验

对于不易取得原状土样的饱和黏土,可用十字板剪切试验以求得试验深度处的不排水剪抗剪强度。

5. 波速法试验

波速法试验主要用于测定加固后土的动力参数,以及通过加固前后波速对比看加固效果。

（五）室内试验

(1)黏土:天然重度试验、天然含水量试验、比重试验、液塑限试验、压缩试验和抗剪强度试验。对黄土应做湿陷性试验,检验加固后湿陷性消除情况。

(2)砂土:颗粒分析试验、天然重度试验、天然含水量试验及比重试验。

(3)碎石土:在现场进行大体积的重度试验、颗粒分析试验,对含黏土较多的碎石土可测定黏土的天然含水量和做可塑性试验。

第五节　工程实例

一、强夯法实例

(一)工程概况

上海某公司位于上海市外高桥保税区,其集装箱堆场面积近 8 000 m²。场地为地势平坦的农田。由于持力层为粉质黏土,承载力 100 kPa,不能满足堆场荷载 170 kPa 的要求。为提高地基土的承载力,降低工程造价,故采用强夯法进行地基加固。

(二)强夯的施工设计参数

强夯工程采用起重能力为 500 kN 的杭州吊车和自动脱钩装置。强夯时采用 16 000 kg 的重锤,底面积为 3.5 m²,根据试夯经验及施工技术设计中对加固深度 9.50 m 的要求,选取最佳夯击能量 640 kN·m,即 16 000 kg 锤,落距 14 m。每夯点夯击 3 次,夯点间距 6 m。夯击 3 遍加普夯 1 遍,每遍间隙时间为 3 d。

为了便于施工机械在施工场地行走及应力扩散,在强夯前铺设 0.7~0.8 m 厚经过破碎的转炉钢渣垫层。钢渣在强夯过程中与地基土拌和,在土中压实,不但改善了土质条件,促使孔隙水压力消散,同时钢渣中 Ca^{2+} 与土中 K^+、Na^+ 交换吸附,使土粒结合趋于更密切,引起胶块化。经过一定时间后,土与钢渣中的有效成分充分反应,增加了土体的抗剪强度,提高了地基土的承载力。

(三)强夯效果检验

根据地基土加固前后静载荷试验及静力触探试验可以发现,加固后地基土承载力由原来的 100 kPa 提高到 200~370 kPa。根据静力触探资料,地表以下 5 m 范围内地基土强度提高 2~3 倍,地面 5 m 以下至 10 m 范围内强度提高 0.5~1 倍,达到了施工技术设计加固深度 9 m 的要求。在强夯加固后的地基中 2 m 范围内取土样试验,其中土的含水量、重度及强度指标与加固前比较有较大变化。

二、强夯置换法实例

(一)工程概况

马鞍山钢厂堆场场地属于长江河漫滩阶地,地形平坦,地层皆为第四系河流相冲积层,具有明显的二元结构,上部为饱和软黏土,下部为砂,越靠近长江软黏土层越厚,由于长江水流的堆积和冲刷,形成了由黏土、淤泥质粉质黏土、粉土、砂所组成的地层。

其主要地层为:第 1 层为黏土层,黄褐色,向下渐变为灰褐色,该层厚度 1.0~1.5 m,呈湿—饱和、软塑—可塑状态,其上部为耕植层,土中孔隙肉眼可见。第 2 层为淤泥质粉质黏土层,灰褐—灰色,上部较纯,中下部常夹多层薄层粉土或粉细砂(厚度由数毫米至数厘米),越向下夹层越多,为千层饼状结构,呈饱和—流塑状态,该层厚度为:Ⅰ夯区 6~7 m,Ⅱ夯区 7~8 m,Ⅲ夯区 19 m,在 12 m 左右夹有一层 1~5 m 厚的粉细砂夹层。第 3 层为粉土层,灰色,砂性强,含少量云母片,呈饱和—流塑状态,厚度为 1~2 m,主要在Ⅲ

夯区。第 4 层为砂层,灰色、青灰色,上部以粉砂为主,而下部渐变为细砂,越下面颗粒越粗,变为中粗砂,到 50 m 左右为侏罗纪砂岩。砂层埋藏深度,在 I 夯区为 0.8 m 左右深度以下,II 夯区为 9.0 m 左右深度以下,III 夯区为 20.0 m 左右深度以下。

(二)强夯的施工设计参数

夯锤重 200 kN,落距 16 m。夯击能量 3 200 kN·m,垫层厚度 1.5~2.0 m,夯点三角形布置,间距为 3.5 m。在三角形中点设置塑料排水带一根。第一遍每夯点三夯后用钢渣或山皮石填满夯坑,第二遍和第三遍同第一遍,再填平后满夯一遍,形成碎石墩复合地基。

(三)强夯效果检验

经强夯置换法处理后各土层的地基承载力和土体压缩模量有了较大幅度的提高,同样,根据十字板剪切试验结果可以看出强夯置换后的地基土强度有了较大幅度的增长。

思考题与习题

4-1　强夯法适用于何种土类? 强夯置换法适用于何种土类?

4-2　强夯法和强夯置换法的加固原理有何不同?

4-3　如何确定强夯的设计参数?

4-4　试述强夯法施工的注意事项。

4-5　采用强夯法施工后,为什么对于不同的土质地基,进行质量检测的间隔时间不同?

第五章　振冲法与砂石桩法

第一节　概　述

一、振冲法简介

振冲法是利用振冲器的高频振动和高压水流,边振动边水冲将振冲器沉到水中预定深度,经洗孔后加入填料并振密形成桩体,从而构成复合地基,或不加填料使松砂地基加密,提高地基强度的加固技术。振冲法起源于 1937 年德国凯勒公司(Johann Keller),该公司首先制成了一台具有现代振冲器形式雏形的振冲器,用于处理柏林市郊的一幢建筑物的7.5 m深的松砂地基,该方法有效地提高了砂基的相对密实度和承载力,取得了显著的加固效果。20 世纪50 ~ 60 年代,德国和英国也相继把振冲法用来加固黏土地基。日本在 1957 年引进振冲法,并作为砂基抗震防止液化的有效处理措施被广泛采用。我国在1977 年首次应用振冲法加固地基,应用的工程是南京船舶修造厂船体车间软土地基加固。随后在大坝、道路、桥涵、大型厂房及工业与民用建筑地基处理上都广泛采用振动水冲法。

振冲法可从不同角度进行分类。按施工工艺分类,振冲法施工可以分为湿法振冲法和干法振冲法两类。干法振冲在施工中不加水冲,常铺以压缩空气以利造孔和加密。湿法振冲法在施工中铺以压力水冲,有利于造孔和加密,还能对振冲器起到冷却作用,保证机具正常运行。干法振冲法不用水、不排出泥浆,成孔时将土挤入土体中进行加密,但要求振冲器具有冷却系统,目前国内的潜水电动机型振冲器不适合干法振冲。

按地基土加密效果分类,振冲法可以分为振冲置换法和振冲加密法两大类。振冲置换法主要适用于软弱黏土,是利用振冲器的振动和水冲在地基内造孔,并填入碎石或卵石等形成碎石桩复合地基,以提高地基的强度和减小沉降量,提高地基力学性能的主要作用是置换作用。振冲加密法主要适用于砂土地基,又分为无填料振冲加密法和加填料振冲加密法。无填料振冲加密法适用于中粗砂,是利用松砂在振动荷载作用下,颗粒重新排列,体积缩小,变成密砂的特性。对该类地基,当振冲器上提时孔壁极容易塌落,自行填满下面的空洞,所以不加填料就地振密;而加填料振冲加密法与振冲置换法相似,所加填料形成桩体,并作为传力介质使砂层挤压加密,但提高地基力学性能的主要作用是振密作用。

《建筑地基处理技术规范》(JGJ 79—2002)作出规定:振冲法适用于处理砂土、粉土、粉质黏土、素填土和杂填土等地基。对于处理不排水抗剪强度小于 20 kPa 的饱和黏土和饱和黄土地基,应在施工前通过试验确定其适用性。不加填料振冲加密适用于处理黏性含量不大于10%的中砂、粗砂地基。

二、砂石桩法简介

砂石桩是指由砂、卵石、碎石等散体材料构成的桩，又称为粗粒土桩、粒料桩或者散体材料桩，可分为碎石桩和砂桩。砂石桩法是指利用振动、冲击或水冲等方式在软弱地基中成孔后，再将砂、卵石、碎石等散体材料挤压入已成孔中，形成大直径的碎石所构成的密实桩体，从而实现对地基加固处理的方法。

碎石桩最早于1835年由法国在Bayonne建造兵工厂车间使用，这个兵工厂坐落在海湾沉积的软土地基上，加固后的实际沉降量只有未加固前的1/4。此后便被人遗忘，直至1937年德国人发明了振冲器，该法才得以新生，并开发出振动水冲施工工艺用来挤密砂土地基。

砂桩于19世纪30年代起源于欧洲，但由于长期缺少实用的设计计算方法和先进的施工工艺及施工设备，砂桩的应用和发展受到很大影响。第二次世界大战后，苏联对砂桩在松散砂土地基的处理方面取得了较大的发展。1958年，日本开始采用振动式重复压拔管的施工方法，使砂石桩地基处理技术发展到一个新的水平，施工质量、施工效果和处理深度都有显著提高。我国1959年首次在上海重型机器厂采用锤击沉管挤密砂桩法处理地基，1978年又在宝山钢铁总厂采用振动重复压拔管砂桩施工方法处理原料堆场地基。这两项工程为我国在饱和软弱黏土中采用砂桩，特别是砂桩地基处理方法积累了丰富的经验。近年来，砂桩技术在我国工业、交通、水利、房屋建筑等工程中都得到了应用并有了长足的发展，施工工艺和成桩材料也有了改进。

目前，我国在软弱黏土地基中砂石桩方面也取得了一定的经验。采用砂石桩处理饱和软弱黏土地基应通过现场试验来确定其适宜性。工程实践表明，砂石桩用于处理松散砂土和塑性指数不高的非饱和黏土地基，其挤密（或振密）效果较好，不仅可以提高地基的承载力、减小地基的固结沉降，而且可以防止砂土由于振动或地震所产生的液化。砂石桩处理饱和软弱黏土地基时，主要是置换作用，可以提高地基承载力和减小沉降。砂石桩还起排水通道作用，能够加速地基固结。

碎石桩和砂桩适用于挤密松散砂土、粉土、黏土、素填土、杂填土等地基。饱和黏土地基上对变形控制要求不严的施工也可采用砂石桩置换处理。

振冲法与碎石桩法有着内在的联系，碎石桩法根据施工工艺不同可以分为振冲碎石桩法、干振挤密碎石桩法、沉管碎石桩法、夯扩碎石桩法、袋装碎石桩法、强夯置换碎石桩法等。近年来，振冲碎石桩复合地基的加固技术得到了快速发展。振冲法形成的复合地基和周围土体共同承担上部荷载，桩体能适应较大变形，透水性好，还具有技术可靠、设备简单、操作技术易于掌握、施工简单快捷、工期短、既不用水泥又不用钢筋、加固后地基承载力显著提高等优点。其缺点是施工时用水量大，冲出来的大量泥浆污染施工场地。

第二节　基本原理

振冲法与砂石桩法的加固机制是类似的。振冲法在砂土中主要是振动挤密和振动液化作用；在黏土中主要是振冲置换作用，并使置换的桩体与土组成复合地基。

　　砂石桩法处理砂类土时,处于砂层中的桩体,对四周松散的砂土主要起挤密作用,将松散砂土孔隙比挤密至小于临界孔隙比,从而形成砂石桩。提高了地基承载力,大大减小了地基沉降,对饱和砂土通过预振能防止地震液化。对于黏土中形成的大直径密实砂石桩桩体,砂石桩与黏土形成复合地基,共同承担上部荷载,同时降低了地基的固结沉降量。另外,砂石桩在黏土地基中形成排水通道,因而加速了固结速率。因此,对黏土地基,砂石桩的主要作用是置换和排水固结。下面主要对振冲法进行详述,砂石桩法类似,不再赘述。

一、振冲法加固砂性地基原理

　　振冲法加固砂性土地基,一方面是依靠振冲器的强力振动使饱和砂层发生液化,砂颗粒重新排列,孔隙体积减小;另一方面依靠振冲器的水平振动力,使添加回填料形成柱体对砂层挤压加密。振冲密实法加固砂性土的原理对于无填料加密法来说,主要是利用振冲器的振密作用和预振作用,使得原来松散的地基土变密实,承载力、压缩模量和抗液化能力得到提高。对于填料加密法(振冲碎石桩)来说,除了上述的振密作用外,成桩过程中的挤密作用以及形成的桩土复合地基也使得松散地基土的物理力学特性得到改善。振冲碎石桩处理砂性土地基的挤密作用、置换作用以及排水作用与一般碎石桩的作用机制相同,下面主要介绍振冲法处理砂性土地基的振密作用、预振作用和挤密作用,碎石桩作用机制不再赘述。

(一)振密作用

　　在振冲器的重复水平振动和侧向挤压力的作用下,孔隙水压力迅速增大,有效应力降低,砂土结构便会产生屈服破坏。孔隙水压力消散后,由于结构破坏,土粒有可能向低势能位置转移,这样土体由松变密。但是当孔隙水压力过大而不容易消散时,土体就会变成流体状。研究指出,振动加速度达到 $0.5g$ 时,砂土结构开始破坏;当加速度达到 $1.0g \sim 1.5g$ 时,土体变为流体状态;当超过 $3.0g$ 时,砂体发生剪胀,此时砂体不但不变密,反而由密变松。

　　实测资料表明,在振冲器的振动作用下,周围地基土中产生的振动加速度与离开振冲器距离的增大呈指数函数型衰减。根据周围地基土中振动加速度以及挤密效果,从振冲器侧壁向外可以分为四个区域:

　　(1)剪胀区。紧贴振冲器侧壁,该区振动加速度最大,砂土处于剪胀状态。

　　(2)流态区。砂土受到较强的振动并受高压水冲击,土体处于流体状态,土颗粒有时连接,有时不连接。

　　(3)过渡区和挤密区。砂土经受振动结构开始逐渐破坏,但土颗粒仍保持连接,能够通过土骨架传递振动应力,并使砂土变密,形成新的密实结构的土。

　　(4)弹性区。该区位于最外端,砂土受到的振动小,土体处于弹性变形状态,不能获得显著加密。

　　振冲器在土中是一个移动的点振源,因此剪胀区、流态区、过渡区和挤密区、弹性区不是固定不变的。随着振冲器移动,剪胀区可以变为流态区,挤密区和弹性区则反之。

　　只有过渡区和挤密区才有明显的挤密作用。过渡区和挤密区的大小不仅与地基土性质有关(如砂土的起始相对密度、颗粒大小、形状和级配、渗透系数、埋深等),还和振冲施工参数(如振动力、振动频率、振幅、振冲距、振动历时)有关。

一般来说,振动力越大,影响距离就越大。但是过大的振动力,扩大的多半是流态区而不是挤密区,因此挤密效果不一定成比例增加。在振冲器常用的频率范围内,频率越高,产生的流态区越大。所以,高频振冲器虽然容易在砂层中贯入,但挤密效果并不理想。砂体颗粒越细,越容易产生宽广的流态区,这也是对粉土和含粉粒较多粉质砂振冲挤密效果较差的原因之一。缩小流态区的有效措施是向流态区贯入粗砂、砾或碎石等粗粒料。

(二)预振作用

砂土液化特性除与相对密度有关外,还与其振动应变史有关。振冲的施工过程中会造成地基土的剧烈振动,从而会对液化砂土产生预振作用,提高砂土地基的抗液化能力。预振使砂土结构和体积发生的变化可视为影响液化势和孔隙水压力的主要原因。振冲施工参数如振动力、振动频率、振动时间都会直接影响到预振效果,目前还无法对振冲施工造成的预振效果进行定量评价。

(三)挤密作用

如果忽略振冲过程中产生的振动密实作用,振冲碎石桩对地基土挤密作用则与干法碎石桩的挤密机制完全相同,通过在地基土中插入一定体积的桩体,从而对地基土达到挤密的目的。而这种挤密桩桩间距越小、桩径越大,挤密效果越好。如果在挤密碎石桩施工前后,地面既不隆起也不下陷,那么桩体的体积就是地基土被挤密缩小的体积。然而,由于实际工程的复杂性,许多因素会影响到挤密效果,主要影响因素如下。

1. 碎石桩置换率

碎石桩置换率将直接影响到挤密效果。碎石桩的桩间距越小,桩径越大,置换率也越高,挤密效果也越好。当然,也不能简单地认为提高置换率就可以无限地提高挤密效果,因为有其他因素对实际挤密效果产生影响。

2. 细粒含量和黏粒含量

早在1977年,Saito便提出细颗粒(<0.074 mm)含量的多少将影响砂土的挤密效果。在碎石桩处理液化地基的工程实践中,黏粒(<0.005 mm)含量的多少将大大影响挤密效果。

3. 埋深

埋深越大,上覆压力也越大,挤密过程中也就越不易隆起,挤密效果也就越好。埋深较浅的土层则相反。

4. 地基土的初始密度

当原基础的密实度较小时,挤密效果十分明显。埋深较浅的砂土和粉土,由于自重应力较小,天然孔隙比很大,采用碎石桩挤密处理明显。

5. 土层的均匀性

如果场地土层的均匀性较差,如砂土和粉土层中有一些黏土夹层,也会影响挤密效果。一方面这些黏土夹层将延长孔隙水压力的消散时间,使得较短时间难以达到应有的挤密效果。另一方面,粉土中的黏土夹层可能会提高最终加密效果。实践表明,碎石桩复合地基中的黏土是几乎不可能被挤密的,这一点从处理前后黏土的标贯值以及孔隙比的大小中可以看出。桩长范围内的这些不能被挤密的黏土会在碎石桩施工时向旁边的粉土挤动从而提高挤密效果,这也就是在黏土夹层较厚的粉土地基中容易发生测试挤密效果高于设计加密效果的原因。

综上所述,碎石桩置换率、细颗粒含量和黏粒含量、埋深、原地基的密实度、场地土的均匀性以及前面所提到的振冲施工振密作用都将影响到振冲碎石桩的挤密效果。

二、振冲法加固黏土地基原理

对于黏土地基,振冲法的挤密和振密作用不明显。采用振冲法加固黏土地基的施工方法主要采用加填料的振冲碎石桩法,依靠振冲形成的碎石桩的排水作用、置换作用、垫层作用和加筋作用来对软黏土地基进行加固,这与一般的沉管碎石桩的加固机制基本相同。

(一)排水作用

在饱和黏土地基中施工碎石桩后,由于碎石桩渗透系数较大,排水性能较好,会吸引周围地基土中水向碎石桩方向流动,能够形成良好的排水通道,缩短了排水距离,起到良好的排水作用。在处理饱和软黏土工程中利用这个作用来加速土的固结沉降过程,可缩短工期。

(二)置换作用

在软弱地基中布置的振冲碎石桩与周围的土体共同承担上部荷载。在总荷载不变的情况下,桩土应力比越大,地基土所承担的荷载也就越小,这样地基土的沉降就会减小,稳定性相应会提高。由于桩体的作用,可以将上部荷载传递到承载力较高、压缩性较低的持力层。

(三)垫层作用

对于软弱土层较厚的情况,桩体有可能不能够穿透整个软弱土层。这样,整个软弱土层就分为两部分,上部为采用碎石桩处理形成的复合地基(复合地基层),下部为天然软弱土层(软弱下卧层)。上部的碎石桩复合地基层起到一个垫层作用,将上部荷载按照一定的扩散角传递至下部的软弱下卧层,从而使下卧层受到附加应力减小并趋向均匀。合理确定复合地基层的厚度便可以满足下卧层的稳定性要求以及总沉降要求。不是所有软弱地基中的振冲碎石桩都能够起到垫层作用,只有振冲碎石桩按照"短而密"布置且范围较大时,其荷载传递机制才接近于以上双层地基的荷载传递机制。

(四)加筋作用

振冲碎石桩也可以用来防治地质灾害,提高边坡的稳定性。在边坡中的振冲碎石桩可以起到一般抗滑桩的作用,能提高土体的抗剪强度,迫使最危险滑动面向土体深层移动,从而提高边坡的整体稳定性。在这种情况下,振冲碎石桩体的密实度要高、强度要大,只有这样才能充分发挥其抗剪功能。

第三节　振冲法的设计

由于建筑场地岩土工程条件的多样性和振冲法本身的复杂性,振冲法加固地基的设计目前仍处于半理论半经验状态。一些计算方法、计算参数和设计参数都需要参考工程经验来确定。

一、砂性土地基振冲法设计计算

砂性土地基振冲法的设计主要是合理地选择施工参数,提高砂土密实度,从而提高砂土地基的承载力,减小沉降,并消除液化的影响。

(一)一般原则

砂层经用填料造桩挤密后,桩的承载能力自然比桩间砂土大,但因桩间砂土经振冲挤密后承载能力也有很大提高,常常是桩间砂土本身已满足设计要求的容许承载力,这样似无必要将桩和桩间土分别取值,再按复合地基理论设计计算地基的容许承载力和最终沉降量。只有在覆盖面积广、荷载大的建筑物下的砂基(如坝基),由于其影响较大,需要进行这方面验算。对一般建筑物,因为荷载在地基中引起的附加应力不大,并且这一附加应力随深度衰减很快,承载力和沉降一般不是设计的控制条件。对砂性基础,主要设计项目是验算其抗液化能力。所以,对有抗震要求的松砂地基,要根据砂的颗粒组成、起始密实度、地下水位、建筑物的抗震设防烈度,计算振冲处理深度、布孔形式、间距和挤密标准,其中处理深度往往是决定处理工作量、进度和费用的关键因素,需要根据有关抗震规范进行综合论证。

(二)加固深度

振冲加固地基的深度可根据场地土层情况、荷载大小以及抗液化要求综合考虑。

(三)加固范围

振冲桩处理范围可根据建筑物的重要性和场地条件确定。当用于多层建筑和高层建筑时,宜在基础外缘扩大1~2排桩。当处理液化地基时,不同规范的规定有所不同。国家《建筑地基处理技术规范》(JGJ 79—2002)规定:"基础外缘扩大宽度不应小于基底下可液化土层厚度底1/2";国家《建筑抗震设计规范》(GB 50011—2010)规定:"在基础边缘以外的处理宽度,应超过基础底面下处理深度的1/2且不小于基础宽度的1/5"。

(四)孔位布置和间距

振冲孔位布置常用等边三角形和正方形两种。在单独基础和条形基础下常用等腰三角形和矩形布置。对大面积挤密处理,用等边三角形布置比正方形布置可以达到更好的挤密效果。

振冲孔位的间距视砂土的颗粒组成、密实要求、振冲器功率而定。砂的粒径越细,密实要求越高,则间距应越小。使用30 kW振冲器,间距一般为1.3~2.0 m;使用75 kW大型振冲器,间距可加大到1.4~2.5 m。荷载小或对砂土宜采用较大的间距。

(五)填料选择

填料的作用一方面是填充在振冲器上提后砂土层中可能留下的孔洞,另一方面是利用填料作为传力介质,在振冲器的水平振动下通过连续加填料,将砂层进一步挤压加密。对中粗砂,振冲器上提后由于孔壁极易坍塌,能自行填满下方的孔洞,可以不加填料,就地振密;但对粉细砂,必须加填料后才能获得较好的振密效果。桩体材料可用含泥量不大于5%的碎石、卵石、矿渣或其他性能稳定的硬质材料,不宜使用风化易碎的石料。常用的填料粒径为:30 kW 振冲器 20~80 mm,55 kW 振冲器 30~100 mm,75 kW 振冲器 40~150 mm。

二、黏土地基振冲法设计

振冲置换加固设计目前还处于半理论半经验的状态,因此对重要的工程或复杂的土质情况,必须在现场进行制桩试验。根据现场试验取得的资料修改设计,制定施工要求。

(一)桩长

振冲法加固地基的桩长可根据场地土层情况、荷载大小综合确定。

当软弱土层厚度不大时,桩长可穿软弱土层,以减小地基变形。当软弱土层厚度较大时,对按稳定性控制的工程,桩长应不小于最危险滑动面以下 1 m 的深度;对按变形控制的工程,桩长应满足复合地基的变形量不超过有关规范规定的地基容许变形量和满足下卧层强度的要求。对于平面面积较大、荷载复杂的基础,设计时也可分区采用不同的桩长来调节建筑物地基差异变形量。一般桩长不宜短于 4 m,当桩长大于 7 m 时,制桩工效将显著降低。

需要说明的是,设计桩长是指桩在垫层底面以下的实有长度。通常的做法是在桩体全部制成后,将桩体顶部 1 m 左右的一段挖去,铺 30~50 cm 厚的碎石垫层,然后在上面做基础。挖除桩顶部分长度的理由是该处上覆压力小,很难做出符合密实要求的桩体。在设计基础底部高程时应考虑这一情况。

(二)加固范围

对单独基础或条形基础,在基础外缘扩大半个或一个桩;对其他形式的基础,在基础外缘扩大 1~2 排桩;对地面堆载、路堤或岸坡加固工程每边放宽,应扩大 2~3 排桩。

(三)桩位布置和间距

对大面积满堂处理,桩位宜用等边三角形布置;对独立基础或条形基础,桩位宜采用正方形或等腰三角形布置;对于圆形或环形基础(如环形粮仓基础),宜用放射形布置,如图 5-1 所示。

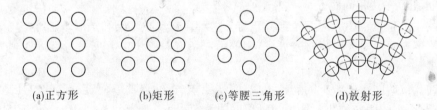

(a)正方形　　　　(b)矩形　　　　(c)等腰三角形　　　　(d)放射形

图 5-1　桩位布置

桩中心间距的确定应考虑荷载大小、原土的抗剪强度。荷载大,间距应小;原土强度低,间距也应小。特别是在深厚软基中打不到相对硬层的短桩,桩的间距应更小,一般间距为 1.5~2.5 m。

(四)桩体材料

桩体材料可以就地取材,凡是碎石、卵石、含石砾砂、矿渣、碎砖等材料都能利用。桩体材料的最大容许粒径与振冲器的外径和功率有关,一般不大于 8 cm。对碎石,常用的粒径为 2～5 cm。关于级配,没有特别要求,但含泥量不宜太大。桩的直径与地基土的强度有关,强度越低,桩的直径越大。

(五)振动影响

用振冲法加固地基时,由于振冲器在土中振动产生的振动波向四周传播,对周围的建筑物,特别是不太牢固的陈旧建筑物可能造成某些振害。为此,在设计中应该考虑施工的安全距离,或者事先采取适当的防振措施。

(六)现场制桩试验

对重要的大型工程,宜在现场进行制桩试验和必要的测试工作,如载荷试验、桩顶与土面的应力测定等,收集设计施工所需的各项参数值,以便改进设计,制订出比较符合实际的加固施工方案。

三、振冲桩复合地基承载力计算、沉降量计算、稳定性计算

(一)承载力作用

振冲碎石桩复合地基承载力特征值应通过现场复合地基载荷试验确定,初步设计时可用单桩和处理后桩间土承载力特征值估算如下

$$f_{spk} = mf_{pk} + (1 - m)f_{sk} \tag{5-1}$$

$$m = \frac{d^2}{d_e^2} \tag{5-2}$$

式中　f_{spk}——振冲桩复合地基承载力特征值,kPa;

　　　f_{pk}—— 桩体承载力特征值,kPa,宜通过单桩载荷试验确定;

　　　f_{sk}——处理后桩间土承载力特征值,kPa,宜按当地经验值取值,当无经验时,可取天然地基承载力特征值;

　　　m——桩土面积置换率;

　　　d——桩身平均直径,m;

　　　d_e——一根桩分担的处理地基面积的等效圆直径(等边三角形布桩 $d_e = 1.05s$,正方形布桩 $d_e = 1.13s$),矩形布桩 $d_e = 1.13 \sqrt{s_1 s_2}$,其中 s、s_1、s_2 分别为桩间距、纵向间距和横向间距。

对于小型工程的黏土地基,如无现场载荷试验资料,初步设计时复合地基承载力特征值可按下式估算

$$f_{spk} = [1 + m(n - 1)]f_{sk} \tag{5-3}$$

式中　n——桩土应力比,在无实测资料时,可取 2～4,原土强度低取大值,原土强度高取小值。

(二)沉降量计算

复合地基沉降计算方法目前还不成熟,通常将复合地基沉降量分为两个部分,即复合地基加固区压缩量为 s_1,加固区下卧层压缩量为 s_2。在荷载作用下复合地基的总沉降量为

$$s = s_1 + s_2 \tag{5-4}$$

复合地基的压缩模量,可按下式计算

$$E_{sp} = E_p m + (1 - m)E_s \tag{5-5}$$

式中　E_p——桩体的压缩模量,MPa;

　　　E_s——桩间土压缩模量(按当地经验取值,当无经验时,可取天然地基压缩模量),MPa;

　　　m——桩土面积置换率。

当缺乏载荷试验成果时,可按地基土的压缩模量进行估算,即

$$E_{sp} = [1 + m(n - 1)]E_s \tag{5-6}$$

式中　n——桩土应力比,在无实测资料时,对黏土可取2.4,对粉土和砂土可取1.5~3,原土强度低取大值,原土强度高取小值。具体计算方法可按照《建筑地基基础设计规范》(GB 50007—2011)的要求进行。

(三)稳定性分析

采用振冲置换法加固地基,可以提高黏土坡的抗滑稳定性。地基稳定性分析通常采用圆弧分析方法,如图5-2所示,假设滑动面呈圆弧形,选取不同的滑动面,计算圆弧滑动面上的总剪切力 T 和总抗剪力 R,则沿该圆弧滑动方向的稳定系数为

$$K = \frac{R}{T} \tag{5-7}$$

通过上述多次试算可以找到稳定系数最小的滑动面,即最危险的圆弧滑动面,并将此作为计算的最终稳定系数。

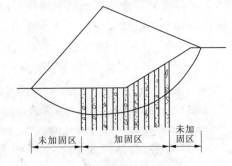

图 5-2　地基稳定性分析

计算时应当注意,地基中存在加固区和未加固区,不同剪切区的抗剪强度指标不同。加固区复合土体的综合抗剪强度指标 c_{sp} 和 φ_{sp} 采用面积比法计算

$$c_{sp} = c_s(1 - m) + mc_p \tag{5-8}$$

$$\tan\varphi_{sp} = \tan\varphi_s(1 - m) + m\tan\varphi_p \tag{5-9}$$

式中　c_s、c_{sp}——桩间土和桩体的黏聚力,kPa;

　　　φ_s、φ_p——桩间土和桩体的内摩擦角,(°);

　　　m——加固区桩土面积置换率。

第四节　砂石桩的设计与计算

一、一般设计原则

砂石桩的设计内容包括桩位的布置、桩距、处理范围、灌砂量及处理地基的承载力、稳定或变形验算。

(一)加固范围

砂石桩的加固范围应根据建筑物的重要性和场地条件及基础形式而定,由于基础的

压力向基础外扩散,砂石桩处理地基要超出基础一定宽度,处理宽度宜在基础外缘 1～3 排桩,对可液化地基不应小于可液化土层厚度的 1/2,同时不宜小于 5 m。

(二)桩位布置

砂石桩的桩位布置应当根据基础的形状以及荷载的情况进行确定,一般采用正方形或等边三角形布置,对大面积满堂处理,桩位宜用等边三角形布置;对独立基础或条形基础,桩位宜用正方形、矩形或等腰三角形布置;对于圆形基础或环形基础(例如圆形粮仓基础),桩位宜用放射形布置。对于砂土地基,因靠砂石桩的挤密提高桩周围土的密度,所以采用等边三角形布置更为有利,如图 5-1 所示。

(三)桩长

砂石桩桩长可根据工程要求和工程地质条件通过计算确定。

为保证稳定,桩长宜达到滑动弧面以下。

(1)当松软土层厚度不大时,桩长宜穿过整个松软土层。

(2)当松软土层厚度较大时,对按稳定性控制的工程,桩长应不小于最危险滑动面以下 2 m 的深度;对按变形控制的工程,桩长应满足处理后地基变形量不超过建筑物的地基变形允许值并满足软弱下卧层地基承载力要求。

(3)对可液化的地基,桩长应当在 15 m(天然地基)以内,并贯穿可液化地基。

(4)砂石桩的单桩载荷试验表明,在桩顶 4 倍桩径范围内将发生侧向膨胀,因此桩长一般不宜小于 4 m。

(四)桩径

砂(碎)石桩的直径应根据地基土质情况和成桩设备因素来确定。小直径桩管挤密质量均匀但施工效率低;大直径桩管需要较大的机械能力,功效高;过大的桩径,一根桩要承担的挤密面积大,通过一个孔要填入的填料多,不易使桩周土挤密均匀。对于软黏土,宜选用大直径的桩管以减小对原地基的扰动程度,同时置换率较大,可提高处理的效果。

采用 30 kW 振冲器成桩时,对于饱和软黏土,成桩直径一般为 0.7～0.9 m;对于粉性土或砂土,成桩直径一般为 0.6～0.8 m;采用沉管法成桩时,砂(碎)石桩的直径一般为 0.3～0.7 m。

(五)材料

桩体材料可以就地取材,一般可用碎石、卵石、角砾、圆砾、砾砂、粗砂、中砂或石屑等硬质材料,这些材料可以单独使用一种,也可以粗细粒料按一定比例配合使用,改善级配,提高桩体的密实度,特别是在对砂石桩侧限作用较小的软弱黏土中,可以使用含有棱角状碎石的混合料,以增大桩体材料的内摩擦角。

砂石填料中含泥量不得大于 5%,最大粒径不宜大于 50 mm。

材料在孔内的填料量应通过现场试验确定,估算时可按设计桩孔体积乘以充盈系数 β 确定,β 可取 1.2～1.4。如施工中地面有下沉或隆起现象,则填料数量应根据现场具体情况予以增减。

(六)垫层

砂(碎)石桩施工完毕后,应将基底标高下的松散层挖除或用碾压密实的方法进行处理,并在基础底面铺设 0.3～0.5 m 厚的砂(碎)石垫层,垫层应分层铺设,用平板振动器振实。一方面,垫层可以作为排水通道将砂石桩或天然地基中的水从地面排走;另一方面,垫层可以有效地调整桩土的应力分配,充分发挥地基土的作用。另外,在不能保证施工机械正常行驶和操作的软弱土层上,也常常铺设施工用临时性垫层。

(七)变形计算

砂石桩地基处理的变形计算,应按相关规范的规定计算;对于砂桩处理的砂土地基,应进行抗滑稳定性验算。

二、设计计算方法

(一)砂石桩间距确定

砂石桩的间距应通过现场试验确定。对于砂性土地基,主要是从挤密的观点出发考虑地基加固中的设计问题,首先根据工程对地基加固的要求(如提高地基承载力、较少变形或抗震液化等),确定要求达到的密实度和孔隙比,并考虑桩位布置形式和桩径大小,计算桩的间距;对粉土和砂土地基,桩距不宜大于砂石桩直径的 4.5 倍;对黏土地基,不宜大于砂石桩直径的 3 倍。在初步设计时,砂石桩的间距可按下面方法计算。

1. 松散粉土和砂土地基可按挤密后要求达到的孔隙比确定

砂(碎)石桩布置如图 5-3 所示,呈正方形布置,设桩间距为 L,桩的截面面积为 A_p,单桩承担的处理面积为 A_e。处理前土的孔隙比为 e_0。假定在松散砂土中打入碎石桩或砂桩能起到 100% 的挤密效果,即成桩过程中地面没有隆起或下沉现象,加固的砂土没有流失。根据处理前后孔隙比的变化(见图 5-4),则挤密处理后的土的孔隙比 e_1 与置换率 $m = \dfrac{A_p}{A_e}$(桩的截面面积与被处理的地基土面积之比)的关系为

$$\frac{1 + e_1}{1 + e_0} = 1 - m \tag{5-10}$$

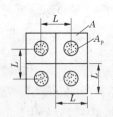

图 5-3　正方形桩位布置计算桩距

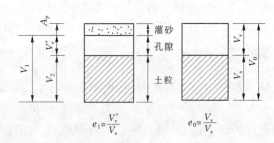

图 5-4　孔隙比 e 的变化率

对于桩间距为 S 的正方形布置,置换率 $m = \dfrac{A_p}{A_e} = \dfrac{4}{\pi} d^2 / S^2$,代入式(5-10)中,得

$$S = 0.89d \sqrt{\frac{1 + e_0}{e_0 - e_1}} \tag{5-11}$$

对于桩间距为 S 的等边三角形布置,置换率 $m = \dfrac{A_p}{A_e} = \dfrac{4}{\pi} d^2 / \dfrac{\sqrt{3}}{2} S^2$,代入式(5-10)中,

得

$$S = 0.95d \sqrt{\frac{1 + e_0}{e_0 - e_1}} \tag{5-12}$$

以上公式是假设地面标高在施工前后没有变化得出的。实际上,很多工程都采用振动沉管法施工,对砂土和粉土地基有振密与挤密双重作用,施工后地面下沉量可达 100 ~ 300 mm。因此,有必要通过一个修正系数 ζ 来考虑施工过程中的振密作用,因此:

正方形布置　　　　　　$$S = 0.89 \zeta d \sqrt{\frac{1 + e_0}{e_0 - e_1}} \tag{5-13}$$

三角形布置　　　　　　$$S = 0.95 \zeta d \sqrt{\frac{1 + e_0}{e_0 - e_1}} \tag{5-14}$$

$$e_1 = e_{max} - D_r(e_{max} - e_{min}) \tag{5-15}$$

式中　S——砂石桩间距,m;

　　　d——砂石桩直径,m;

　　　ζ——修正系数,当考虑振动下沉密实作用时,可取 1.1 ~ 1.2,当不考虑振动下沉密实作用时,可取 1.0;

　　　e_0——地基处理前砂土的孔隙比,可按原状土样试验确定,也可根据动力或静力触探等对比试验确定;

　　　e_1——地基挤密后要求达到的孔隙比;

　　　e_{max}、e_{min}——砂土的最大、最小孔隙比,可按现行国家标准《土工试验方法标准》(GB/T 50123—1999)有关规定确定;

　　　D_r——地基密实后要求砂土达到的相对密实度,可取 0.70 ~ 0.85。

2. 黏土地基可按置换率来确定桩间距

等边三角形布置时

$$S = 1.08 \sqrt{A_e} \tag{5-16}$$

正方形布置时

$$S = \sqrt{A_e} \tag{5-17}$$

(二)复合地基承载力计算

(1)对于采用砂石桩处理的复合地基,可按式(5-1)或式(5-3)估算。

(2)对于采用砂桩处理的砂土地基,可根据挤密后砂土的密实状态,按照现行国家标准《建筑地基基础设计规范》(GB 50007—2011)的有关规定确定。

第五节　振冲法施工与质量检验

振冲法的主要设备是振冲器及其起吊机械,振冲法加固地基的工艺又分为振冲置换和振冲加密。

一、振冲器

振冲器是一种利用自激振动,配合水力冲击进行施工作业的工具。振动方式有水平振动、水平振动加垂直振动。目前,国内外均以单向水平振动为主,工作原理是利用电机旋转一组偏心块产生一定频率和振幅的水平向振动力,压力水通过空心竖轴从振动器下面的喷口喷出。振冲器的振动能源有电动机和液压马达两种。

图 5-5 所示为常见 30 kW 振冲器结构示意图。

影响土层加密效果的主要技术参数有振动频率、振幅和加速度。

(1)振动频率。

当强迫振动与土的自振频率相同发生共振时,即获得最佳加密效果。

(2)振幅。

试验表明,在相同振动时间内,振幅较大时沉陷量较大,加密效果较好。但振幅不能过大,也不能太小,因为振幅过大或太小均不利于土体的加固。所以,我国振冲器的振幅一般控制在 3.5 ~ 6.0 mm。

(3)加速度。

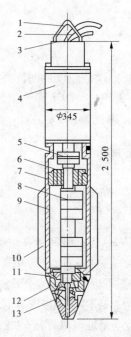

1—吊具;2—水管;3—电缆;4—电机;
5—联轴器;6—轴;7—轴承;8—偏心块;
9—壳体;10—翅片;11—轴承;
12—头部;13—水管

图 5-5　振冲器的构造示意图 (单位:mm)

加速度是反映振冲器振动强度的主要指标。只有当振动加速度达到一定值时,才开始加密土。我国振冲器自身发出的加速度对应 13 kW、30 kW、55 kW 和 75 kW 分别为 $4.3g$、$12g$、$14g$ 和 $10g$。

表 5-1　部分土的自振圆频率　　　(单位:rad/min)

土质	砂土	疏松填土	软石灰石	相当紧密良好级配砂	极紧密良好级配砂	紧密矿渣填料	紧密角砾
自振圆频率	1 040	1 146	1 800	1 446	1 602	1 278	1 686

(4)振冲器和电机的匹配。

振冲器和电机匹配得好,振冲器的使用效率就高,适用性就强。匹配不当,即使大功率的振冲器也不一定能解决中小型振冲解决不了的地基加固问题。

二、施工前准备

施工前的准备工作十分重要,认真做好这几项工作将保证施工的顺利进行,可确保达到预期加固效果。前期准备工作主要包括下列几项。

(一)收集资料并熟悉技术文件

收集地质资料包括底层剖面、地基土的物理力学性质以及有关试验资料、地下水位及动态资料。

熟悉施工图纸和对施工工艺的要求,施工队伍应结合现场试验实际情况,提出质量保证措施、改进意见等,并征得设计方同意。对施工前已做过的振冲试验的工程,则应熟悉试验情况和效果,掌握试验桩的施工工艺、试验区与施工地质条件的差异,如差异较大,应采取相应的措施,并与设计单位一起研究解决。

(二)施工现场的"三通一平"

施工前要保证施工现场的水通、电通、料通和场地平整。

(三)现场布置

对施工工程应做好施工组织设计,合理布置现场。需要设置排泥水沟、料场、沉淀池、洒水池、照明设施和施工车的包干作业区。

(四)加固试验

对于一些大中型工程,应选择加固区典型地段设立一试验区,进行实地制桩试验。通过试验可以掌握制桩的工效,制每根桩所需的填料量、用水量,检验核实地基土的分布情况及各土层对制桩的反应,以确定水压、振密电流和留振时间等各种施工参数。还可以结合其他试验一起进行,如载荷试验、加固深度比较试验等。对于一些小型工程,可不设立专门的试验区,试桩工作结合施工进行。

三、施工组织设计

(一)施工顺序

施工顺序是施工组织设计的重要内容,主要包括:①由里向外施工法;②由外向里施工法;③排桩施工法。

由里向外施工法适用于原地基较好的情况,可避免由外向里施工时造成中心区成孔困难,见图5-6(a)。

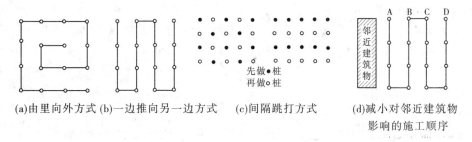

(a)由里向外方式 (b)一边推向另一边方式 (c)间隔跳打方式 (d)减小对邻近建筑物影响的施工顺序

图5-6 桩的施工顺序

由外向里施工法也称围幕法。这种顺序对于大面积满堂布桩的工程,地基强度较低时,尤其应该采用这种顺序施工。施工时将布桩区四周的外围2~3排桩完成,内层采用隔一圈成一圈的跳打办法,逐渐向中心区收缩。外围完成的桩可限制内圈成桩时土的挤出,加固效果良好,并且节省材料。采用此施工方法可使桩布置得稀疏一些。

排桩施工法是一种常用的施工方法,振冲时根据布桩平面从一端轴线开始,依照相邻桩位顺序成桩到另一端结束,见图5-6(b)。此种施工顺序对各种布桩均可采用,施工时不易错漏桩位,但桩体较密的桩体容易产生倾斜,对这种情况也可采用隔行或隔桩跳打的办法进行施工,见图5-6(c)。

当加固区邻近其他建筑物时,为减小对建筑物的影响,宜按照图5-7(d)所示的顺序进行施工,必要时可用振力较小的振冲器施工。

(二)施工方法

施工方法的不同主要在于填料方式:①间断填料法是成孔后把振冲器提出孔口,直接往孔内倒入一批填料,然后下降振冲器使填料振密,每次填料都这样反复进行,直到全孔结束。②连续填料法是将间断填料法中的填料和振密合为一步来做,即连续填料法是边把振冲器缓慢上提(不提出孔口)边向孔中填料的施工方法。③综合填料法相当于前两种填料的组合施工法。这种施工法是第一次填料采用的是间断填料法,即成孔后将振冲器提出孔口,填一次料后,下降振冲器,使填料振密。之后,就采用连续填料法,即振冲器不提出孔口,只是边填边振。④先护壁后制桩法,在较软的土层中施工时,应采用此法。成孔时,不要一下达到深度,而是先达到软土层上部范围内,将振冲器提出孔口,加一批填料,然后下沉振冲器,将这批填料挤入孔壁,这样就把这段软土层的孔壁加强以防塌孔,然后使振冲器下降到下一段软土层中,用同样的方法填料护壁,如此反复进行,直到设计深度。孔壁护好后,就可按前述的三种方法中任选一种进行填料制桩了。⑤不加填料法只适用于松散的中粗砂地基。对于松散的中粗砂地基,由于振冲器提升后孔壁极易塌落,即可利用中粗砂本身的自由塌陷代替外加填料,自由填满下面的孔洞,从而可以用不加填料法就可振密。这种方法特别适用于处理人工回填或吹填的大面积砂层。

上面的不同方法各有优缺点和适用性。在振冲密实法中:对于处理粉细砂地基,宜采用加填料的振密工艺;对中粗砂地基,可用不加填料就地振密的方法。"先护壁,后制桩"的工艺适用于软弱黏土的振冲置换工程中。间断填料法多次提出振冲器,操作烦琐,但适合于人工推车填料,并可以大致估算造桩每段的填料量。但是制桩效率低,另外振冲器每次下降后,常留在填料顶部振冲,不能充分发挥振冲器水平向振动力的作用。如果在施工中控制得不好,如振冲器未能下沉到原来提起的深度,容易发生漏振,造成桩体密实度不均匀。另外,必须严格控制每次填料量的堆高不能超过 $0.8 \sim 1.0$ m。如果填料堆高太大,则下端的需料就振不密实。但对于黏土地基的振冲置换,由于成孔后孔径较小,采用连续填料法就不能保证填料能顺利下到孔底,所以黏土地基应采用间断填料法使桩体质量易保证。

在松散砂土中,尤其是饱和松散粉细砂地基中,饱和松砂在振冲作用下很容易产生液化和下沉,振冲成孔的孔径较大,施工时填入的石料容易从孔壁和振冲器之间的空隙下落,因此常采用连续填料法,能充分发挥振冲器水平向振动力的作用,挤密作用大,加密效果好,效率较高。对于具体的工程项目,用哪种工艺效果最好,可在加固前通过试验确定。

(三)机具设备

振冲法主要机具有振冲器、起吊机械、供水泵、排水泵、填料机械、电控系统及配套的电缆、胶管、修理机具等。振冲施工可根据设计荷载、原土强度、设计桩长等条件选用不同功率的振冲器。升降振冲器的机械可用起重机、自行井架式施工平车或其他合适的设备，施工设备应配有电流、电压和留振时间自动信号仪表。

（四）耗用的水电、填料

振冲施工中水量是一个重要的控制指标，水量要充足，使孔内充满水，以防止塌孔。但水量也不宜过多，过多时容易把填料回流走。成孔过程中，水压和水量要尽可能大；加料振密过程中，水压和水量均宜小。加料振密过程中密实电流是一个重要的控制指标，一般为振冲器潜水电动机的空载电流加上 $10 \sim 15$ A。制作桩体的填料宜采用碎石、卵石、砂砾、矿渣、碎砖等，但风化石块不宜采用，各类填料的含泥量均不得大于 10%。由于粒径太大不仅容易卡孔，而且能使振冲器外壳强烈磨损，因此填料的最大粒径一般要求不大于 5 cm。水电用量根据施工机具数量确定，填料用量根据总桩数、桩长、桩径确定。

四、施工工艺流程

（一）振冲置换法施工

振冲置换法主要依靠振冲器的重复水平振动和侧向挤压作用造孔，并填料形成碎石桩复合地基。它的施工步骤如下：

（1）清理平整施工现场，布置桩位。

（2）施工机具就位，使振冲器对准桩位。

（3）起动供水泵和振冲器，水压可用 $200 \sim 600$ kPa，水量可用 $200 \sim 400$ L/min，将振冲器徐徐沉入土中，选孔速度宜为 $0.5 \sim 2.0$ m/min，直至达到设计深度。记录振冲器经各深度的水压、电流和留振时间。

（4）造孔后边提升振冲器边冲水直至孔口，再放至孔底，重复两三次扩大孔径并使孔内泥浆变稀，开始填料制桩，见图 5-7。

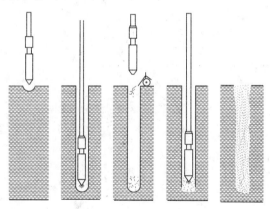

图 5-7　振冲置换法施工步骤示意图

（5）大功率振冲器投料可不提出孔口，小功率振冲器投料困难时，可将振冲器提出孔口填料，每次填料厚度不宜大于 50 cm。将振冲器沉入填料中进行振密制桩，当电流达到规定的密实电流值和规定的留振时间后，将振冲器提 $30 \sim 50$ mm。

（6）重复以上步骤，自下而上逐段制作桩体直至孔口，记录各段深度的调料量、最终电流值和留振时间,并均应符合设计规定。

(7)关闭振冲器和水泵。

(8)桩体施工完毕后将顶部预留的松散桩体挖除,如果无预留应将松散桩头压实,随后铺设并压实垫层。

(二)振冲加密法施工

对砂土地基进行加填料振冲加密施工,其方法与振冲置换施工大体相同,主要施工步骤如下:

(1)在振冲点上安放钢护筒,振冲器对准护筒轴心。

(2)控制振冲器沉入时水压为 400 ~ 600 kPa,水量可用 200 ~ 400 L/min,下沉速率为 1 ~ 2 m/min。

(3)振冲器达到设计深度后,将水压、水量降至孔口有一定量回水但无大量细粒带出,用装载机等运料工具将填料堆放在振冲器护筒周围。

(4)孔周填料在振冲器振动下沉至孔底,当电流升至规定值时提升振冲器 30 ~ 50 cm。继续投料挤密,直至振冲器离开孔口。这种投料方法称为连续下料法。还有一种方法是在造孔后,振冲器提出孔外,直接加入填料,再将振冲器放入孔底振密,反复操作直至制桩至孔口,称为间断下料法,如图 5-8 所示。

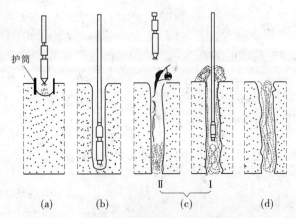

图 5-8　振冲加密法施工步骤示意图

(5)记录各段深度的填料量、最终电流值和留振时间,并均应符合设计规定。

(6)关闭振冲器和水泵。

不加填料的振冲加密施工方法适用于处理中粗砂地基,由于不加填料就地振密,该法的主要施工要点如下:

(1)不加填料的振冲加密宜采用大功率振冲器。

(2)为了避免造孔中塌砂将振冲器抱住,水量适当加大,下沉速度宜快,造孔速度宜为 8 ~ 10 m/min。

(3)到达设计深度后将射水量减至最小,将振至密实电流达到规定时,上提 0.5 m,逐段振密至孔口,一般每米振密时间约 1 min。

(4)记录各段深度的最终电流值和留振时间等。

（5）关闭振冲器和水泵、移位。

为了便于检查振冲制桩情况，全面了解每一个桩体质量，做好施工记录和制桩登记工作是十分重要的。此外，每天要及时填写制桩一览图，如图5-9所示。主要填写内容有桩号、制桩深度、填料量、时间和完成日期等。

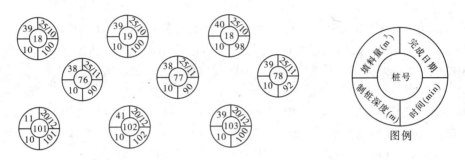

图5-9 振冲制桩一览图

五、质量与效果检验

振冲施工结束后，需要对单桩、桩间土和复合地基进行测试检验。振冲桩复合地基检验方法常用的有静载荷试验、动力触探试验、标准贯入试验、静力触探试验和波速测试等。效果检验时间根据土的性质和完成时间确定。《建筑地基处理技术规范》（JGJ 79—2002）规定：一般除砂土地基外，应间隔一定时间后方可进行质量检验。对粉质黏土地基间隔时间可取 21～28 d，对粉土地基可取 14～21 d。

施工后桩体施工质量与整体加固效果检验方法和要求如下：

（1）振冲桩的施工质量检验，可采用单桩载荷试验。检验数量为桩数的 0.5%，且不少于 3 根。对碎石桩体检验还可用重型动力触探进行随机检验。

（2）桩间土的检验可在处理深度内用标准贯入试验、静力触探试验等进行。

（3）振冲处理后的复合地基的承载力检验，采用复合地基静载荷试验。检验数量不应少于总桩数的 0.5%，且每个单位工程不应少于 3 点。

（4）对不加填料振冲加密处理的砂土地基，竣工验收承载力检验应采用标准贯入试验、动力触探试验、载荷试验或其他合适的试验方法。检验点应选择在有代表性或地基土质较差的地段，并位于振冲点围成的单元形心处及振冲点中心处。检验数量可为振冲点数量的 1%，总数不应小于 5 点。

第六节　砂石桩施工与质量检验

砂桩成桩材料主要是工程砂，宜用中、粗混合砂，含泥量不大于 5%，以免影响砂桩的排水性能。在软弱土中，因土体对砂桩的约束力小，可选用砂和角砾混合料，以增大桩体的摩擦角，但不宜含有大于 50 mm 的颗粒。

砂桩施工时标高一般应高于基础底面设计标高 1～2 m，以便开挖基坑时将没有充分挤实的或被挤松的表层土完全挖去。如果砂桩施工后对地基表层 1～2 m 深度内的土层进行适当的处理,则砂桩施工可以从基底设计标高开始。

施工时砂的含水量对砂桩密实性有很大影响,应根据成桩方法分别规定:①采用单管冲击式或振动式一次打拔管成桩法或复打成桩时,使用饱和砂;②采用双管冲击式或单管振动式重复压拔管成桩法时,使用 70% ~90% 含水量。在饱和土中施工时也可以采用天然湿度砂或干砂。

砂桩的施工顺序:在松散砂土中,首先施工外围桩,然后施工隔排的桩,对最后几排桩,如下沉桩管困难时,可适当增大桩距;在软弱黏土中,砂桩成型困难时可以隔排施工,各排中的桩也可间隔施工。在既有建筑物(构筑物)邻近施工时,应背离建筑物(构筑物)方向进行。

施工前要进行成桩试验,如不能满足设计要求,就应调整桩的间距、填料量等施工参数,重新进行试验或修改施工工艺设计。

砂桩的施工机械分振动式和冲击式两大类。其机械部分包括驱动装置、套管、桩架、给水(高压空气)装置、自动监控器等。常用的施工机械的技术性能见表 5-2,振动打桩机见图 5-10。施工时桩位水平偏差不应大于 0.3 倍套管外径;套管垂直度偏差应不大于 1%。砂石桩施工后,应将基底标高下的松散层挖除或夯压密实,随后铺设并压实砂石垫层。

表 5-2　常用成孔机械的性能

分类	型号名称	技术性能		适用桩孔直径(cm)	最大桩孔深度(m)	说明
		锤重(t)	落距(cm)			
柴油锤打桩机	D1 – 6	0.6	187	30 ~35	5 ~6.5	安装在拖拉机或履带式吊车上行走
	D1 – 12	1.2	170	35 ~45	6 ~7	
	D1 – 18	1.8	210	45 ~57	6 ~8	
	D1 – 25	2.5	250	50 ~60	7 ~9	
电动落锤	电动落锤打桩机	0.75 ~1.5 t	10 ~20	30 ~45	6 ~7	
振动沉桩机	7 ~8 t 振动沉桩机	激振力 70 ~80 kN		30 ~45	5 ~6	安装在拖拉机或履带式吊车上行走
	10 ~15 t 振动沉桩机	激振力 100 ~150 kN		35 ~40	6 ~7	
	15 ~20 t 振动沉桩机	激振力 150 ~200 kN		30 ~50	7 ~8	
冲击成孔机	YKC – 30	卷筒提升力(kN)	冲击力(kN)	50 ~60	>10	轮胎式行走
		30	25			
	YCK – 20	15	10	40 ~50	>10	

砂石桩施工方法主要采用沉管法,按照施工机械不同又分为振动沉管成桩法、冲击沉管成桩法。当用于消除粉细砂及粉土液化时,宜优先用振动沉管成桩法。

一、振动沉管成桩法

振动沉管成桩法是在振动作用下,把桩管打入土中至设计深度,然后投入砂料,排于土中,振动密实而成为砂桩。其施工工艺又分为一次拔管法、逐步拔管法、重复压拔管法。

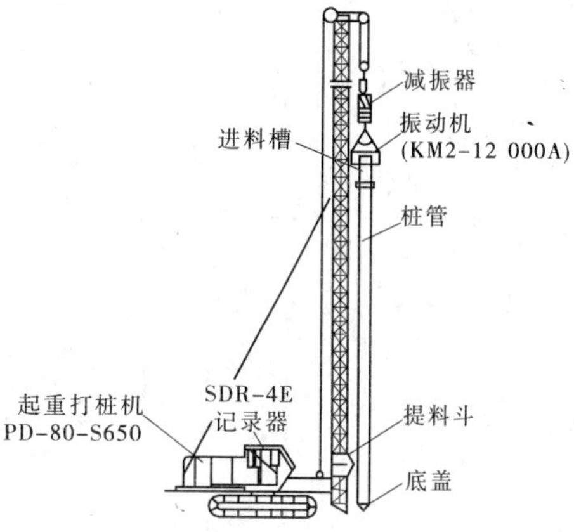

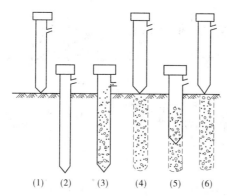

图 5-10　振冲打桩机

(一)一次拔管法

1. 施工机具

施工机具主要有振动打桩机、下端装有活瓣钢桩靴的桩管。其成桩施工工艺步骤如图 5-11 所示。

(1)　(2)　(3)　(4)　(5)　(6)

图 5-11　一次拔管和逐步拔管成桩工艺

(1)闭合桩靴,把桩管垂直对准桩位。

(2)起动振动桩锤,将桩管振动沉入土中,达到设计深度,对桩管周围的土进行挤密或挤压。

(3)从桩管上端的投料漏斗加入砂料,数量根据设计规定,为保证顺利下料,可适当加水。

(4)边振动边拔管,直至拔出地面。

(5)继续将桩管沉入土层中。

(6)重复进行(4)~(5)工序,直至桩管拔出地面。

2. 质量控制

(1)桩身的连续性和密实度。通过拔管的速度控制桩身的连续性和密实性。拔管速度应通过试验确定,对于一般土层,拔管速度为 $1 \sim 2$ m/min。

(2)桩身直径。通过填砂的数量来控制桩身直径。利用振动将桩靴充分打开,顺利下料。砂的数量达不到设计要求时,要在原位再沉管投料一次或在旁边补打一根桩。

(二)逐步拔管法

1. 施工机具

施工机具主要有振动打桩机、下端装有活瓣钢桩靴的桩管、移动式打桩机架、装砂(碎)料石斗等。成桩施工工艺(见图 5-12)步骤如下:

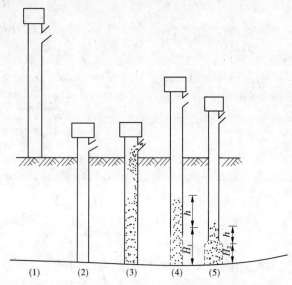

图 5-12 重复压拔管成桩工艺

(1)闭合桩靴,把桩管垂直对准桩位。

(2)起动振动桩锤,将桩管振动沉入土中,达到设计深度,对桩管周围的土进行挤密或挤压。

(3)从桩管上端的投料漏斗加入砂料,数量根据设计规定,为保证顺利下料,可适当加水。

(4)逐步拔管,边振动边拔管,每拔管 50 cm,停止拔管继续振动,停止拔管时间 10 ~ 20 s,继续拔管,直至将桩管拔出地面。

2. 质量控制

(1)桩身的连续性和密实度,通过控制拔管的速度不要太快来保证桩身的连续性,不致形成断桩或缩颈桩,拔管速度慢,可使砂料有充分时间振密,从而保证桩身的密实度。试验表明,可每次拔起桩管 50 cm,停拔继续振动 20 s,可使桩身相对密度达到 0.8 以上,桩间土相对密度达到 0.7 以上。

(2)桩身的直径应按照设计要求数量投加砂料来保证。

(三)重复压拔管法

1. 施工机具

施工机具主要有振动打桩机、下端设计成特殊构造的桩管(见图 5-13)、移动式打桩机架、装砂(碎)料斗、辅助设备(空压机和送气管,喷嘴射水装置和送水管)等。

其成桩施工工艺步骤如下:

（1）桩管垂直就位,闭合桩靴。

（2）将桩管沉入地基土中达到设计深度,如果桩管下沉速度很慢,可以利用桩管下端喷嘴射水加快下沉速度。

（3）按设计规定的砂料量向桩管内投入砂料。

（4）按设计规定的拔起高度拔起桩管,同时向桩管内送入压缩空气使填料容易排出,桩管拔起后核定填料的排出情况。

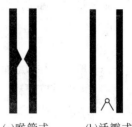

(a)喉管式　　(b)活瓣式

图 5-13　桩管下端特殊构造结构示意图

（5）按设计规定的压下高度再向下压桩管,将落入桩孔内的填料压实。重复(3)～(5)工序直至桩管拔出地面(说明:桩管每次拔起和压下高度应根据桩的直径要求,通过试验确定)。

2. 质量控制

（1）桩身的连续性。应通过适当的拔管速度、拔管高度和压管高度来控制桩身的连续性,拔管的速度太快,砂料不易排出;拔管的高度较大而桩管的高度又较小时,容易造成桩身投料不连续。

（2）桩的直径。利用拔管速度和下压桩管的高度进行控制。拔管时使砂料充分排出,压管高度较大时则形成的桩径也较大。

（3）桩体密实度。桩体密实度除受压管高度大小影响外,还与桩管的留振时间有关,留振时间长,则桩身密实度大。一般情况下,桩管每提高 100 cm,下压 30 cm,然后留振 10～20 s。

具体如下:

测定填料的排出率。桩管拔起到规定高度后,用测锤测定桩管内砂面位置,如图5-14所示。

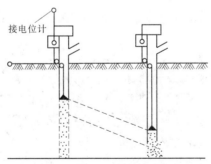

接电位计

图 5-14　测锤测定桩管内填料面位置

用实际压入比控制施工。桩管拔起 h_1 高度时,桩管内有 h_0 高度的料从桩管下端排出。因为 h_1 与 h_0 不一定相等,如用 η 表示料的排出率,则

$$h_0 = \eta h_1 \tag{5-18}$$

桩管再次压下时,h_0 与桩体被压实后的高度 h_2 的比值称压入比 V 为

$$V = \frac{h_0}{h_2} = \frac{\eta h_1}{h_2} \tag{5-19}$$

设桩体压实后的体积变化率 R_v 为

$$R_v = \frac{A'_p \eta h_1}{A_p h_2} = \frac{A'_p}{A_p} V \tag{5-20}$$

式中　A'_p——桩管内径断面面积，m^2；

　　　A_p——桩的断面面积，m^2。

由式(5-20)求得

$$V = \frac{A_p}{A'_p} R_v$$

按要求的压入比 V 值控制砂(碎)石桩的施工。

(四)在成桩施工工艺时需注意的事项

(1)在套管入土之前,先在套管内投砂 2~3 斗,打入规定深度时,复打(空)2~3 次,使底部的土更密实,成孔更好,加上有少量的砂排出,分布在桩周,既挤密桩周的土,又形成较为坚硬的砂泥混合的孔壁,对成孔极为有利。在软黏土中,如果不采取这个措施,打出的砂桩的底端会出现夹泥断桩的现象。

(2)适当加大风压,加大风压可避免套管内产生泥沙倒流现象。

(3)注意贯入曲线和电流曲线,如土质较硬或砂量排出正常,则贯入曲线平缓,而电流曲线幅度变化大。

(4)套管内的砂料应保持一定的高度。

(5)每段成桩不要过大,如排砂不畅可适当加大拉拔高度。

(6)拉拔速度不宜过快,使排砂充分。

二、冲击沉管成桩法

冲击沉管成桩法是利用蒸汽或柴油打桩机把桩管打入地基土中,向桩管内灌砂,然后拔出桩管,形成砂桩。其施工工艺包括单管法成桩和双管法成桩。

(一)单管法成桩

1. 施工机具

施工机具主要有蒸汽打桩机或柴油打桩机、下端带有活瓣钢制桩靴的或预制钢筋混凝土锥形桩尖的(留在土中)桩管和装砂料斗等。成桩施工工艺步骤如图 5-15 所示。

(1)桩管垂直就位,下端为活瓣桩靴时则对准桩位,下端为开口时则对准已按桩位埋好的预制钢筋混凝土锥形桩尖。

(2)将桩管打入土层到设计规定深度。

(3)拔起内管,从加料漏斗向桩外管内灌入砂(碎石)。当砂量较大时,可以分两次灌入。第一次灌总料量的 2/3 或灌满桩管,然后上拔桩管;当能容纳剩余的砂料时再第二次加够所需的砂料。

(4)按规定的拔出速度从土层中拔出桩管。

2. 质量控制

(1)桩身连续性。以拔管速度控制桩身连续性,拔管速度可根据试验确定,在一般土质条件下,每分钟应拔出管桩 1.5~3.0 m。

（2）桩直径。以灌砂量控制桩直径,当灌砂量达不到设计要求时,应在原位再沉下桩管灌砂进行复打一次,或在其旁边补加一根砂桩。

（二）双管法成桩

砂桩施工的双管法指芯管密实法。

1. 施工机具

施工机具主要有蒸汽打桩机或柴油打桩机、履带式起重机、底端开口的外管（套管）和底端闭口的内管（芯管）以及砂（碎石）料斗等。其成桩工艺（见图5-16）步骤如下:

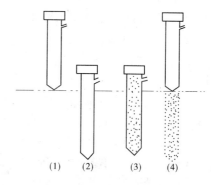

图 5-15　单管冲击成桩工艺

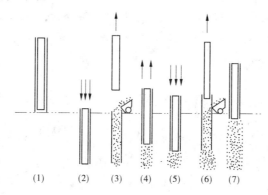

图 5-16　芯管密实法成桩工艺

（1）桩管垂直就位。

（2）锤击内管和外管,使下到设计规定深度。

（3）拔起内管至一定高度不致堵住外管上的投料口,打开投料门,将砂料装入外管内。

（4）关闭投料口门,放下内管到外管内的砂（碎石）面上,拔起外管,使外管上端与内管底面平齐。

（5）起动桩锤,锤击内管和外管将砂（碎石）压实。桩底第一次投料较少,如填1手推车约0.15 m³（只是桩身每次投料的一半）,然后锤击压实,这一阶段叫"座底","座底"可以保证桩长和桩底的密实度。

（6）拔起内管,向外管内灌砂（碎石）,每次投料为2手推车约0.3 m³。

（7）重复进行（4）～（6）的工序,直至拔管接近桩顶。

（8）制桩达到桩顶时,即最后1～2次加料每次加1手推车或1.5手推车砂（碎石）料,进行锤击压实,至设计规定的桩长或桩顶标高,这一阶段叫"封顶"。

2. 质量控制

（1）桩身的连续性。拔管时如没有发生拔空管现象,一般可避免断桩。

（2）桩的直径和桩的密实度。用贯入度和填料量两项指标双重控制桩的直径和密实度。对于以提高地基承载力为主要处理目的的非液化土,以贯入度控制为主,填料量控制为辅;对于以消除砂土和粉土地震液化为主要处理目的,则以填料量控制为主,以贯入度控制为辅,贯入度和填料量可通过试桩确定。

三、效果检验

砂石桩处理效果的检验方法主要有载荷试验、室内土工试验、静力触探试验和标准贯入试验、波速试验、其他专门测试等。

(一)载荷试验

载荷试验主要有单桩复合地基载荷试验和多桩复合地基载荷试验两种。

单桩复合地基载荷试验、多桩复合地基载荷试验还可以与相同尺寸承压板的天然地基载荷试验进行对比。

由于制桩过程对地基土的扰动,使其强度暂时有所降低,对饱和土还产生较高的孔隙水压力。因此,制桩结束后要静置一段时间,使强度恢复,超孔隙水压力消散以后进行载荷试验。对黏土恢复期为 2 周以上,对砂土和粉土恢复期为 1 周以上。

试验点数量不少于 3 个。当没有大型复合地基载荷试验条件时,可以利用单桩载荷试验或桩间土载荷试验所得的承载力值计算复合地基承载力值。

(二)室内土工试验

室内土工试验通过地基处理前后桩土的物理力学性质指标的变化来验证处理的效果。试验项目有含水量、重度、孔隙比、压缩模量和抗剪强度指标值等。

(三)静力触探试验和标准贯入试验

静力触探试验和标准贯入试验用于检验桩间土的加固效果,也可以用于检验砂石桩桩身的施工质量。用重型动力触探检验砂石桩的桩身密实度和桩长等。

(四)波速试验

通过测定土的波速确定土的动弹性模量和剪切模量。通过测定地基处理前后波速的变化来判断处理的效果。

(五)其他专门测试

对于重要工程,为了给设计、施工或研究提供可靠的数据,还要进行一些专门的测试。针对不同目的,分别有超孔隙水压力、复合地基应力分布和桩土应力比等。

思考题与习题

5-1　振冲法适用于何种土类? 砂石桩适用于何种土类?

5-2　振冲法和砂石桩法的加固原理有何不同?

5-3　如何确定振冲法的设计参数?

5-4　试述砂石桩法施工的注意事项。

5-5　如何进行振冲法和砂石桩法施工质量检测?

5-6　某松散砂土地基,拟采用直径 400 mm 的振冲桩进行加固。如果取处理后桩间土承载力特征值为 90 kPa,桩土应力比取 3.0,采用等边三角形布桩。要使加固后地基承载力特征值达到 120 kPa,根据《建筑地基处理技术规范》(JGJ 79—2002),试计算振冲砂石桩的间距。

5-7　采用砂石桩法处理松散的细砂。已知处理前细砂的孔隙比 $e_0 = 0.95$，砂石桩桩径 500 mm。如果要求砂石桩挤密后的孔隙比 e_1 达到 0.60，按《建筑地基处理技术规范》（JGJ 79—2002）计算（考虑振动下沉密实作用修正系数 $\xi = 1.1$），采用等边三角形布置时，砂石桩的间距为多少？

5-8　某砂土地基，$e_0 = 0.902$，$e_{max} = 0.978$，$e_{min} = 0.742$，该地基拟采用挤密碎石桩加固，正三角形布桩，挤密后要求砂土相对密实度 $D_{r1} = 0.886$，求碎石桩间距（$\xi = 1.0$，桩径 0.4 m）。

第六章　水泥粉煤灰碎石桩法

第一节　概　述

我国从 20 世纪 70 年代起就开始利用碎石桩加固地基,在砂土、粉土中消除地基液化和提高地基承载力方面取得了显著的效果。后来逐渐把碎石桩的应用范围扩大,用到塑性指数较大、挤密效果不明显的黏土中,并以提高地基承载力为主要目的。然而,大量的工程实践表明,对这类土采用碎石桩加固,承载力提高幅度不大。根本原因在于,碎石桩属散体材料桩,本身没有黏结强度,主要靠周围土的约束来抵抗基础传来的垂直荷载。土越软,对桩的约束作用越差,桩传递垂直荷载的能力越弱。

试验及理论研究结果表明,通常距桩顶 2~3 倍桩径的范围为高应力区,当大于 6~10 倍桩径后轴向力的传递收敛很快,当桩长大于 2.5 倍基础宽度后,即使桩端落在较好土层上,桩的端阻作用也很小。在诸多复合地基的增强体中,碎石桩作为散体材料,置换作用最差。刚性桩与碎石桩不同,一般情况下不仅可全桩长发挥桩的侧阻作用,桩端落在较好土层上也可很好地发挥端阻作用。将碎石桩桩体中掺加适量石屑、粉煤灰和水泥,加水拌和形成一种黏结强度较高的桩体,称为水泥粉煤灰碎石桩(Cement Fly - ash Gravel Pile),简称 CFG 桩。足够刚度的 CFG 桩、桩间土和褥垫层一起构成 CFG 桩复合地基,如图 6-1 所示。

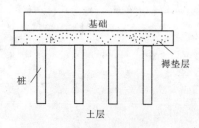

图 6-1　CFG 桩复合地基示意图

20 世纪 80 年代末至 90 年代初,CFG 桩常采用振动沉管打桩机施工,桩体材料一般由水泥、碎石、石屑、粉煤灰组成。90 年代中期,首先在北京开始应用长螺旋钻孔管内泵压 CFG 桩混合料成桩工艺,并且迅速在全国推广。CFG 桩骨干材料碎石是粗骨料;石屑为中等粒径骨料,当桩体强度小于 5 MPa 时,石屑的掺入可使桩体级配良好,对保证桩体强度起到重要作用。相关试验表明,相同碎石和水泥掺量条件下,掺入石屑比不掺入石屑强度增加 50% 左右。粉煤灰既是细骨料,又有低强度等级水泥的作用,可使桩体具有明显的后期强度。水泥则为黏结剂,主要起胶结作用。

CFG 桩复合地基试验研究是建设部"七五"计划课题,于 1988 年立项进行试验研究,并开始应用于工程实践。1992 年建设部对 CFG 桩复合地基试验研究成果组织鉴定,认为该成果具有国际领先水平。1994 年建设部将 CFG 桩复合地基成套技术列为全国重点推广项目,被国家科学技术委员会列为国家级全国重点推广项目。1997 年被列为国家级工法,并制定了中国建筑科学研究院企业标准,现已列入国家行业标准《建筑地基处理技术规范》(JGJ 79—2002)。为了进一步推广这项新技术,国家投资对施工设备和施工工艺进行了专门研究,并列入"九五"国家重点攻关项目,1999 年 12 月通过国家验收。

随着 CFG 桩施工技术的成熟和推广,该项成果在工程实践中得到了广泛的应用。该技术已在全国 23 个省(市、区)推广应用。特别是在近几年来,CFG 桩复合地基技术在高速铁路地基中广泛应用。和桩基相比,由于 CFG 桩桩体材料可以掺入工业废料粉煤灰、不配筋以及充分发挥桩间土的承载力,工程造价一般为桩基础的 1/3~1/2,经济效益和社会效益非常显著。由于该项技术在施工工艺上具有施工速度快、工期短、质量容易控制、工程造价低等特点,目前已经成为许多地区应用最普遍的地基处理技术之一。

CFG 桩复合地基属于刚性桩复合地基,具有承载力提高幅度大、地基变形小等优点,主要适用于处理黏土、粉土、砂土和已自重固结的素填土等地基。对淤泥质土应按地区经验或通过现场试验确定其适用性。就基础形式而言,适用于条形基础、独立基础、箱形基础和筏板基础等。

第二节　作用原理

CFG 桩属高黏结强度桩,与素混凝土桩的区别仅在于桩体材料的构成不同,在其受力和变形特性方面无什么区别。CFG 桩在地基处理中的作用机制主要表现在以下几方面。

一、挤密、振密作用

CFG 桩一般采用振动沉管成孔,对于松散粉细砂、粉土,采用振动成桩工艺,由于桩管振动和侧向挤压作用使桩间土孔隙比减小,密实度增加,提高了桩间土的承载力。

二、置换作用(桩体效应)

CFG 桩复合地基中桩体的强度和模量比桩间土大,在荷载作用下,桩顶应力比桩间土表面应力大。桩可将承受的荷载向较深土层中传递并相应减小桩间土承担的荷载。这样,由于桩的作用使复合地基承载力提高,变形减小,称为置换作用或桩体效应。

工程实践表明,复合地基置换作用的大小,主要取决于桩体材料的组成。CFG 桩属于高黏结强度桩,置换作用较散体桩大,加大桩长可使复合地基置换作用明显提高。

三、排水作用

由石屑、粉煤灰等组成的 CFG 桩,具有良好的透水性能,振动沉管 CFG 桩在桩体初凝之前也具有相当大的渗透性,可使振动产生超静孔隙水压力,通过桩体得到迅速消散。桩的排水作用有利于孔隙水压力的消散,有效应力增长,桩间土强度和复合地基承载力提高。

四、桩对土的约束作用

CFG 桩复合地基中,桩对桩间土具有阻止土体侧向位移的作用。相同荷载水平下,无侧向约束时土的侧向变形大,从而使垂直变形加大;由于桩对土体侧向变形的限制,减小侧向变形,相应地减小垂直变形,使复合地基抵抗垂直变形的能力有所加强。

五、褥垫层作用

对于 CFG 桩复合地基,在基础与桩和桩间土之间设置一定厚度散体粒状材料组成的褥垫层。在荷载作用下,由于桩的模量远大于褥垫层的模量,桩向褥垫层刺入,伴随这一变化过程,粒状散体材料不断调整补充到桩间土表面上,基础通过褥垫层始终与桩间土保持接触,桩间土始终参与工作,桩间土承载力可得以发挥。

若不设置褥垫层,基础直接与桩和桩间土接触,在垂直荷载作用下复合地基承载特性与桩基相似,桩承受较多的荷载,随着时间的增加,桩发生一定的沉降,一部分荷载逐渐向土体转移。随着时间的增加,桩承担的荷载逐渐减小,土承担的荷载逐渐增加。桩间土承载力的发挥主要依赖于桩的沉降,如果桩端落在坚硬土层或岩石上,桩的沉降很小,桩上荷载向土转移数量很小,桩间土承载能力难以发挥,不能称为复合地基。在基础下设置一定厚度的褥垫层,情况就不同了,桩间土承载力的发挥就不单纯依赖于桩的沉降,即使桩端落在好土层上,也能保证一部分荷载通过褥垫层作用到桩间土上,使桩土共同承担荷载。

若不设置褥垫层,桩对基础的应力集中很显著,和桩基础一样,需要考虑桩对基础的冲切破坏。研究表明,当褥垫层厚度大于 10 cm 时,桩对基础底面产生的应力集中已显著降低。通过设置一定厚度的褥垫层,可以减小复合地基作用于基底的应力集中现象。

第三节　设计计算

一、CFG 桩复合地基承载力计算

CFG 桩复合地基是由桩间土和增强体(桩)共同承担荷载的。目前,复合地基承载力计算公式比较多,但应用比较普遍的有两种:①由桩间土承载力和单桩承载力进行合理叠加;②将复合地基承载力用天然地基承载力扩大一个倍数来表示。

复合地基承载力不是天然地基承载力和单桩承载力的简单叠加,需要考虑如下因素:

(1)施工时对桩间土是否产生扰动或挤密,桩间土承载力有无降低或提高。

(2)桩对桩间土有约束作用,使土的变形减小;在垂直方向上荷载水平不大时,对土起阻碍变形的作用,使土的变形减小;荷载水平大时起增大变形的作用。

(3)复合地基中桩的 $Q \sim s$ 曲线呈加工硬化型,比自由单桩的承载力要高。

(4)桩和桩间土承载力的发挥都与变形有关,当变形小时,桩和桩间土承载力的发挥都不充分。

(5)复合地基桩间土的发挥与褥垫层厚度有关。

综合考虑以上情况,CFG 桩复合地基承载力特征值,应通过现场复合地基载荷试验

确定,初步设计时可按下式进行估算

$$f_{spk} = m \frac{R_a}{A_p} + \beta(1 - m)f_{sk} \tag{6-1}$$

式中 f_{spk}——复合地基承载力特征值,kPa;

m——面积置换率,$m = d^2/d_e^2$,d 为桩身直径,d_e^2 为一根桩分担的处理地基面积的等效圆直径,等边三角形布桩:$d_e = 1.5S$,正方形布桩:$d_e = 1.13S$,S 为桩间距;

R_a——单桩竖向承载力特征值,kN;

A_p——单桩的截面面积,m^2;

β——桩间土强度折减系数,宜按地区经验取值,当无经验时可取 0.75 ~ 0.95,天然地基承载力较高时取大值;

f_{sk}——处理后桩间土承载力特征值,kPa,宜按当地经验取值,当无经验时,可取天然地基承载力特征值。

由于复合地基承受的荷载达到其承载力的特征值时,桩体承载力和地基土承载力并非同时达到特征值,于是出现了式(6-1)中的桩间土强度折减系数 β,而 β 的取值与是否有褥垫层、褥垫层厚度、桩土刚度比、土质情况、成桩工艺等许多因素有关,还与建筑物对复合地基的沉降变形要求有关。

单桩竖向承载力特征值 R_a 的取值,当采用单桩静载荷试验时,应将单桩竖向极限承载力除以安全系数 2。当无单桩载荷试验资料时,可按下式估算单桩竖向承载力特征值 R_a

$$R_a = u_p \sum_{i=1}^{n} q_{si}l_i + q_p A_p \tag{6-2}$$

$$f_{cu} \geqslant 3 \frac{R_a}{A_p} \tag{6-3}$$

式中 u_p——桩的周长,m;

q_{si}、q_p——桩周第 i 层土的桩侧阻力、桩端阻力特征值,kPa,由当地静载荷试验结果统计分析得到,或按现行《建筑地基基础设计规范》(GB 50007—2011)有关规定确定;

l_i——第 i 层土厚度,m;

n——桩范围内所划分的土层数;

f_{cu}——桩体混合料试块(边长 150 mm 立方体)标准养护 28 d 立方体抗压强度平均值,kPa。

经 CFG 桩处理后的地基,当考虑基础宽度和深度对地基承载力特征值进行修正时,宽度不作修正,即基础宽度的地基承载力修正系数取零,基础埋深的地基承载力修正系数取 1.0。经深度修正后 CFG 桩复合地基承载力特征值 f_a 为

$$f_a = f_{spk} + \gamma_m(d - 0.5) \tag{6-4}$$

式中 γ_m——基础底面以上土的加权平均重度,地下水位以下取浮重度;

d——基础埋深,m,一般自室外地面算起,对条形基础和独立基础自室内地面标高

算起。

目前,高层建筑工程大量存在主裙楼一体的结构,对于主体结构地基承载力的深度修正,根据《建筑地基基础设计规范》(GB 50007—2011)的规定,宜将基础底面以上范围内的荷载,按基础两侧的超载考虑,当超载宽度大于基础宽度的 2 倍时,可将超载折算成土层厚度作为基础埋深,基础两侧超载不等时,取小值。

CFG 桩复合地基承载力计算时需满足建筑物荷载要求,当在轴心荷载作用时

$$p_k \leqslant f_a \tag{6-5}$$

式中　p_k——相应于荷载效应标准组合时,基础底面处的平均压力值。

当在偏心荷载作用下,除满足式(6-6)外,尚应满足下式

$$p_{kmax} \leqslant 1.2f_a \tag{6-6}$$

式中　p_{kmax}——相应于荷载效应标准组合时,基础底面边缘的最大压力值。

二、CFG 桩复合地基变形计算

工程中应用较多且计算结果与实际符合较好的变形计算方法是复合模量法,计算时复合土层分层与天然地基相同,复合土层的模量等于该层天然地基模量的 ξ 倍(见图6-2),加固区和下卧层土体内的应力分布采用各向同性均质的直线变形体理论。

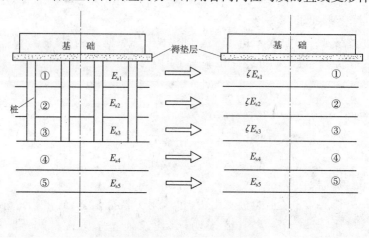

图6-2　各土层复合模量示意图

地基处理后的变形计算应按现行国家标准《建筑地基基础设计规范》(GB 50007—2011)的有关规定执行。CFG 桩复合地基沉降由两部分组成:第一部分是复合加固区的沉降变形 s_1,工程中常将加固区中的桩体和桩间土的复合体(复合模量法)的压缩模量采用分层复合模量,分层按天然土层划分,采用分层总和法计算 s_1;第二部分是加固区以下下卧层的沉降变形 s_2。

变形计算的沉降计算修正系数 φ_s,根据当地沉降观测资料及经验确定,也可采用表6-1的数值。

表6-1 中,$\overline{E}_s$ 为变形计算深度范围内压缩模量的当量值,应按下式计算

$$\overline{E}_s = \frac{\sum A_i}{\sum \dfrac{A_i}{E_{si}}} \tag{6-7}$$

表6-1　沉降计算经验系数 φ_s

$\overline{E}_s$(MPa)	2.5	4.0	7.0	15.0	20.0
φ_s	1.1	1.0	0.7	0.4	0.2

式中　A_i——第 i 层土附加应力系数沿土层厚度积分值；

　　　E_{si}——基础底面下第 i 层土的压缩模量，MPa，桩长范围内的复合土层按复合土层的压缩模量取值。

复合地基变形计算深度应大于复合土层的厚度，并应符合下列要求

$$\Delta s_n' \leq 0.025 \sum_{i=1}^{n_2} \Delta s_i' \tag{6-8}$$

式中　$\Delta s_i'$——计算深度范围内，第 i 层土的计算变形值；

　　　$\Delta s_n'$——计算深度向上取厚度为 Δz 的土层计算变形值，Δz 见图6-3并按表6-2确定。

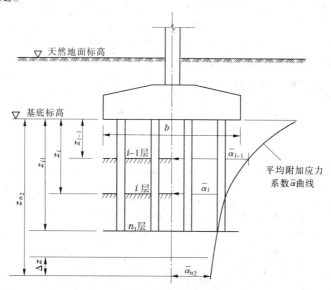

图6-3　CFG桩复合地基沉降计算分层示意图

表6-2　Δz 值

b(m)	≤2	2<b≤4	4<b≤8	8<b
Δz(m)	0.3	0.6	0.8	1.0

当确定的计算深度下部仍有较软土层时，应继续计算。当高层建筑基础埋深较深时，除计算在附加应力作用下产生的变形外，还需考虑回弹再压缩产生的变形。当建筑物与

大面积地下车库或裙房相连时,需考虑相邻大面积荷载对建筑物变形产生的影响。

三、CFG 桩复合地基设计

(一)设计前准备的资料

CFG 桩复合地基设计需要具备下列资料:

(1)工程地质勘察报告。

(2)相关建筑的基础平面图和剖面图。

±0.00 对应的绝对标高;基底标高;电梯井、集水坑底标高;基础外轮廓线;墙、柱、梁的位置;板厚、梁高;有裙房应标明主楼和裙房(或车库)的相关关系(有后浇带应标明其位置)以及裙房(或车库)的基础形式和几何尺寸。

(3)建筑物荷载。

基底反力满足荷载线性分布条件时,应提供如下资料:

①相应于荷载效应标准组合时基础底面处的平均压力值和基础底面边缘处的最大压力(用于承载力验算)。

②相应于荷载效应准永久组合(不应计入风荷载和地震荷载作用)时基础底面处的平均压力值(用于地基变形验算)。

③当主楼周围有裙房(或车库)时,还应提供裙房(或车库)基底压力标准值,以便考虑能否以及怎样对主楼地基承载力进行修正。

基底反力不满足荷载线性分布条件时,应分别提供每个柱荷载(若为框筒结构,还需提供核心筒的荷载标准值和设计值)。

(4)设计要求的复合地基承载力和变形值。

对按变形控制设计的复合地基,按满足荷载对承载力的要求和按满足变形限值两者中的较大值提供承载力要求。

(二)复合地基设计与参数确定

复合地基设计除满足承载力和变形条件外,还要考虑以下诸多因素,确定设计参数。

1. 地基处理目的

设计时必须明确地基处理是为了解决地基承载力问题、变形问题还是液化问题,解决问题的目的不同,采用的工艺、设计方法、布桩形式均不同。

2. 建筑物结构布置及荷载传递

目前,CFG 桩应用于高层建筑的工程越来越多,地基处理设计时要考虑建筑物结构布置及荷载传递特性。如建筑物是单体还是群体,体型是简单还是复杂,结构布置是均匀还是存在偏心荷载,主体建筑物是否带有裙房或地下车库,建筑物是否存在转换层或地下大空间结构,建筑物通过墙、柱和核心筒传到基础的荷载扩散到基底的范围及均匀性等。设计时必须认真分析结构传递荷载的特点以及建筑物对变形的适应能力,做到合理布桩,地基处理方可达到预期目的。

3. 场地土质变化

场地土质的变化对复合地基施工工艺的选择和设计参数的确定有着密切的关系,设计时需认真阅读勘察报告,仔细分析场地土质特点。通过对场地土的了解,对荷载情况、地基处理要求等综合分析,考虑采用何种布桩形式。工程中,CFG 桩采用的布桩形式有等桩长布桩、不等桩长布桩以及与其他桩型联合使用布桩等。需要特别说明的是,有时由于勘察选点距离较大或其他因素,造成勘察报告不能完全反映实际情况,如基底局部存在与勘察报告不符的软弱土层、基底持力土层承载力提供与实际不符等情况。因此,在 CFG 桩施工前,设计人员应对基底土有一个全面的了解,必要时可及时调整设计。

4.施工设备和施工工艺

复合地基设计时需考虑采用何种设备和工艺进行施工,选用的设备穿透土层能力和最大施工桩长能否满足要求,施工时对桩间土和已打桩是否会造成不良影响。

5.场地周围环境

场地周围环境情况是设计时确定施工工艺的一个重要因素。当场地离居民区较近,或场地周围有精密设备仪器的车间和实验室,以及对振动比较敏感的管线,施工不宜选择振动成桩工艺,而应选择无振动低噪声的施工工艺,如长螺旋钻孔管内泵压 CFG 桩工法;若场地位于空旷地区,且地基土主要为松散的粉细砂或填土,宜选用振动沉管打桩机施工。

CFG 桩复合地基设计主要确定 5 个参数,即桩长、桩径、桩间距、桩体强度、褥垫层厚度及材料。设计流程如图 6-4 所示。

1)桩长 l

CFG 桩应选择勘察报告中承载力相对较高的土层作为桩端持力层。因此,桩长是 CFG 桩复合地基设计时首先要确定的参数,它取决于建筑物对承载力和变形的要求、土质条件和设备能力等因素。设计时根据勘察报告,分析土层,确定桩端持力土层和桩长,并根据静载荷试验确定单桩竖向承载力特征值,或按式(6-2)估算单桩竖向承载力特征值。

2)桩径 d

CFG 桩桩径的确定取决于所采用的成桩设备,一般设计桩径为 350 ~ 600 mm。

3)桩间距 S

一般桩间距 $S = (3 \sim 5)d$,间距的大小取决于设计要求的复合地基承载力和变形、土性与施工机具。一般设计要求的承载力大时 S 取小值,但必须考虑施工时相邻桩之间的影响,就施工而言,希望采用大桩距、大桩长,因此 S 的大小应综合考虑。

4)桩体强度

桩体配比按桩体强度控制,桩体试块抗压强度平均值应满足下式要求

$$f_{cu} \geq 3 \frac{R_a}{A_p} \tag{6-9}$$

5)褥垫层厚度及材料

褥垫层厚度一般取 $(0.45 \sim 0.50)d$。褥垫层材料可用粗砂、中砂、碎石、级配砂石(最大粒径不大于 20 mm)。

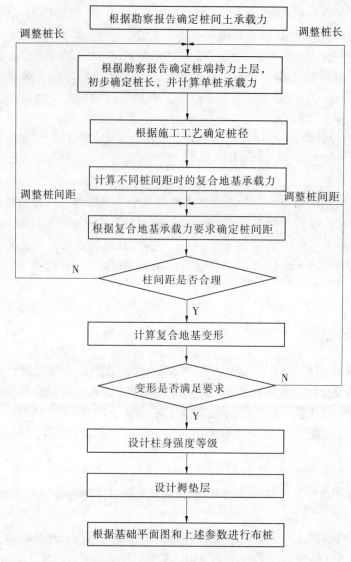

图 6-4　CFG 桩复合地基设计流程

第四节　施工工艺

一、CFG 桩施工工艺发展

工程实践表明,CFG 桩复合地基设计,就承载力而言不会有太大的问题,可能出问题的是 CFG 桩的施工。CFG 桩复合地基于 1988 年提出并用于工程实践,首先选用的是振动沉管 CFG 桩施工工艺,属于挤土成桩工艺,适用于黏土、粉土、素填土等。它具有施工简便、费用较低、对桩间土的挤密效应显著等优点。采用振动沉管 CFG 桩施工工艺施工的 CFG 桩复合地基可以提高地基承载力、减小地基变形以及消除地基液化。该工艺主要应用于对土质具有挤密作用或预震作用的工程,空旷地区或施工场地周围没有管线、精密设备以及不存在扰民的地基处理工程。

振动沉管打桩机成桩有其缺点,成桩施工中存在如下问题:

(1)难以穿透厚的硬土层如砂层、卵石层等。在基础底面以下的土层中,若存在承载力高的硬土层诸如砂层、卵石层,由于振动沉管打桩机难以穿过,不得不采取引孔等措施,或者采用其他成桩工艺。

(2)振动及噪声污染严重。当在城区或居民区施工时,振动和噪声污染对施工现场周围居民正常生活产生不良影响,导致扰民,使施工无法正常进行,故许多地区规定不能在居民区采用振动沉管打桩机施工。

(3)在邻近已建建筑物施工时,振动对原有建筑物可能产生不良影响。

(4)振动沉管打桩机成桩为挤土成桩工艺,在饱和黏土中成桩,会造成地表隆起挤断已打桩,在高灵敏度土中施工可导致桩间土强度的降低。

鉴于振动沉管 CFG 桩施工工艺具有以上问题,1997 年中国建筑科学研究院等单位申请了国家“九五”攻关项目——长螺旋钻孔管内泵压 CFG 桩施工工艺的研究,使长螺旋钻孔管内泵压 CFG 桩施工设备和施工工艺趋于完善,该工艺适用于黏土、粉土、砂土,粒径不大于 60 mm、厚度不大于 5 m 的卵石层(卵石含量不大于 30%)。它具有低噪声,无泥浆污染,成孔制桩不产生振动,避免了新打桩对已打桩产生的不良影响,成孔穿透能力强,可穿透硬土层诸如砂层、圆砾层和粒径不大于 60 mm 的卵石层,施工效率高等优点,已成为国内采用 CFG 桩复合地基施工的首选工艺。

除上述两种常用的 CFG 桩施工工艺外,CFG 桩施工还可根据土质情况、设备条件采用其他工艺:①长螺旋钻成孔灌注成桩;②人工或机械洛阳铲成孔灌注成桩;③泥浆护壁钻孔灌注成桩。

CFG 桩施工选用何种施工工艺和设备,需要考虑场地土质、地下水位、施工现场周边环境以及当地施工设备等具体情况综合分析确定。本节主要介绍振动沉管 CFG 桩施工和长螺旋钻孔管内泵压 CFG 桩施工两种常用的施工工艺。

二、振动沉管 CFG 桩施工

图 6-5 是振动沉管机示意图。国产振动沉管机,使用较多的是浙江瑞安建筑机械厂和兰州建筑通用机械总厂生产的设备。

(一)施工准备

施工前应具备下列资料和条件:

(1)建筑物场地工程地质勘察报告。

(2)CFG 桩布桩图,应注明桩位编号以及设计和施工说明。

(3)建筑场地邻近的高压电缆、电话线、地下管线、地下构筑物及障碍物等调查资料。

(4)建筑物场地的水准控制点和建筑物位置控制坐标等。

(5)具备“三通一平”条件。

施工技术措施包括以下内容:

(1)确定施工机具和配套设备。

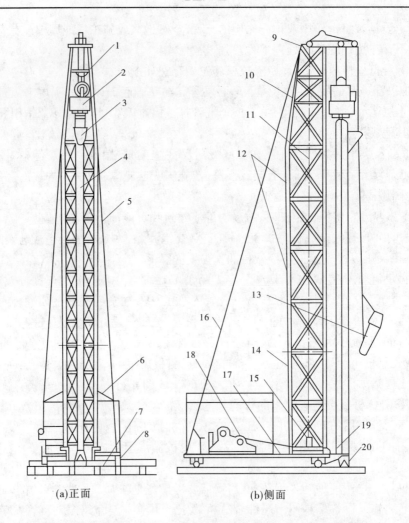

(a)正面　　　　　　　　　　　　　(b)侧面

1—滑轮组;2—振动锤;3—漏斗口;4—桩管;5—前拉索;6—遮栅;7—滚筒;8—枕木;
9—架顶;10—架身顶段;11—钢丝绳;12—架身中段;13—吊斗;14—架身下段;
15—导向滑轮;16—后拉索;17—架底;18—卷扬机;19—加压滑轮;20—活瓣桩尖

图 6-5　振动沉管机示意图

（2）材料供应计划。标明所用材料的规格、技术要求和数量。

（3）试成孔应不少于两个,以复核地质资料以及设备、工艺是否适宜,核定选用的技术参数。

（4）按施工平面图放好桩位,若采用钢筋混凝土预制桩尖,需埋入地表以下 30 cm 左右。

（5）确定施打顺序。

（6）复核测量基线、水准点及桩位、CFG 桩的轴线定位点,检查施工场地所设的水准点是否会受施工影响。

（7）振动沉管机沉管表面应有明显的进尺标记,并以米为单位。

(二)施工顺序

(1)桩机进入现场,根据设计桩长、沉管入土深度确定机架高度和沉管长度,并进行设备组装。

(2)桩机就位,调整沉管与地面垂直,确保垂直度偏差不大于1%。

(3)起动马达,沉管到预定标高,停机。

(4)沉管过程中做好记录,每沉1 m记录电流表上的电流一次,并对土层变化处予以说明。

(5)停机后立即向管内投料,直到混合料与进料口齐平。混合料按设计配比经搅拌机加水拌和,拌和时间不得少于1 min,如粉煤灰用量较多,搅拌时间还要适当延长。加水量按坍落度3~5 cm控制,成桩后浮浆厚度以不超过20 cm为宜。

(6)起动马达,留振5~10 s,开始拔管,拔管速率一般为1.2~1.5 m/min,如遇淤泥或淤泥质土,拔管速率还应放慢。拔管过程中不允许反插。如上料不足,须在拔管过程中空中投料,以保证成桩后桩顶标高达到设计要求。

(7)沉管拔出地面,确认成桩符合设计要求后,用粒状材料或湿黏土封顶。然后移机进行下一根桩的施工。

(8)施工过程中,抽样做混合料试块,一般一个台班做一组(3块),试块尺寸为15 cm×15 cm×15 cm,并测定28 d抗压强度。

(三)施工中常见问题

1.施工扰动土的强度降低

振动沉管成桩工艺与土的性质具有密切关系。就挤密性而言,可将地基土分为三大类:其一为挤密性好的土,如松散填土、粉土、砂土等;其二为可挤密性土,如塑性指数不大的松散粉质黏土和非饱和黏土;其三为不可挤密土,如塑性指数高的饱和软黏土和淤泥质土。

需要着重指出的是,土的密实度对土的挤密性影响很大。密实的砂土或粉土会振松;松散的砂土或粉土可振密。因此,讨论土的挤密性时,一定要考虑加固前土的密实度。

2.缩颈和断桩

在饱和软土中成桩,当采用连打作业时,新打桩对已打桩的作用主要表现为挤压,使得已打桩被挤成椭圆形或不规则形,严重的产生缩颈和断桩。在上部有较硬的土层或中间夹有硬土层的土中成桩,桩机的振动力较大,对已打桩的影响主要为振动破坏。采用隔桩跳打工艺,若已打桩结硬强度又不太高,在中间补打新桩时,已打桩有时被振裂,且裂缝一般与水平面成0~30°角。

3.桩体强度不均匀

桩机卷扬系统提升沉管线速度太快时,为控制平均速度,一般采用提升一段距离,停下留振一段时间,非留振时,速度太快可能导致缩颈断桩。拔管太慢或留振时间过长,都会使得桩的端部桩体水泥含量较少,桩顶浮浆过多,而且混合料也容易产生离析,造成桩身强度不均匀。

4. 桩料与土的混合

当采用活瓣桩靴成桩时,可能出现的问题是桩靴开口打开的宽度不够,混合料下落不充分,造成桩端与土接触不密实或桩端一段桩径较小。若采用反插办法,由于桩管垂直度很难保证,反插容易使土与桩体材料混合,导致桩身掺土等缺陷。

三、长螺旋钻孔管内泵压 CFG 桩施工

长螺旋钻孔管内泵压 CFG 桩施工工艺是由长螺旋钻机、混凝土泵和强制式混凝土搅拌机组成的完整的施工体系(见图6-6)。其中长螺旋钻机是该工艺设备的核心部分。目前,长螺旋钻机根据其成孔深度分为 12 m、16 m、18 m、24 m 和 30 m 等机型。施工前应根据设计桩长确定施工所采用的设备。

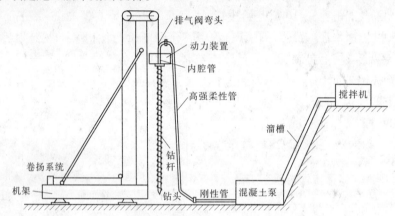

图 6-6 长螺旋钻孔管内泵压 CFG 桩施工工艺

(一)施工准备

1. 材料

CFG 桩原材料包括砂、石、水泥、粉煤灰和外加剂,可根据需要采用商品混凝土或现场搅拌。当采用现场搅拌时,进场前需确定原材料的种类、品质,并将原材料送至实验室进行化验和做混合料配合比试验。

水泥:施工中多用袋装 P·O32.5 普通硅酸盐水泥;

卵石或碎石:粒径多采用 8~25 mm;

砂:采用粗砂、中砂或细砂,含泥量小于 5%;

粉煤灰:多用袋装Ⅱ级、Ⅲ级粉煤灰,泵送剂。

2. 施工现场

施工前场地的降水、开挖、水、电等需满足 CFG 桩施工要求,具体如下。

1)降水

CFG 桩施工要求地下水位应降至基底标高下 0.5~1.0 m,确定降水深度还应考虑电梯井、集水坑等的深度。

2)基坑开挖

当 CFG 桩在基坑内施工时,基坑开挖需满足下列要求:

（1）开挖深度。

开挖深度应根据基底设计标高和保护土层厚度确定。当保护土层厚度为 50 cm、褥垫层厚度为 20 cm 时，开挖标高为素混凝土垫层底标高以上 30 cm，依次类推。开挖时，要求工作面平整，严禁超挖。

（2）开挖范围。

开挖范围需考虑 CFG 桩边桩和角桩施工时的工作面，工作面的确定取决于机身尺寸和工作特性。根据目前国产的长螺旋钻机情况，考虑施工时的工作面，基底开挖的平面尺寸以建筑物的底板外缘为基准向四周宜扩出 1.0 m。另外，还需根据场地料场和搅拌机的布置情况，在基坑内预留出混凝土泵的位置。

（3）坡道。

为方便施工机械进出坑底作业面，需在基坑适当位置开挖一坡道。坡道宽度、弯度和坡度需保证施工机械顺利进出基坑。坡道表面需作适当硬化处理。

3）施工道路及料场

通往坡道、料场的道路及料场的表面需作适当硬化，保证施工时道路平整、通畅。

4）施工用水、电

施工时需保证混合料搅拌的用水量，要求所用的水对 CFG 桩混合料没有侵蚀性。施工用电根据施工工艺所采用的设备用电的总容量确定。目前，国产每台设备用电量多在 200 kW 左右。

5）施放桩位

在 CFG 桩施工前应根据设计图纸确定建筑物的控制轴线，并将 CFG 桩的准确位置施放到 CFG 桩作业面上。

3. 施工资料

施工前应准备下列资料：

（1）工程地质勘察报告。

（2）建筑物场地邻边的高压电缆、地下管线、地下障碍物及构筑物等调查资料。

（3）地基处理方案。

（4）施工组织方案。

（5）CFG 桩复合地基施工图。

（6）施工中各种记录、报审、报验表格。

（二）施工顺序

在上述准备工作完成后进入 CFG 桩施工阶段，长螺旋钻孔管内泵压 CFG 桩复合地基施工流程见图 6-7。主要施工顺序如下。

1. 钻机就位

钻机就位后，应用钻机塔身的前后和左右垂直杆件检查塔身导杆，校正位置，使钻杆垂直对准桩位中心，确保 CFG 桩垂直度容许偏差不大于 1.5%。现场控制采用在钻架上挂垂球的方法测量该孔的垂直度，也可采用钻机自带垂直度调整器控制钻杆垂直度。每根桩施工前现场工程技术人员进行桩位对中及垂直度检查。满足要求后，方可开钻。

2. 混合料搅拌

混合料搅拌必须进行集中拌和,按照配合比进行配料,每盘料搅拌时间按照普通混凝土的搅拌时间进行控制。一般控制在 90 ~ 120 s,具体搅拌时间根据试验确定,电脑控制和记录。混合料出厂时坍落度可控制在 16 ~ 20 mm。混合料搅拌要求按配合比进行配料,计量要求准确,拌和时间不得少于 1 min。混合料加水量和坍落度(长螺旋钻孔管内泵压混合料法施工时,坍落度控制在 16 ~ 20 cm)根据采用的施工方法按工艺试验确定并经监理工程师批准的参数进行控制。在泵送前混凝土泵料斗应备好熟料。

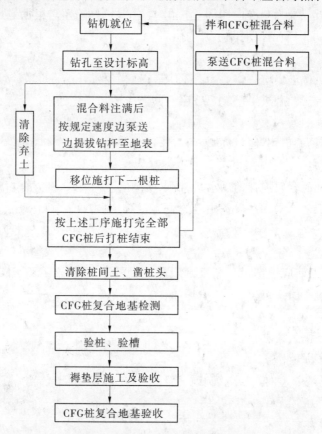

图 6-7　长螺旋钻孔管内泵压 CFG 桩复合地基施工流程

3. 钻进成孔

钻孔开始时,关闭钻头阀门,向下移动钻杆至钻头触及地面时,起动马达钻进。一般应先慢后快,这样既能减少钻杆摇晃,又容易检查钻孔的偏差,以便及时纠正。在成孔过程中,当发现钻杆摇晃或难钻时,应放慢进尺,否则较易导致桩孔偏斜、位移,甚至使钻杆、钻具损坏。当钻头到达设计桩长预定标高时,在动力头底面停留位置相应的钻机塔身处作醒目标记,作为施工时控制孔深的依据。当动力头底面达到标记处桩长即满足设计要求。施工时还需考虑施工工作面的标高差异,作相应增减。

4. 灌注及拔管

钻孔至设计标高后,停止钻进,提拔钻杆 20 ~ 30 cm 后开始泵送混合料灌注,每根桩的投料量应不小于设计灌注量。钻杆芯管充满混合料后开始拔管,并保证连续拔管。施工桩顶高程宜高出设计高程 30～50 cm,灌注成桩完成后,桩顶盖土封顶进行养护。在灌注混合料时,对于混合料的灌入量控制采用记录泵压次数的办法,对于同一种型号的输送泵每次输送量基本上是一个固定值,根据泵次数来计量混合料的投料量。CFG 桩成孔到设计标高后,停止钻进,开始泵送混合料,当钻杆芯管充满混合料后开始拔管,严禁先提管后泵料。成桩的提拔速度宜控制在 1.2～1.5 m/min,成桩过程宜连续进行,应避免因后台供料慢而导致停机待料。灌注成桩完成后,桩顶采用湿黏土封顶,进行保护。

5. 移机

当上一根桩施工完毕后,钻机移位,进行下一根桩的施工。施工时由于 CFG 桩排出的土较多,经常将邻近的桩位覆盖,有些还会因钻机支撑时支撑脚压在桩位旁使未施工的桩位发生移动。因此,下一根桩施工时,还应根据轴线或周围桩的位置对需施工的桩位进行复核,保证桩位准确。

(三) 施工中常见问题及质量控制措施

1. 堵管

堵管是长螺旋钻孔管内泵压混合料灌注成桩工艺遇到的主要问题之一。它直接影响 CFG 桩的施工效率,增加工人劳动强度,还会造成材料浪费。特别是故障排除不畅时,使已搅拌的 CFG 桩混合料失水或结硬,增加了再次堵管的概率,给施工带来很多困难。产生堵管的原因有以下几点。

1) 混合料配合比不合理

当混合料中的细骨料和粉煤灰用量较少时,混合料和易性不好,常发生堵管。因此,要注意这两种材料的掺入量,特别注意粉煤灰掺量宜控制在 70～90 kg/m³。

2) 混合料搅拌质量有缺陷

在 CFG 桩施工中,混合料由混凝土泵通过刚性管、高强柔性管、弯头最后到达钻杆芯管内。混合料在管线内借助水和水泥砂浆润滑层与管壁分离后通过管线。坍落度太大的混合料,易产生泌水、离析,泵压作用下,骨料与砂浆分离,摩擦力加剧,导致堵管。坍落度太小,混合料在输送管路内流动性差,也容易造成堵管。

3) 施工操作不当

钻杆进入土层预定标高后,开始泵送混合料,管内空气从排气阀排出,待钻杆芯管及输送管内充满混合料,介质是连续体后,应及时提钻,保证混合料在一定压力下灌注成桩。若注满混合料提钻时间较晚,在泵送压力下会使钻头处的水泥浆液挤出,容易造成管线堵塞,混合料不能下落。

4) 冬期施工措施不当

冬期施工时,混合料输送管及弯头均需做防冻保护。防冻措施不力,常常造成输送管或弯头处混合料的冻结,造成堵管。冬季施工时,有时会采用加热水的办法提高混合料的出口温度,但要控制好水的温度,水温最好不要超过 60 ℃,否则会造成混合料的早凝,产生堵管,影响混合料的强度。

5）设备缺陷

弯头曲率半径不合理也能造成堵管。弯头与钻杆不能垂直连接,否则也会造成堵管。混合料输送管要定期清洗,否则管路内有混合料的结硬块,还会造成管路的堵塞。

2. 窜孔

在饱和粉土、粉细砂层中成桩经常会遇到这种情况,打完 X 号桩后,在施工相邻的 Y 号桩时,发现未结硬的 X 号桩桩顶突然下落,当 Y 号桩泵入混合料时,X 号桩桩顶开始回升,此种现象称为窜孔。实践表明,窜孔发生的条件为:

（1）被加固土层中有松散饱和粉土、粉细砂。

（2）钻杆钻进过程中叶片剪切作用对土体产生扰动。

（3）土体受剪切扰动能量的积累,足以使土体发生液化。

由于窜孔对成桩质量的影响,施工中采取的预控措施为:

（1）采取隔桩、隔排跳打方法。

（2）设计人员根据工程实际情况,采用桩距较大的设计方案,避免打桩的剪切扰动。

（3）减少在窜孔区域的打桩推进排数,减少对已打桩扰动能量的积累。

（4）合理提高钻头钻进速度。

3. 桩头空芯

桩头空芯主要是施工过程中排气阀不能正常工作所致。钻机钻孔时,管内充满空气,泵送混合料时,排气阀将空气排出,若排气阀堵塞不能正常将管内空气排出,就会导致桩体存气,形成空芯。为避免桩头空芯,施工中应经常检查排气阀的工作状态,发现堵塞及时清洗。

4. 桩端不饱满

这主要是施工中为了方便阀门的打开,先提钻后泵料所致。这种情况可能造成钻头上的土掉入桩孔或地下水浸入桩孔,影响 CFG 桩的桩端承载力。为杜绝这种情况,施工中前、后台工人应密切配合,保证提钻和泵料的一致性。

5. 加强施工过程中的监测

在施工过程中,应加强监测,及时发现问题,以便针对性地采取有效措施,有效控制成桩质量,重点应做好以下几方面的监测:

（1）施工场地标高观测。施工前要测量场地的标高,并注意测点应有足够的数量和代表性。打桩过程中则要随时测量地面是否发生隆起,因为断桩常和地表隆起相联系。

（2）已打桩桩顶标高的观测。施工过程中注意已打桩桩顶标高的变化,尤其要注意观测桩距最小部位的桩。因为在打新桩时,量测已打桩桩顶的上升量,可估算桩径缩小的数值,以判断是否产生缩颈和窜孔。

（3）对有怀疑桩的处理。对桩顶上升量较大或怀疑发生质量问题的桩应开挖查看,并作出必要的处理。

第五节　效果检验

一、施工检测

CFG 桩复合地基检测应在桩身强度满足试验荷载条件时,并宜在成桩 28 d 后进行。检测包括低应变对桩身质量的检验和复合地基静载荷试验对承载力的检验。

检测数量:载荷试验数量宜为 CFG 桩总桩数的 0.5% ~ 1.0%,且每个单体工程的试验数量不应少于 3 点;低应变检测数量应取不少于 CFG 桩总桩数的 10%。选择试验点时应本着随机分布的原则进行选择。挑选施工质量好的桩或施工质量差的桩,或者为了检测方便将所有试桩集中在一个区域的选桩方法,都不能体现随机分布的原则。低应变检测取桩数的 10% 进行检验时,建议采用下列方法选桩:选择 0 ~ 9 的任何一个数字,如选择 5,桩编号个位为 5 的桩均为试验桩,这样选择能够较好地体现随机分布的原则。

(一)CFG 桩低应变检测

低应变动力检测对 CFG 桩桩身质量评价分为下列四类。

Ⅰ类桩:桩身完整。

Ⅱ类桩:桩身有轻微缺陷,不会影响桩身结构承载力的正常发挥。

Ⅲ类桩:桩身有明显缺陷,对桩身结构承载力有影响。

Ⅳ类桩:桩身存在严重缺陷。

对Ⅲ类桩应采用其他方法进一步确认其可用性,对Ⅳ类桩应进行工程处理。

(二)CFG 桩复合地基检测

CFG 桩复合地基属于高黏结强度桩复合地基,载荷试验具有其特殊性,试验方法直接影响对复合地基承载力的评价。试验时按《建筑地基处理技术规范》(JGJ 79—2002)"复合地基载荷试验要点"执行。载荷试验最大加荷压力不应小于设计要求压力值的 2 倍。同时规定,试验点数量不应少于 3 点,当满足其极差不超过平均值的 30% 时,可取平均值为复合地基承载力特征值。

从大量的 CFG 桩复合地基载荷试验资料来看:其压力—沉降曲线基本上均为平缓的光滑曲线,可按相对变形值确定承载力特征值。承载力特征值取 s/b 或 s/d 为 0.008(当以卵石、圆砾、密实粗中砂为主的地基)或 0.01(以黏土、粉土为主的地基)所对应的压力。但需特别注意的是,按相对变形值确定的承载力特征值不应大于最大加荷压力的一半。也就是说,按相对变形值确定的承载力特征值取 s/b 所对应的压力和最大加荷压力一半的低值。

二、施工质量验收

《建筑地基基础工程施工质量验收规范》(GB 50202—2002)规定 CFG 桩复合地基施工质量验收包括以下内容:水泥、粉煤灰、砂及碎石等原材料应符合设计要求;施工中应检查桩身混合料的配合比、坍落度和提拔钻杆速度、成孔深度、混合料灌入量等;施工结束后,应对桩顶标高、桩位、桩体质量、地基承载力以及褥垫层的质量作检查。CFG 桩复合地基质量检验标准应符合表 6-3 的规定。

表 6-3　CFG 桩复合地基质量检验标准

项目	序号	检查项目	允许偏差或允许值	检查方法
主控项目	1	原材料	设计要求	检查产品合格证或抽样送检
	2	桩径	−20 mm	用钢尺量或计算填料量
	3	桩身强度	设计要求	检查 28 d 试块强度
	4	地基承载力	设计要求	按规定的办法
一般项目	1	桩身完整性	按桩基检测技术规范	按桩基检测技术规范
	2	桩位偏差	满堂布桩≤0.40D 条基布桩≤0.25D	用钢尺量,D 为桩径
	3	桩垂直度	≤1.5%	用经纬仪测桩管
	4	桩长	+100 mm	测桩管长度或垂球测孔深
	5	褥垫层夯填度	≤0.9	用钢尺量

注:1. 夯填度指夯实后的褥垫层厚度与虚体厚度的比值。

　　　2. 桩径允许偏差负值是指个别断面。

思考题与习题

6-1　CFG 桩法常用于处理何类地基土及基础形式?

6-2　CFG 桩常用的施工工艺有哪几种? 各自适用于对何种地基进行处理?

6-3　CFG 桩复合地基中褥垫层应采用多厚? 有何作用?

6-4　CFG 桩法在地基处理中的作用机制主要包括哪些方面?

6-5　简述振动沉管 CFG 桩的施工顺序。

6-6　长螺旋钻孔管内泵压 CFG 桩施工时何种情况下会出现堵管?

6-7　长螺旋钻孔管内泵压 CFG 桩施工何种情况下会发生窜孔? 应采取哪些预防措施?

6-8　CFG 桩复合地基施工质量验收时需要验收哪些项目?

6-9　某工程场地为软土地基,采用 CFG 桩复合地基处理,桩径 $d = 0.5$ m,按等边三角形布置布桩,桩间距 $S = 1.1$ m,桩长 $l = 15$ m,设计要求复合地基承载力特征值达 180 kPa。试计算单桩承载力特征值及桩体材料抗压强度平均值 f_{cu}。

6-10　某场地采用 CFG 桩复合地基处理,天然地基承载力特征值为 140 kPa,桩长为 17 m,混凝土强度等级为 C25,桩径为 0.4 m,桩间距为 1.75 m,等边三角形布桩,桩周土平均侧阻力特征值 $q_s = 28$ kPa,桩端阻力特征值为 $q_p = 700$ kPa,桩间土承载力折减系数为 0.8。请按上述条件计算复合地基承载力特征值。

6-11　某厂房地基为软土地基,承载力特征值为 90 kPa,设计要求复合地基承载力特征值达 140 kPa。拟采用 CFG 桩处理地基,桩径设定为 0.36 m,单桩承载力特征值按 340 kN 计,基础下正方形布桩,桩间土承载力折减系数取 0.8。试设计桩间距。(2003 年注册岩土工程师专业考试案例分析题)

6-12 某建筑场地为第四系新近沉积土层,拟采用 CFG 桩处理,桩径为 0.36 m,桩端进入粉土层 0.5 m,桩长 8.25 m。根据表 6-4 所示场地地质资料,估算单桩承载力特征值。(2003 年注册岩土工程师专业考试案例分析题)

表6-4 场地地质资料

地层	桩端阻力特征值 q_p(kPa)	桩周土侧阻力特征值 q_s(kPa)	厚度(m)
①新近沉积粉土		26.0	4.50
②新近沉积粉质黏土		18.0	0.95
③新近沉积粉土		28.0	1.20
④新近沉积粉质黏土		32.0	1.10
⑤粉土	1 300	38.0	5.00

第七章　石灰桩与灰土桩法

第一节　概　述

石灰桩是采用机械或人工在地基中成孔,再灌入生石灰块、石灰粉或按一定比例加入粉煤灰、炉渣、火山灰等掺合料或少量外加剂振密或夯实形成的桩体。灰土是将不同比例的消石灰和土掺和在一起的材料,灰土桩是利用成孔时的侧向挤压作用,使桩间土得以挤密,再在桩孔中用灰土分层夯填密实的处理方法。石灰桩与灰土桩的共同受力特点是通过桩体和桩周改良土体或桩周挤密土体共同承受上部荷载。

石灰桩适用于加固杂填土、素填土和黏土地基,有经验时也可用于粉土、淤泥和淤泥质土地基。石灰桩加固软弱地基至少已有 2 000 年历史,1929 年 Hunke 较早记录了我国使用石灰桩和灰土桩的情况。1953 年以前我国石灰桩主要采用短木桩在土里冲出孔洞,向土孔中投入生石灰块,稍加捣实形成石灰桩;1953 ~ 1975 年,由天津大学等单位对石灰桩开展了大量基础性研究,并制定了《石灰桩加固地基设计施工规程》,但应用仅限于 2 ~ 3 层建筑物;1975 年后对石灰桩开展了广泛的研究和应用,目前可应用于 8 层以下的多层建筑,配合筏板基础或箱形基础可应用于 12 层左右的高层建筑物。石灰桩按施工工艺和材料分为以下两类:①块灰灌入法(或称石灰桩法)是利用钢套管成孔,在孔中灌入生石灰块或掺入适量水硬性掺合料和火山灰,配备配比通常为 8∶2 或 7∶3,在拔套管时进行捣密或振密。生石灰吸收桩周土体水分,发生膨胀、发热和离子交换,使桩周土体孔隙比减小、含水量降低,桩体硬化土体挤密,共同承受上部荷载。②粉灰搅拌法是通过搅拌机将石灰粉和地基软土搅拌,使软土硬结形成石灰土柱。

20 世纪 60 年代中期,为了解决西安的杂填土地基的深层处理问题,开发了灰土桩的处理方法。灰土桩主要用于处理地下水位以上素填土、杂填土和湿陷性黄土地基及其他非饱和黏土、粉土等土层,用于提高地基承载力、消除黄土湿陷性。自 1972 年以后,在我国黄土地区已采用灰土桩建成数百幢建筑,桩体材料、施工工艺取得了较大的发展,应用范围也有了较大的拓展,如粉煤灰与石灰掺和形成的二灰桩、矿渣与石灰掺和形成的灰渣桩等,并已应用于 50 m 以上的高层建筑地基处理中。

第二节　加固原理

一、石灰桩加固原理

(一)物理加固

1. 桩间土挤密加固效应

桩间土的挤密加固效应主要包括成桩过程中的挤土效应和生石灰吸水膨胀引起的挤

土效应等两方面。

成桩挤土效应主要出现在不排土成桩过程中,挤土效应受施工工艺、桩径和桩间距、土质、上覆压力和地下水状况等因素影响。桩周土体的挤密会提高石灰桩复合地基的承载力,对于粉土和黏土,挤密后桩周土体强度增长可达 10% ~50%,杂填土地基甚至可达100% ~200%,而对于软黏土的挤密效果不显著,对于灵敏度较高的软土,挤密后甚至会破坏土体的结构性,造成强度降低。对于浅层加固、上覆压力不大的石灰桩复合地基,桩周为粉土和黏土地基时强度增长系数可按 1.1 考虑,软黏土不考虑桩周土强度增长,杂填土地基、素填土地基等情况需根据现场测试结果确定。

生石灰吸收桩周水分,生成消石灰的化学反应式为

$$CaO + H_2O \rightarrow Ca(OH)_2 + 15.6 \ kcal/mol$$

生石灰比重为 3.37,而加水生成消石灰的比重为 2.24,因此生石灰吸水生成消石灰反应后体积发生增长,同时产生热量。生石灰体积膨胀的主要原理是固体崩解,空隙体积增大,颗粒比表面积增大,附着物增多,固相体积增大。根据生石灰品质不同,熟化生成消石灰后体胀系数介于 1.5 ~3.5,通过压缩试验得到不同应力条件下石灰桩桩体材料的体胀系数如表 7-1 所示。由于石灰桩受到桩周土体约束、材料配比、密实程度等因素的影响,有掺料情况下体胀系数通常介于 1.2 ~1.4,对应于桩径增大系数为 1.1 ~1.2。因此,石灰桩与其他形式的桩体不同,桩周土体的约束不仅来自成桩过程中的挤压作用,还来自生石灰吸水膨胀。合理利用石灰桩的膨胀力需要注意以下几个方面:①根据土质不同和深度不同采用合理配比的石灰桩;②尽量采用细而密的布桩方式;③降低水渗入桩体速度,让膨胀力缓慢发挥;④控制打桩顺序,间隔成桩。

表 7-1　不同应力条件下石灰桩桩体材料的体胀系数

压力 （MPa）	生石灰	石灰粉∶煤灰		火山粉∶煤灰	
		8∶2	7∶3	8∶2	7∶3
50	1.49	1.4	1.34	1.35	1.26
100	1.37	1.33	1.28	1.28	1.19
150	1.29	1.26	1.22	1.21	1.12

2. 桩和地基土体高温效应

1 kg 生石灰水化生成消石灰会释放出约 278 kcal 的热量,根据实测,加掺合料的石灰桩,桩体内温度可达 200 ~300 ℃,桩间土的温度可达 40 ~50 ℃,地基土体中的温度要恢复到原来的地场温度通常需要 20 ~30 d 或更长时间。桩体中和地基土体中的高温使得地基中的含水量降低。

3. 桩体置换作用

石灰桩作为竖向增强体与天然地基土体共同组成复合地基。石灰桩与天然地基共同承受上部荷载,石灰桩的刚度较大,其应力也较大,在正常置换比情况下通常承担超过30% 的荷载。

4. 排水固结作用

实测结果表明,在不同掺合料情况下,石灰桩孔隙比通常达 1.3 ~1.7,桩体的渗透系

数介于 $6 \times 10^{-5} \sim 4 \times 10^{-3}$ cm/s,相当于粉砂、细砂的渗透能力,因此石灰桩体具有较好的排水作用。现场沉降观测资料表明,在建筑物建成后,石灰桩复合地基的沉降通常已基本完成,若桩体中掺和煤渣、矿渣、钢渣等粗颗粒,排水固结作用更显著。

(二)化学加固

1. 桩体材料的胶凝作用

桩体材料的胶凝作用是活性掺合料与生石灰之间的化学反应。活性掺合料与生石灰之间的化学反应通常较复杂,主要是 $Ca(OH)_2$ 与活性掺合料中的 SiO_2 和 Al_2O_3 反应生成硅酸钙和铝酸钙水化物。根据由生石灰和粉煤灰组成的桩体材料的扫描电镜及 X 光衍射结果,表明反应后主要成分是 $Ca_2SiO_2O_3$,其次为 $CaOSiO_2H_2O$,不仅有单一硅酸盐类,还有复式盐类,在含水量较高的地基中可硬化,且水化物通常呈针状晶体。

2. 桩体材料与桩周土的反应

生石灰的吸水、膨胀、发热等作用通常在较短时间内完成,而以下的化学反应通常须经过较长时间。

(1)离子化作用。生石灰熟化生成的消石灰产生较大的热量,消石灰通常处于干燥状态,具有较高的吸水能力,将通过毛细作用吸取周围水分。$Ca(OH)_2$ 是弱电解质,在水中生成 Ca^{2+} 和 OH^-,OH^- 使土体中 pH 值升高,交换阳离子 Ca^{2+} 增多,土中水呈碱性。

(2)离子交换-水胶联结作用。黏土颗粒通常呈片状或针状,表面带负电,吸附周围阳离子,形成结合水膜,使得黏土具有塑性。$Ca(OH)_2$ 离解出的 Ca^{2+} 和黏土颗粒表面的阳离子进行交换吸附,改变颗粒表面带电状态,使得结合水膜厚度减小,土颗粒凝聚,塑性减小,抗剪强度增大。离子交换对黏土塑性影响很小。当添加石灰量超过固结值的极限时,塑性不再减小,但仍存在 Ca^{2+} 和黏土中 SiO_2、Al_2O_3 发生化学固结反应。在 pH 值较高的环境中,硅溶解性增高,与未电离的 $Ca(OH)_2$ 和土中胶态硅、胶态铝发生化学反应生成硅酸钙化合物、铝酸钙水合物、钙铝黄长石水合物等复杂化合物。这些反应较缓慢,形成胶结剂后土体强度会得到提高,且强度会随时间增长。

(4)石灰的碳酸化反应。石灰的碳酸化反应 $Ca(OH)_2 + CO_2 \rightarrow CaCO_3 + H_2O$,碳酸化反应需要在有水的存在下才能进行,$Ca(OH)_2 + nH_2O + CO_2 \rightarrow CaCO_3 + (n+1)H_2O$,空气中的 CO_2 含量极低,因此碳酸化反应很缓慢,可作为石灰桩的强度储备。

二、灰土桩加固原理

(一)桩周土的侧向挤密

灰土桩的桩管在沉入地基中时,桩孔内土体向侧向挤出。研究认为沉桩时桩周土体应力变化与柱孔扩张的应力变化相似。由于沉桩在地基中形成直径为 R_u 的圆柱形孔,桩孔周围依次产生塑性区、弹性区,塑性区边界至中心的距离为 R_p,如图 7-1 所示,根据理论分析塑性区半径为

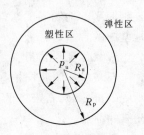

图 7-1　柱孔扩张

$$R_p = R_u \sqrt{\frac{G}{c\cos\varphi + \sigma_c\sin\varphi}} \qquad (7\text{-}1)$$

$$G = \frac{E_0}{2(1+\mu)}$$

式中　G——土体剪切模量；

　　　E_0——土体变形模量；

　　　μ——土体泊松比；

　　　c——土体黏聚力；

　　　φ——土体内摩擦角；

　　　σ_c——土体原始固结应力。

因此,塑性区半径与桩体半径成正比,与土体剪切模量、黏聚力和内摩擦角等参数密切相关。

通常在桩孔壁周围一定范围内土体干密度达到或超过最大干密度,土体的挤密效果最显著,越向外干密度越小,直至达到原始干密度。工程中常要求桩间土达到一定挤密程度,这一范围内称为有效挤密区,单桩的有效挤密区半径通常为桩孔直径的 1~1.5 倍;干密度大于原始干密度的区域为挤密影响区,挤密影响区半径通常为 1.5~2 倍桩孔直径。因此,需要通过计算或实测,确定合理桩间距。当地基土体在含水量过低时,沉、拔桩套管较困难,周围土体破碎而不容易挤密;当地基土体含水量过高时,周围土体会向外侧移动,土体发生扰动、强度降低,同时会产生超静孔隙水压力;当含水量接近最优含水量时,挤密效果最好。

(二)灰土的硬化

石灰为气硬性胶凝材料,在与土掺和后发生复杂的物理化学反应,主要包括:

(1)离子交换。石灰中的 Ca^{2+} 与土粒表面吸附的 Na^+、K^+ 发生离子交换,减小了土粒表面结合水的厚度,降低了土粒的吸水性能和膨胀性能,增大了土体强度。

(2)硬凝反应。石灰与土粒表面的胶质 SiO_2 和 Al_2O_3 反应生成硅酸钙水化物、铝酸钙化合物和硅铝酸钙水化物等。常温情况下灰土硬凝反应较缓慢,在后期才有较大的强度和水稳定性;在蒸气养护的条件下,灰土硬凝较迅速,24 h 的抗压强度可达 10 MPa,并具有水稳定性。

(3)石灰碳化和结晶。$Ca(OH)_2$ 可与空气和水中的 CO_2 发生作用,生成 $CaCO_3$;部分石灰会失水结晶。碳化和结晶是灰土强度增长的重要因素。

(4)其他反应。生石灰粉与土体相拌和生成消石灰,发生吸水、发热和膨胀,每千克生石灰粉反应需水 320 g,释放出 1 172 kcal 的热量,体积增大 1 倍。这一系列反应有利于灰土强度的增长,且反应时间较短。

硬化后的灰土属脆性材料,通常要求 28 d 的无侧限抗压强度 q_u 不小于 0.5 MPa。灰土强度主要取决于石灰品质、土类、配合比、夯实质量和温度等条件。施工中应控制配合比,并需适当加水搅拌均匀,夯实到设计压实系数。为提高灰土强度,可掺入附加剂,不同附加剂掺加后的灰土强度如表 7-2 所示,从强度结果可见,掺入水泥后强度得到显著提高,除水泥外其他附加剂掺量不应小于 0.5%~1%。灰土的抗拉强度为 $(0.11~0.29)q_u$,

抗剪强度为$(0.2 \sim 0.4)q_u$,抗弯强度为$(0.35 \sim 0.4)q_u$。

表 7-2　不同掺量的各种附加剂掺加后灰土强度　　　　　　　　（单位:Pa）

附加剂	掺量(%)					
	0	0.5	1	2	3	4
NaOH	1 300	1 402	2 100	2 020	1 905	1 600
$CaSO_4 \cdot 0.5H_2O$	1 300	—	1 708	1 209	—	1 105
NaCl	1 300	1 408	1 403	1 308	1 008	708
$CaCl_2$	1 300	1 308	1 308	1 305	1 200	
硅酸盐水泥 500[#]	1 300	—	1 703	2 003		2 400

注:试件为饱和状态的 28 d 抗压强度。

灰土应力—应变曲线类似于混凝土,变形模量与应力有关,根据试验结果,变形模量可表示为

$$E_n = \left(1 + \sqrt{1 - \frac{\sigma}{q_u}}\right)\frac{q_u}{\varepsilon_u} \qquad (7-2)$$

式中　σ——灰土的轴向应力;

　　　q_u——灰土无侧限抗压强度;

　　　ε_u——灰土破坏临界应变。

变形模量通常介于 40 ~ 200 MPa。σ/q_u 为相对应力,在使用荷载作用下灰土桩顶的 σ/q_u 通常介于 0.5 ~ 0.9,处于塑性阶段,有时 σ/q_u 可达 1.0,达到破坏状态。根据变形模量表达式,σ/q_u 越大灰土变形模量越小,因此分析中需要根据实际应力状态计算相应的变形模量。

灰土的水稳定性可用软化系数表示,软化系数定义为饱和状态下抗压强度与普通潮湿状态下抗压强度的比值。灰土软化系数通常介于 0.54 ~ 0.9,平均为 0.7。由于灰土具有一定的水硬性,在地下水位以下仍有强度发展和硬化。决定灰土水稳定性的因素是约束条件和灰土桩质量。试验表明,空气中养护 2 ~ 3 d 的灰土试件在土中不会溃散,在约束条件下成型的灰土放入水中,不会发生溃散,强度仍能增长。为提高灰土桩的稳定性,在灰土中掺入 2% ~ 4% 的水泥,可使软化系数达到 0.8,保证灰土桩的长期稳定性。

（三）灰土桩的加固作用

1. 降低土体中的应力

灰土桩的变形模量超过桩间土体的 10 倍,灰土桩的面积约占基底面积的 20%,桩体承担约一半的荷载,其余荷载由桩间土承担,大大降低了土体中的荷载。在基底下一定范围内,灰土桩具有分担荷载、降低土体中应力的作用,降低了地基中的压缩变形量和湿陷变形量。

2. 桩体对土体的限制作用

桩体具有较大的刚度,可限制桩周土体的位移,并可增大其强度。根据现场测试结果,在基底压力达到 300 kPa 时,荷载—沉降曲线仍呈线性变化。

3.提高地基土体承载力和变形模量

灰土桩在桩顶一定范围内桩体分担荷载效应较明显,在较深范围内桩体分担荷载效应较不明显,但仍具有提高复合地基承载力和变形模量的效果。

(四)灰土桩的荷载传递规律和破坏特征

根据试验结果,桩长超过 $6 \sim 10$ 倍桩径的灰土桩在竖向荷载作用下荷载传递、变形和破坏机制包括以下几个方面:

(1)灰土桩在竖向荷载作用下,桩顶沉降主要是桩身的压缩变形,桩身变形占总沉降量的 $42\% \sim 93\%$,部分桩体在桩顶压裂的情况下,桩底仍未发生沉降。桩顶 $1d \sim 1.5d$ 范围内压缩量占桩体总变形的 $60\% \sim 85\%$ 。实测结果表明:土桩的沉降主要发生在 $2d \sim 3d$ 深度以上的范围,与天然地基或土垫层的情况相似。混凝土桩顶面与低端的沉降量相差很小,说明其桩身的压缩变形很小。而灰土桩介于两者之间,桩身压缩变形层的深度为 $6d$ 左右,是引起桩顶沉降的主要原因。从桩顶沉降量来看,灰土桩和混凝土桩接近,约为 $5~mm$,土桩的沉降为 $10~mm$ 。从分段变形特征看,灰土桩与混凝土和土桩均不同,是一种有一定胶凝强度的柔性桩。

(2)据室内和现场载荷试验后开挖出桩体检查,在极限荷载作用下,灰土桩的破坏多数发生在桩顶 $1.0d \sim 1.5d$ 的长度范围内,裂缝为竖向或斜向,具有脆性破坏的特征。试验结果还表明,当部分桩顶被压裂后,仍具有由块体间的咬合力及摩擦力构成的剩余强度,并能与桩间挤密土共同作用而保持整个地基的稳定性,但当荷载继续增加时,沉降将迅速增加。由此可见,灰土桩的承载能力主要取决于桩身的强度,特别是上层灰土的强度和质量。

(3)灰土桩的荷载传递规律。灰土桩在竖向荷载作用后,桩身在一定深度内即产生压缩变形及侧向膨胀,其值上大下小,在 $6d \sim 10d$ 深度以下趋近于零。根据灰土桩的应力测试结果,其荷载传递规律如下:灰土桩受荷后,桩身应力及荷载急剧衰减,在 $3d$ 深度处的桩身荷载仅为桩顶处的 $1/6$ 左右,在 $6d \sim 10d$ 深度以下桩身荷载趋于零,同时桩身与桩周土中的应力趋于一致。因此,灰土桩荷载传递的深度有限,其有效传递荷载深度与桩径及灰土的强度成正比,而与桩周土的摩阻力成反比,一般为 $4d \sim 10d$ 。灰土桩身的荷载通过桩周摩擦力迅速向土中传递,摩擦力约在 $2d$ 深度处达到峰值,在 $6d$ 深度以下趋于零,在此深度以下的灰土桩不再承受较高的应力,桩身与桩周的应力比接近于 1.0 。

第三节　设计计算

一、石灰桩设计计算

石灰桩使桩间土得到挤密和固结,石灰桩桩身比桩间土具有更高的强度和刚度。因此,石灰桩与桩间土共同形成承载力较高的复合地基。由于各个地区材料、施工工艺和土质条件的差异,设计计算所用参数须根据当地工程经验或通过实测获得。

(一)设计一般原则

(1)生石灰须新鲜,CaO 含量不低于 70% ,含粉量不超过 20% ,未烧透的石灰块或其他杂质含量不超过 5%。为提高桩身强度,可在石灰中掺加粉煤灰、火山灰、石膏、矿渣、炉渣、水泥等材料,掺料和石灰的比例应通过试验确定。桩身材料的无侧限抗压强度应根据土质及荷载要求,通常介于 0.3~1.0 MPa。

（2）石灰桩的直径根据不同的施工工艺确定,一般介于 0.3~0.5 m,桩中心距宜为 2.5~3.5 倍桩径。桩位根据基础形式可采用正三角形、正方形或矩形布置。

（3）加固深度应满足桩底土层的承载力要求,当建筑物受地基变形控制时应满足地基变形容许值的要求。

（4）石灰桩的加固范围应根据土质和荷载条件确定。软土地区的加固范围宜大于基础宽度,采用大面积满堂布桩时,宜在整个建筑物的基础外增设 1~2 排围护桩,有经验时,为降低造价也可不设围护桩。

（二）石灰桩复合地基计算

1.计算模型

（1）双层地基模型。在非深厚软土地区,可将石灰桩加固层看做一层复合垫层,下卧层为另一层地基,在强度和变形计算时按双层地基进行计算,如图 7-2 所示。

（2）群桩地基模型。在深厚软土地区,可按群桩地基模型计算,将石灰群桩看成假想实体基础进行地基承载力和变形的验算,如图 7-3 所示。工程沉降观测表明,群桩地基模型计算值通常大于实测值。

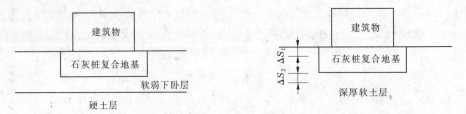

图 7-2　双层地基计算模型　　　　　图 7-3　群桩地基计算模型

2.复合地基承载力计算

石灰桩复合地基承载力标准值应通过现场单桩复合地基或群桩复合地基承载试验确定。初步设计时,可按复合地基的理论计算其承载力,可利用式(7-3)计算。

$$f_{spk} = mf_{pk} + (1 - m)f_{sk} \qquad (7\text{-}3)$$

式中　　f_{pk}——石灰桩桩身抗压强度比例界限值,由单桩竖向载荷试验测定,初步设计时可取 350~500 kPa,土质软弱时取低值;

f_{sk}——桩间土承载力特征值,取天然地基承载力特征值的 1.05~1.20 倍,土质软弱或置换率大时取高值;

m——面积置换率,桩面积按 1.1~1.2 倍成孔直径计算,土质软弱时宜取高值。

当石灰桩复合地基以下有软弱下卧层时应按现行国家标准《建筑地基基础设计规范》(GB 50007—2011)验算下卧层的地基承载力。

3.复合地基变形计算

建筑物基础的最终沉降量可按分层总和法计算。石灰桩复合土层的压缩模量宜通过桩身及桩间土压缩试验确定,初步设计时可按下式估算

$$E_{sp} = \alpha[1 + m(n - 1)]E_s \tag{7-4}$$

式中　E_{sp}——石灰桩复合地基压缩模量，MPa；

　　　α——系数，可取 1.1 ~ 1.3，成孔对桩周土挤密效应好或置换率大时取高值；

　　　n——桩土应力比，可取 3 ~ 4，长桩取大值；

　　　E_s——天然土的压缩模量，MPa。

在施工质量有保证时，桩长范围内复合地基沉降量可按桩长的 0.5% ~ 1% 估算。通常情况下桩底下卧层的沉降为控制因素。

二、灰土桩设计计算

(一)设计一般原则

设计一般原则如下：

(1)灰土桩地基设计时，应依据以下资料和条件：①场地工程地质勘察报告。重点掌握地基湿陷的类型、等级和湿陷性土层的深度，了解地基土的干密度和含水量。对填土应查明其分布范围、成分和均匀性，并应确定填土地基的承载力和湿陷性。②建筑结构的类型、用途和荷载。根据相关规范确定建筑物的等级。初步设计基础的构造、平面尺寸和埋深，提出对地基承载力及变形的要求。③建筑场地和环境条件。着重了解场地范围内地面和地下障碍物，施工对相邻建筑可能造成的影响。④当地应用灰土桩的经验和施工条件等。

(2)设计时应首先根据场地工程地质条件和建筑结构的类型与要求，确定地基处理的主要目的，并依此设计灰土桩复合地基。地基处理的主要目的一般分为以下几类：①一般湿陷性黄土场地，对高层建筑或地基浸水可能性较大的重要建筑物，当以提高承载力和水稳定性为主要目的时，宜采用灰土桩法。②新近堆积黄土场地，除要求消除其湿陷性外，一般需要以降低其压缩性并提高承载力为主要目的，根据建筑类型确定采用灰土桩法。③杂填土或素填土场地以提高承载力为主要目的，一般多采用灰土桩法。

(3)桩孔直径以 300 ~ 600 mm 为宜，设计时可根据成孔机械、工艺和场地土质相适应的原则确定桩径的大小。桩孔布置以等边三角形为宜，桩孔呈等间距排列，使桩间土的挤密效果趋于均匀。桩孔内的填料，应根据工程要求或地基处理的目的确定，并应以压实系数 λ_c 控制夯实的质量，对于土桩，$\lambda_c > 0.95$，对于灰土桩，$\lambda_c > 0.97$。灰土中石灰与土的本积配合比宜为 2:8 或 3:7。在现场以压实系数控制灰土的夯填质量简便易行，当石灰的掺量偏低时，虽然压实系数很容易达到要求，灰土的强度和水稳定性反而降低。因此，有条件的地区可试行按灰土的浸水稳定性和饱和状态时的无侧限抗压强度指标作为灰土质量的标准。在灰土桩中，灰土 28 d 的饱和抗压强度不宜低于 300 kPa；硬化后的灰土浸水时不应溃散，土桩或灰土桩挤密地基的处理范围，处理层的厚度从桩顶算起至桩孔下端 1/2 桩尖长度处，处理深度是指 1/2 桩尖处的深度；平面范围内，以最外一排桩的有效挤密区($d/2$)处为界。

(二)桩孔间距

为消除黄土的湿陷性，桩间土挤密后的平均压实系数 $\overline{\lambda_c}$ 不应小于 0.93，桩孔之间的中心距离需要依此来确定。已知地基土的原始干密度 ρ_d，并通过室内击实试验求得其最大干密度 ρ_{dmax}，当按等边三角形布置桩孔时，其间距可按下式计算

$$S = 0.95d \sqrt{\frac{\overline{\lambda}_c \rho_{dmax}}{\overline{\lambda}_c \rho_{dmax} - \overline{\rho}_d}} \qquad (7\text{-}5)$$

式中　S——桩孔间距；

　　　d——桩孔直径；

　　　$\overline{\lambda}_c$——地基挤密后，桩间土的平均压实系数，对于重要工程不宜小于 0.93，对于一般工程不应小于 0.90；

　　　ρ_{dmax}——桩间土的最大干密度，通过击实试验确定，当无试验资料时，可先按当地经验确定；

　　　$\overline{\rho}_d$——地基挤密前土的平均干密度。

桩孔排距即为等边三角形的高 $h = 0.875$。挤密前土的平均干密度 $\overline{\rho}_d$ 宜按主要持力层内各层土干密度的加权平均值确定，以保证基底下主要湿陷性土层能得到充分挤密。

挤密后桩间土的平均干密度 $\overline{\rho}_{d1} = \overline{\lambda}_c \rho_{dmax}$，设 $\alpha = 0.95 \sqrt{\dfrac{\overline{\rho}_{d1}}{\overline{\rho}_{d1} - \overline{\rho}_d}}$，则 $S = \alpha d$ 或 $\alpha = \dfrac{S}{d}$，α 即桩距系数。

处理填土地基时，鉴于其干密度变动较大，可根据挤密前地基土的承载力标准值和挤密后处理地基要求达到的承载力标准值利用下式计算桩孔间距

$$S = 0.95d \sqrt{\frac{f_{pk} - f_{sk}}{f_{spk} - f_{sk}}} \qquad (7\text{-}6)$$

式中　f_{pk}——灰土桩体的承载力标准值，宜取 $f_{pk} = 500\ kPa$；

　　　f_{sk}——挤密前填土地基的承载力标准值，应通过现场测试确定；

　　　f_{spk}——处理后要求的地基承载力标准值。

还可利用已有的试验资料和工程经验，则桩距可定为 $S = \alpha d$。

对重要工程或缺乏经验的地区，在桩间距正式设计之前，应通过现场成孔挤密试验，根据不同桩距的实测挤密效果确定桩孔间距。

（三）处理范围

灰土桩处理范围的设计，包括地基的处理宽度和处理深度两个方面。

（1）处理宽度。灰土桩挤密地基的处理宽度应大于基础底面的宽度，以保证地基的稳定性，防止处理土体发生侧向位移或周围天然土体失稳。局部处理一般用于消除地基的全部或部分湿陷量或用于提高地基的承载力，通常不考虑防渗隔水作用。局部处理时，对非自重湿陷性黄土、素填土、杂填土等地基，每边超出基础的宽度不应小于 $0.25b$（b 为基础短边宽度），并不应小于 0.5 m；对自重湿陷性黄土地基，不应小于 $0.75b$，并不应小于 1.0 m。整片处理用于 Ⅲ、Ⅳ级自重湿陷性黄土场地，且处理 2/3 压缩层或 2/3 湿陷性土层确有困难的情况，除消除处理土层的湿陷性外，并要求具有防渗隔水的作用。整片处理每边超出建筑物外墙基础外缘的宽度不宜小于处理土层厚度的 1/2，并不应小于 2.0 m。

（2）处理深度。对湿陷性黄土地基,应按国家标准《湿陷性黄土地区建筑规范》规定的原则和消除全部或部分湿陷量的不同要求确定灰土桩挤密地基的深度。

消除地基全部湿陷量的处理深度,应符合下列要求:①在自重湿陷性黄土场地,应处理基础以下的全部湿陷性土层。②在非自重湿陷性黄土场地,应将基础下的湿陷起始压力小于附加压力与上覆土的饱和自重压力之和的所有土层进行处理或处理至基础下的压缩层下限为止。

消除地基部分湿陷量,适用于乙类建筑,其最小处理厚度应符合下列要求:①在自重湿陷性黄土场地,不应小于湿陷性土层厚度的 2/3,并应控制剩余湿陷量不大于 20 cm。②在非自重湿陷性黄土场地,不应小于压缩层厚度的 2/3。

对于自重湿陷性不敏感、自重湿陷性土层埋藏较深或自重湿陷量较小的黄土场地(如陕西关中地区),地基的处理深度可根据当地工程经验,按非自重湿陷性黄土场地考虑。

当以提高地基承载力为主要目的时,对基底下持力层范围内的低承载力、高压缩性($a_{1-2} \geq 0.5$ MPa^{-1})土层应进行处理,并应通过下卧层承载力验算来确定地基的处理深度。

灰土桩施工后,宜挖去表面松动层,并在桩顶面上设置厚度为 0.3 m 以上的素土或灰土垫层。桩长即处理土层厚度不宜小于 5.0 m。

（四）承载力和变形计算

灰土桩挤密地基的承载力,应通过现场载荷试验等方法测试,并结合当地工程经验确定。当无试验资料时,灰土桩挤密地基复合地基承载力特征值,可按 2 倍的天然地基承载力标准值确定,并不应大于 250 kPa;对土挤密桩复合地基承载力特征值,不宜大于处理前的 1.4 倍,并不宜大于 180 kPa。

灰土桩挤密地基的变形计算应按国家标准《建筑地基基础设计规范》(GB 50007—2011)的有关规定执行。其中复合土层的变形模量应通过试验或结合当地经验确定。当处理层顶面的埋深大于 1.5 m 时,处理地基的承载力标准值可进行修正,深度修正系数应取 1.0,宽度修正系数为 0。

第四节　施工工艺

一、石灰桩施工工艺

（一）管外投料法

石灰桩体中含有大量掺合料,掺合料不可避免有一定含水量。当掺合料与生石灰拌和后,生石灰和掺合料中的水分迅速发生反应,生石灰体积膨胀,极易发生堵管现象。管外投料法避免了堵管,可以利用现有的混凝土灌注桩基施工,但又受到如下限制:在软土中成孔,当拔管时容易发生塌孔或缩孔现象;在软土中成孔深度不宜超过 6 m;桩径和桩长的保证率相对较低。

1. 施工方法

采用多种打入、振入、压入的灌注桩机均可施工。由于石灰桩多用于 8 m 以内的浅层加固,因此桩机的高度不必过高。

2. 施工控制

(1)灌料量控制。影响灌料量的因素很多,如桩周土强度、压实次数、设计桩径、桩管直径等。控制灌料量的目的是保证桩径和桩长,同时要保证桩体密实度。根据室内外试验结果,当掺合料为粉煤灰及煤渣时,桩料干密度要求达到 $1.00 \sim 1.10 \text{ g/cm}^3$,即可保证桩体密实度。在软土中施工,塌孔和缩孔不可避免,一根 6 m 长的桩,往往需要填料压实反复四五次。即使如此,桩长和桩底直径尚无确切把握,而桩的中部、上部直径往往偏大。目前采用桩管上做刻度记号,每次沉管压入的深度要经过现场试验后严格控制,确保质量。确定灌料量时,首先根据设计桩径计算每延米桩料体积,然后将计算值乘以 1.4 的压实系数作为每米灌料量。由于掺合料含水量变化很大,在工地宜采用体积控制。关于桩管直径的选择,原则上应根据设计桩径确定,一般设计桩径为桩管直径的 $1.3 \sim 1.5$ 倍。当桩管直径较大时,由于反插后拔管力较大,要注意是否会造成拔管困难。

(2)打桩顺序。应尽量采用封闭式,即从外圈向内圈施工。桩机宜采用前进式,即刚打完的桩处于桩机下方,以机身重量增加覆盖压力,减小地面隆起量。为避免生石灰膨胀引起邻近孔塌孔,宜间隔施打。

(3)技术安全措施。生石灰不宜过早与掺合料拌和,随灌随拌,以免生石灰遇水胀发影响质量。拌和过早容易引起冲孔(即生石灰和掺合料冲出空口)。冲孔的原因是桩料内含有过量空气,空气遇热膨胀,产生爆发力,防止冲孔的主要措施是保证桩料填充的密实度。要求孔内不能大量进水,掺合料的含水量不宜大于 50%。做好施工准备,采取可靠的场地排水措施,保证施工顺利进行。石灰桩施打后,在地下水位下,$1 \sim 2$ d 时间即可完成吸水膨胀的过程;在含水量为 25% 左右的土中,需要 $3 \sim 5$ d;在含水量小于 20% 的土中,当掺合料含水量也不大时,完成吸水膨胀需要较长时间,但后期膨胀量显著减小。实践表明,石灰桩施打 $5 \sim 7$ d 后,即可进行基坑开挖。孔口封顶宜用含水量适中的土,封口高度不宜小于 0.5 m,孔口封土标高应高于地面,防止地面水早期浸泡桩顶。石灰桩容许偏差没有混凝土桩要求严格。遇有地下障碍物时可根据基础尺寸、荷载等因素变动桩位。正常情况下,桩位偏差不宜大于 10 cm,倾斜度不大于 1.5%,桩径误差不超过 ±15 cm。大块生石灰须破碎,粒径不大于 10 cm,生石灰在现场露天堆放的时间视空气湿度及堆放条件确定,一般不大于 $2 \sim 3$ d。桩顶应高出基底标高 10 cm 左右。

(二)管内投料法

管内投料法适用于地下水位较高的软土地区。管内投料施工工艺与振动沉降管灌注桩的施工工艺类似。

1. 施工要点

(1)石灰及其他掺合料应符合设计要求,随时抽检。生石灰应新鲜,堆放时间不得超过 3 d,做好石灰堆放的防水、防火设施。

(2)石灰灌入量不应小于设计要求,拔出套管后,用盲板将套管底封住,将桩顶石灰压下约 800 mm,然后用黏土将桩孔填平夯实,以阻止石灰向上涨发,并对场地采取排水措施,防止地表水流入桩内。

(3)石灰桩容许偏差参见管外投料法。

(4)石灰桩施工应在有实践经验的技术人员指导下进行,并做好施工记录,按要求交付所有隐蔽工程验收竣工资料。

2. 施工主要机具

施工主要机具有 DZ-40Y 振动打桩机、ϕ377 钢管和盲板、小车及配套工具。

(三)挖孔投料法

利用特制的洛阳铲,人工挖孔、投料夯实,是湖北地区试验成功并广泛应用的一种施工方法。洛阳铲在切土、取土过程中对周围土体的扰动很小,在软土甚至淤泥中均可保持孔壁稳定。这种施工方法简单,且避免了振动和噪声,能在极狭窄的场地和室内作业,大量节约能源,特别是造价很低,工期短,质量可靠,适用的范围较大。挖孔投料法受深度限制,一般情况下桩长不宜超过 6 m。穿过地下水的砂类土及塑性指数小于 8 的粉土则难以成孔。当在地下水位以下施工,穿过杂填土时需要熟练的工人操作。

1. 施工方法

(1)挖孔。利用洛阳铲人工挖孔,挖孔时用钢柄洛阳铲挖取 3 m 以内的土体,3 m 以下土则用竹(木)柄洛阳铲取土。当下部土较硬时,可用加长钢柄铲配 10″管钳取土;当遇杂填土时,可用钢钎将杂物冲破,然后用洛阳铲取出;当孔内有水时,可通过人工在水下取土,并保证孔径的标准。洛阳铲的尺寸可变,软土地区施工时用较大的直径,杂填土及硬土时用较小的直径。取土时加力将洛阳铲刃口切入土中,然后摇动并用力拧旋铲柄,将土柱切断,拔出洛阳铲,铲内土柱被带出。利用孔口附近插入土中的退土钎(一般为ϕ(20 ~ 25),L = 0.8 ~ 1.2 m 的钢筋),将铲内土刮出。

(2)灌料夯实。已打成的桩孔经验收合格后,将生石灰和掺合料用斗车运至孔口分开堆放。在孔口置一块厚 1.5 ~ 2.5 mm 铁板供拌和用。准备工作就绪后,用小型污水泵或软轴泵(功率 1.1 ~ 1.5 kW,扬程 8 ~ 10 m)将水排干。立即在铁板上按配合比拌和桩体材料,每次拌和的数量为 0.3 ~ 0.4 m 的桩长的用料量,拌均匀后用铁锹推入孔内,用铁夯夯击密实,铁柄夯分为两种,长柄用于夯击孔下部桩材,上部改换为柄长为 3 m 的夯。夯实时,三人持夯,加力下击,一般要求夯落距不小于 50 cm。由于夯击力不仅依靠夯自重,主要还是依靠三人向下加力。所以,夯的质量一般在 30 kg 左右即可保证夯击质量。夯的质量过大则使用不便。

2. 技术安全措施

(1)在挖孔过程中一般不宜抽出孔内水,以免塌孔。

(2)每次人工夯击次数不少于 10 击,从夯击声音可以判断是否夯实。

(3)每次下料厚度不得大于 40 cm。

(4)孔底浮泥必须清除,可采用长柄勺挖出,浮泥厚度不得大于 15 cm。

(5)灌料前孔内水必须抽干,遇有孔口或上部往孔内流水时,应采取措施隔断水流,确保夯击质量。

(6)桩顶应高出基底标高 10 cm 左右。

(7)为保证桩孔的标准,需检查孔径、孔深。

二、灰土桩施工工艺

(一) 程序和准备

1. 工艺程序

灰土桩主要工序包括施工准备、成孔挤密、桩孔夯填及质量检查等内容。质量检查需在各项工序中逐次进行,填料的制备应在夯填施工前完成并及时检查其质量是否合格。灰土桩的施工工艺程序如图 7-4 所示。

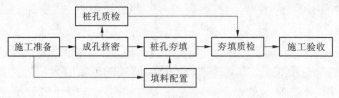

图 7-4　灰土桩的施工工艺程序

2. 施工准备

(1)施工机械进场前,应切实了解建筑场地的工程地质条件和设计资料。首先,当发现场地内的地层、土质及土的含水量变化较大时,宜做必要的施工勘察和试验,避免盲目进场施工。其次,还应了解场地的环境、地下和地面障碍物(如管道、旧房基和墓穴等)及相邻建筑的情况,对可能妨碍施工的情况提出处理措施。

(2)编制施工技术措施,主要内容包括:根据设计图绘制施工桩位平面详图,图中应注明桩位、编号及施工顺序,并应标明桩径、孔深、填料及有关的质量标准;根据工期要求及施工机械装备条件,编制施工进度、材料供应和劳动配备等计划;编制质量保证、安全施工、现场防水及冬季、雨天施工的技术措施。

3. 平整场地与成孔试验

施工前应清除地面上、下的一切障碍物,对不利于机械运行的松软地段及浅层洞穴要进行处理,并将场地平整至预定标高。然后按设计图放线定点。为了牢靠准确,各桩中心点可用 $\phi 20$ 钢钎插入土中约 200 mm,拔出钢钎后再灌入石灰定点。定点放线应有专人校核验收。当场地的土质或含水量变化较大时,施工前宜先进行成孔挤密试验,检验成孔质量和挤密效果,并根据试验结果补充和修改设计及施工技术措施。同一类土质地段的成孔挤密试验不得少于 2 组。

4. 浸水预湿地基

当土的含水量低于 12% ~ 14% 时,土体呈坚硬状态或半固体状态,施工困难,挤密效果也很差。对此可采用人工预浸水湿润的办法,使土的含水量接近最优含水量。预浸水宜采用浅层水畦和深层渗水孔相结合的方式,水畦深 300 ~ 500 mm,底面铺约 50 mm 的小石子,并与渗水孔口相连;深层渗水孔可用 $\phi 80$ 的洛阳铲成孔,孔深为预计浸润土层底深的 3/4 左右,间距 1 ~ 2 m,内填小石子或砂砾。浸水后 1 ~ 3 d(冬季稍长)地面晾干即可施工。人工浸水湿润的水量应严格控制,并应逐渐注水。预计的总需水量可按下式估算

$$W = k\bar{\rho}_{d}\frac{\omega_{op} - \omega}{100}V \tag{7-7}$$

式中　W——预计总需水量,kN;

　　　k——损耗系数,一般取 $k = 1.10 \sim 1.25$;

　　　$\bar{\rho}_d$——浸润范围内土的天然干密度的加权平均值,kN/m³;

　　　ω_{op}——土的最优含水量(%);

　　　ω——浸润范围内土的天然含水量的加权平均值(%);

　　　V——浸润范围内土的总体积,m³。

(二)成孔挤密

1. 方法与要求

成孔挤密的施工方法有沉管法、爆扩法和冲击法等,沉管法是目前国内最常用的一种。施工方法应根据土质情况、桩孔深度、机械装备和当地施工经验等条件来选择。上述成孔方法都是将桩孔内的土挤向周围,使桩间土得到挤密。采用挖、钻等非挤土法成孔的灰土桩等,由于对桩间土无挤密效果,因而已不属挤密地基的范畴。成孔施工顺序宜间隔进行,对大型工程则可分段施工。以往习惯采用由外向内的施工顺序,但有时会出现内排桩施工十分困难的情况。单个桩孔挤密的范围有限,一般不会影响到较远的外围土层。在比较松软的场地,施工后期有时会出现地面下沉的情况。其主要原因是多次沉桩振动作用引起的,与施工顺序几乎无关。同时由于反复振动引起地面下沉的范围,一般仅局限在施工场地以内及其边缘处,对挤密地基的质量和环境均无影响。

成孔后应及时检查桩孔的质量。桩孔质量应符合下列要求:桩孔中心点的偏差不应超过设计桩距的5%,桩孔垂直度偏差不应大于1.5%。对于沉管法,桩孔直径和深度应与设计值相同;对于冲击法或爆扩法,桩孔直径的误差不得超过设计值±70 mm,桩孔深度不应小于设计值0.5 m。已成的桩孔应防止土块、杂物落入,并应防止孔内灌水。所有桩孔均应尽快回填夯实。

2. 沉管法成孔

沉管法成孔是利用柴油或振动沉桩机,将带有通气桩尖的钢制桩管沉入土中至设计深度,然后缓慢拔出桩管,即形成桩孔。桩管由无缝钢管制成,壁厚10 mm以上,外径与桩孔直径相同,桩尖可做成活瓣式或活动锥尖式,以便拔管时通气。沉桩机的导向架安装在履带式起重机上,由起重机带动行走、起吊和定位沉桩。沉管法成孔挤密效果好,孔壁光滑规整,施工技术和质量都易于掌握和控制,是我国目前应用最广的一种成孔方法。沉管法成孔的深度由于受到桩架高度或桩锤能力的限制,一般不超过7~9 m。近年部分改进后的成孔设备,使成孔深度达14~17 m,适于处理厚度较大的湿陷性黄土地基。沉管法施工的工艺程序为:桩管就位—沉管挤土—拔管成孔—桩孔夯填。每个机组一台班可成孔约30个。沉桩机的技术性能(如锤重、激振力等)应与桩管直径、长度、重量及土质条件相适应,锤重不宜小于桩管重量的2倍,桩孔越深,所需用的柴油锤重越大。

沉管法成孔施工时,应注意下列几点:①桩机就位要求准确平稳,桩管与桩孔应相互对中,在施工过程中桩架不应发生位移或倾斜。②桩管上需设置醒目牢固的尺度标志(每0.5 m一点),沉管过程中应注意观察桩管的垂直度和贯入速度,发现反常现象时应即刻分析原因并进行处理。③桩管沉入设计深度后应及时拔出,不宜在土中搁置时间过长,以免摩阻力增大后拔管困难。拔管确实困难时,可采取管周浸水或设法转动桩管的方法减小土中阻力。④拔管成孔后,应由专人检查桩孔的质量,观测孔径、深度是否符合要求。如发现缩颈、回淤等情况,应作出记录并及时处治。

沉管法成孔施工中出现反常现象的原因及其处理办法:①桩锤回弹过高及桩管贯入度过小。产生的原因可能是土的含水量偏低、遇到坚实土层或碰到砖渣堆积层等。应先摸清地下情况,分别采取适量浸水、开挖排除或改用较大桩锤强制穿越等方法处治。当坚硬层面积较大且较厚时,应与建设和设计部门共同研究处理方案。②桩锤回弹不起及桩管贯入度过大。产生的原因可能是土质松软或遇到地下墓穴等。当局部土的含水量偏大时,可采用小直径生石灰桩以吸收土中水分,待土中超孔隙水压力消散后再拔管。当遇到塞穴孔空洞时,可设法灌入干散砂土,然后反复沉管成孔。当发现松软土层面积较大,桩锤不能重复爆扩工作时,说明所用桩锤不适用于该场地,宜改用小桩锤或加大桩管直径。桩管直径改变前应通过设计部门修改桩孔间距,以保证桩间土的挤密效果和施工顺利进行。③桩孔缩径轻微时,可用长把洛阳削扩桩孔至设计直径;当缩颈、回淤情况严重甚至无法成孔时,在局部地段可采用桩管内灌入砂砾或混凝土的方法成桩。若大面积均难以成孔,则说明该场地不宜于采用挤密桩法,可改变地基处理方案。

利用柴油沉桩机成孔时,其施工振动和噪声对环境的影响,已引起各方关注。但根据西安和甘肃庆阳等地对 18 kN 柴油桩锤施工振动的测试结果,在距桩中心 5 m 处的水平振动加速度为 $0.06g \sim 0.07g$,水平振动最大速度为 0.974 cm/s;在 10 m 以外,振动的影响已很小。因此,在 5 m 范围内,柴油锤施工振动可能有轻微的影响,但不会危及一般建筑物的安全,仅对一些破旧民房可能产生落皮或轻微开裂的现象。在 10 m 距离以外,对所有建筑物几乎已不存在振动的影响。相比之下,柴油锤的施工噪声在人口稠密区影响较大,在闹市区使用柴油沉桩机施工已开始受到限制。

3. 爆扩成孔

爆扩法是利用炸药在土中的爆孔原理,将一定量的炸药埋入土中引爆后挤压成孔,无须打桩机械,工艺简便,特别适用于缺乏施工机械的地区和新建的工程场地。爆扩法曾广泛应用于苏联等国,我国也曾多次试验研究和应用,并在爆扩工艺方面有所发展。爆扩法成孔的施工工艺,国内常用的有药眼法和药管法。

(1)药眼法:将 $\phi(18 \sim 35)$ 的钢钎打入土中预定深度,拔出钢钎后即在土中形成孔眼(药眼),然后向药眼内直接装入密度均匀的安全炸药和 1～2 个电雷管,引爆后即扩大成具有一定直径的桩孔,最后将桩孔用素土或灰土回填夯实。药眼法在土中孔眼直接装填炸药,工艺简便,但当土的含水量超过 22% 左右时则不适用。

(2)药管法:先用洛阳铲或带钢锥头的冲杆在土中形成 $\phi(60 \sim 80)$ 的药管孔,然后在孔内放入预制 $\phi(18 \sim 35)$ 的炸药管和 1～2 个电雷管,引爆后即扩成桩孔。药管法的炸药装在封闭防潮的预制药管内,不与土层直接接触,因而适用于含水量较大的场地。

根据土中爆孔原理,爆扩孔的体积与炸药的用量成正比。当所用炸药的型号和装药密度一定时,则爆扩桩孔的直径与药眼(或药管)的直径亦成正比,其关系表达式为

$$d = K_b d_0 \tag{7-8}$$

式中　d——爆扩桩孔的直径;

K_b——爆扩系数,与土质有关,可通过试验确定,黄土类土 $K_b = 1.5 \sim 1.8$;

d_0——药眼(或药管)的直径。

爆扩法成孔施工前,必须按照设计要求在现场进行爆扩成孔和挤密效果试验,求得适用的爆扩系数及合理的桩孔间距,同时摸清本场地爆扩成孔可能出现的问题和应采取的措施。爆扩施工应由正式的爆破工和经过专门培训的专职人员操作。炸药和雷管的运输、保管及爆破施工应严格执行有关的安全操作规程,引爆时所有人员均应撤至安全地带。

4. 冲击法成孔

冲击法成孔是利用冲击钻机将重 6 ~ 32 kN 的锥形冲击锤提升 0.5 ~ 2.0 m 高度后自由落下,反复冲击后在土中形成直径 40 ~ 60 cm 的桩孔。冲击法成孔的施工程序为:冲锤就位—冲击成孔—冲夯填孔。冲击法成孔的冲孔深度不受机架高度的限制,成孔深度可达 20 m 以上,同时成孔与填孔采用的机械相同,夯填质量高,特别适用于处理厚度较大的自重湿陷性黄土地基。选用机型及锤重应与场地土质条件和桩孔直径相适应。冲击锤头以带有 30°尖角和一定长度圆锥尖端的抛物线旋转体较为适用,冲孔效率较高。

冲击成孔施工应注意下列几点:

(1)为防止孔口被冲塌并保证冲击锤能垂直准确冲进,冲击钻机上应装有钢管导向器。导向器由壁厚 10 mm 以上的无缝钢管制成,内径应略大于锤头直径,高度宜接近 2 倍的冲锤长度。

(2)冲击钻机就位,应准确平稳,冲锤与桩孔相互对中。开始冲孔时应低锤勤击,待锤头全部入土后再用正常的冲程锤击成孔。一般不宜多用高冲程,以免引起塌孔和卡锤等事故。

(3)操作人员必须及时准确地控制松绳长度,既要勤松少松,又要免打空锤。

(4)经常检查钢丝绳的磨损情况、卡扣的紧固程度和转向装置灵活与否,防止突然掉锤。

(5)钢丝绳上应有长度标志,以及时观测冲孔的深度。

(三)桩孔填夯

1. 填料选配

桩孔填料的选用及配备与同类垫层的标准相同,应符合下列要求:

(1)素土,土料宜选用纯净的黄土、一般黏土或 $I_P > 4$ 的粉土,其有机质含量不得超过 5% ,也不得含有杂土、砖瓦块、石块、膨胀土、盐渍土和冻土块等。土块的粒径不宜大于 15 mm。

(2)石灰应选用新鲜的消石灰,颗粒直径不得大于 5 mm。石灰的质量不应低于Ⅲ级标准,活性 CaO + MgO 的含量(按干重计)不少于 50% 。

(3)灰土的配合比应符合设计要求。常用的配合比为体积比 2∶8 或 3∶7。配制灰土时应充分拌和至颜色均匀一致,多数情况下尚应边拌边加水至含水量接近其最优值,粒径不应大于 15 mm。

素土或灰土填料前均应通过击实试验得出最大干密度 ρ_{dmax} 和最优含水量 ω_{op} 等参数。填夯时素土或灰土的含水量宜接近其最优值;夯实后的干密度 ρ_d 应达到其最大干密度与设计要求压实系数 λ_c 的乘积,即 $\rho_d = \lambda_c \rho_{dmax}$。灰土的最优水量一般为 21% ~ 26% ,素土的最优含水量多数在 20% 以下,两者相差较大。现场一般无法用 21% ~ 26% 的土料拌制灰土,因为这时土将发黏、结块,难以拌和。通常所用土料的含水量不超过 20%,因而只有在拌和灰土的过程中适量加水,才能使灰土接近最优含水量。土料在掺入石灰后,因离子交换作用而使大部分黏粒团黏化,所以灰土在含水量增大时不致发黏、结块,并易于拌和。

2. 填料夯实

(1)夯实机械。桩孔填料的夯实机目前尚无定型产品,多由施工单位自行设计加工而成,常用的夯实机有两种类型:偏心轮夹杆式夯实机,通常是安装在翻斗车或小型拖拉机上行走定位,夯锤重一般为 1.0 kN 左右,较少超过 1.5 kN,落距 0.6 ~ 1.0 m,一分钟锤夯击 40 ~ 50 次。其优点是构造简单,便于操作;缺点是仅依靠偏心轮摩擦力提升夯锤,因而锤重受到限制并普遍偏小。施工时必须严格控制一次填料的数量,否则夯实质量难以保证。卷扬机提升式夯实机有自行设计机架的,也有安装在翻斗车架上行走定位的。锤重 1.5 ~ 3.0 kN,卷扬机的提升力不宜小于锤重的 1.5 倍。夯锤落距 1 ~ 2 m。其优点是夯击能量较高,夯实效果好,一次填料较多;缺点是需人工操纵卷扬机,劳动强度较大。

夯锤直径宜小于桩孔直径 9 ~ 12 cm,锤重愈大愈好,锤底截面静压力以不小于 30 kPa 为宜。夯锤重心应位于下部,以便自由下落时平稳。夯锤形状最好呈梨形或纺锤形,弧形的锤底在夯击时有侧向挤压作用。现有的夯实机均由人工配合填料,填进过快时会影响夯实质量。因此,施工前应进行夯填试验,确定合理的填进速度并在施工中严格控制。为保证填夯质量,有必要研制填料与夯实联合作业的夯实机。

(2)填夯施工。填夯施工前应进行填夯工艺试验,确定合理的分次填料量和夯击次数。填夯施工应按下列要求进行:夯实机就位后应准确稳定,夯锤与桩孔要相互对中,夯锤应能自由下落到孔底。填夯前应注意清除孔内的杂物或积水,开始填料前先将坑底夯实至发出清脆回声,然后开始分层填料夯实,人工填料应按规定的数量和速度均匀填进。桩孔填夯高度宜超出设计桩顶标高 20 ~ 30 cm,所余顶部以上桩孔可用其他土料回填并轻夯至地面。为保证填夯质量,应认真控制并记录每一桩孔的填料数量和夯实时间,按规定抽查一定数量桩孔的夯实质量。

(四)施工质量

施工质量检查的内容包括桩位、桩孔、挤密效果和填夯质量等项,其中又以填夯质量的检查为重点。质量检查应根据需要在施工过程中或施工结束后分次进行,检查结果应作记录以备工程验收或进行研究和必要的处理。对重要或大型工程项目,以及缺乏经验或施工质量问题较多的场地,尚应通过现场载荷试验等测试方法,综合检验处理地基的技术效果是否达到设计要求。

(1)桩位检查。根据设计图的基础轴线、高程和桩孔布置,检查桩孔的位置、间距及桩顶标高等是否与设计相符;同时检查有无漏桩、漏料等情况并作记录。

(2)桩孔检查。成孔施工结束后,应及时检查桩孔的直径、垂直度和深度是否在规定的容许偏差以内;检查桩孔有无缩颈、回淤、塌土及渗水等情况,如发现问题应作记录并应将处理结果写入记录中。

(3)挤密效果检查。桩间土的挤密效果主要取决于桩孔的间距,因此挤密效果检查宜在施工前或施工中发现土质有明显变化时进行。检查应在由三个桩构成的挤密单元内,依天然土层或按每 1.0~1.5 m 分为一层,测试干密度并计算其压实系数。对桩间土的挤密效果检验,也可通过室内土工试验测试土的湿陷系数及压缩系数等指标,并据此判定桩间土的挤密效果。桩间土的挤密效果检查后,当达不到设计要求或工程需要的挤密效果时,应分析其原因。当因桩距偏大而挤密效果不足时,应由设计部门及时调整桩孔的间距。

(4)填夯质量检查。桩孔填夯的质量是保证地基处理技术效果的重要因素,因此是施工质量检查的重点。检查应采取随机抽样,抽查的数量不得少于桩孔总数的 2%。常用的桩孔填夯质量的检测方法有以下几种:

①轻便触探检测法。施工前先进行填夯试验,求得轻便触探锤击数 N_{10} 与桩孔填料压实系数 λ_c 之间的关系曲线,并按设计要求的 λ_c 值定出轻便触探试验应达到的"检定锤击数"。施工检测时以实测锤击数不少于"检定锤击数"为合格。鉴于灰土的强度随时间而增长,触探法检测试验应在填夯后 24 h 内进行。触探法检测的有效深度一般为 3~4 m,过深时探头容易偏离桩体。

②小环刀深层取样检测法。先用洛阳铲在桩体中心部位掏孔至预定深度,然后用带有长柄的专用小环刀在孔底取出原状土样,测定其干密度和压实系数。测试点从桩顶起隔 1.0~1.5 m 取一个,掏孔与取样按预定深度依次向下。小环刀深层取样法使用简便,检测结果直观。但应注意在取样时尽量减小对土样的扰动,有效检测深度一般为 5~6 m。

③开剖取样检测法。挖探井开剖桩体,按 1.0~1.5 m 为一层取样试验,每层取样不宜少于 2 个。除测试干密度和压实系数外,也可取样进行强度和湿陷性等试验。开剖取样直观可靠,但需开挖并回填探井,只能在有条件或确有必要的工程中采用。

④夯击能量控制检测法。根据试验研究结果,填料的压实系数 λ_c 与施加给单位体积填料的夯击能量 N_{hg} 之间具有对数关系,其表达式为 $\lambda_c = a + b \lg N_{hg}$,式中 a、b 为通过试验确定的常数,其中 a 是单位桩体受到夯击能量为 $N_{hg} = 1.0$ 时填料的压实系数值。夯击能量主要取决于填料的数量和厚度,亦即取决于夯锤的实际落距(填料越厚,落距越小)和对该层填料的夯击次数。因此,只要能设法测得夯锤的实际落距和夯次,即可算出该层桩体填料的单位夯击能量 N_{hg},同时也就能推算出它的压实系数 λ_c。目前,已有单位试制了样机,与夯实机配套,及时计算并打印出各层填料的 λ_c,一旦出现不合格点,即发出警告信号。这种方法将土样干密度检验改为单位土样的机械夯击能量测定,免去深层取样的困难,同时又可及时发现问题进行处理。

填夯质量检查一般都要进行深层取样或在深层桩身内进行原位测试,检测难度较大,上述几种方法都有一定的局限和不足。因此,还需继续探索更为简便易行又可靠的填夯质量检测方法。

第五节　效果检验

一、石灰桩效果检验

石灰桩施工质量的好坏直接关系到工程的成败,因此做好施工质量控制和效果检验工作尤为重要。

（一）施工质量控制

施工质量控制的主要内容包括桩点位置、灌料质量、桩身密实度检验等，其中以灌料质量和桩身密实度检验为重点。

（1）桩点位置。检查施工基础轴线，场地标高及桩位是否与施工图相符。

（2）灌料质量。把好材料关，不应使用不符合质量要求的施工材料，配合比要准确，石灰块大小及每米桩长灌入量应符合设计要求。

（3）桩身密实度检验。

①轻便触探检验。

根据各地施工方法的差异情况，建立轻便触探锤击数 N_{10} 和填料压实系数 D_y 之间的关系。按设计要求的 D_y 值定出轻便触探检验的"检定锤击数"。杭州地区经验值 $N_{10} > 35$ 击/30 cm，湖北地区 $N_{10} > 30$ 击/30 cm，南京地区 $N_{10} > 35$ 击/30 cm。

②取样检验。

开挖基坑时，从桩体取出试样，经室内加工成立方体试块后进行无侧限抗压强度试验。试块尺寸一般为 15 cm × 15 cm × 15 cm，每项工程取样数量不宜少于 6 个。当发现施工质量有问题时应采取补救措施，或通过现场载荷试验或其他手段进行综合评定。

（二）效果检验

通过加固前后土的物理力学性质变化来判断其加固效果。

1. 室内试验

室内试验的项目主要有抗剪强度指标、含水量等的测定。通过加固前后这些指标变化的分析，确定加固后桩间土的承载力。桩身材料强度由无侧限抗压试验确定。

2. 现场试验

主要试验项目包括十字板剪切试验、轻便触探试验、静力触探试验、载荷试验等。具体采用某项或某几项试验，应视工程具体情况而定。对于重要工程和尚无石灰桩加固经验的地区，宜采用多种试验方法，综合判定加固效果。对于一般工程和具有石灰桩应用经验的地区，可主要采用取芯试验或轻便触探试验。

二、灰土桩效果检验

（一）挤密和消除湿陷性效果检验

1. 挤密效果检验

土桩与灰土桩的共同特征是对桩间土具有挤密作用，通过挤密达到消除地基土湿陷性和提高强度的目的。挤密效果检验主要是通过现场试验性成孔，对不同桩间距的挤密土分层开剖取样，测试其干密度和压实系数，并以桩间土的平均压实系数 $\bar{\lambda}_c$ 作为评定挤密效果的指标。湿陷性黄土地区，以 $\bar{\lambda} \geqslant 0.93$ 为标准，按此要求可达到消除湿陷性的目的。

2. 消除湿陷性效果检验

检验湿陷性消除的效果，可利用探井分层开剖取样，然后送实验室测定桩间土和桩孔夯实素土或灰土的湿陷系数 δ_s 值（也可一并测试其他物理力学性质指标），如 $\delta_s < 0.015$，

则可认为土的湿陷性已经消除；如 $\delta_s \geqslant 0.015$，则可与天然地基土的湿陷系数进行对比，从中了解湿陷性消除的程度。其次也可通过现场浸水载荷试验，观测在一定压力下浸水后处理地基的相对湿陷量 S_w/b（b 为压板直径或宽度），综合检验湿陷性消除的效果，如 $S_w/b < 0.015$，可判定处理地基的湿陷性已经消除。

（二）地基加固效果的综合检验

综合检验是通过现场载荷试验、浸水载荷试验或其他原位测试方法对地基的加固效果进行检测和评价，它主要用于重要或大型工程，缺乏经验的地区和当一般检测结果仍难以确定地基的加固效果时。

1.现场载荷试验

现场载荷试验与地基实际受力情况基本相同，它所得出的压力 p 与沉降 s 关系直观可靠，由 $p \sim s$ 曲线确定的承载力标准值和变形模量值等参数，其他原位测试方法如触探试验及旁压试验等均以载荷试验结果为基本参照依据。因此，土桩或灰土桩挤密复合地基加固效果的综合检验或研究，目前仍以载荷试验为主要方法。复合地基的载荷试验应符合《建筑地基处理技术规范》（JGJ 79—2002）的有关规定。载荷承压板的面积应与桩及其承担的处理面积相同，单桩或多桩均可。当按相对变形 s/b 确定复合地基的承载力基本值时，土桩挤密复合地基可取 $s/b = 0.010 \sim 0.015$ 所对应的荷载；灰土桩挤密复合地基，可取 $s/b = 0.008$ 所对应的荷载。上述规定是根据大量载荷试验和工程实践经验提出的。对大量载荷试验 $p \sim s/b$ 关系曲线进行分析，结果表明，挤密复合地基比例界限点的相对沉降为：土桩挤密地基的 $s/b = 0.007\,6 \sim 0.013\,8$；灰土桩挤密地基 $s/b = 0.005\,6 \sim 0.008\,6$，规范提出的标准接近其平均值，经工程中应用证明较合理安全。复合地基由桩体与桩间挤密土组合而成，因而其承载力取决于桩体和桩间土的承载能力，同时也与复合地基置换率 m 密切相关。桩间挤密土的承载力既取决于挤密达到的压实系数，同时也与原地基土的类别、性质和承载力有很大关系。在挤密地基中，桩间土的面积占77% ~ 90%，因而挤密复合地基的承载力与原地基土的承载力之间具有显著的相关关系。

土桩或灰土桩挤密地基载荷试验的 $p \sim s/b$ 或 $p \sim s$ 曲线具有以下特征：

①直线段较短或没有明显的直线段；

②没有明显的极限破坏征兆，有的试验也可能尚未达到极限破坏阶段，曲线形态较为平缓光滑。因此，在确定地基的承载力时，大多看不出明显的拐点，一般取某一相对沉降量所对应的荷载作为复合地基承载力的基本值，并以同一场地各点平行试验的平均值作为复合地基承载力标准值 f_{spk}。

同一场地上挤密地基与天然地基的载荷试验对比结果表明，土桩挤密地基比天然地基的承载力标准值提高51% ~71%；灰土桩挤密地基提高54% ~150%。因此，有关规范规定，当缺乏试验条件时，土桩挤密地基的承载力标准值可按1.4倍天然地基承载力标准值确定；灰土桩挤密地基可按2倍天然的地基承载力标准值确定。对一般湿陷性黄土地基而言，这一规定是安全合理的。

试验结果表明，挤密地基的变形模量比天然地基增大2~4倍，浸水后两者差距更为突出。土桩挤密地基的变形模量一般为9~18 MPa，与压实土垫层地基接近；灰土桩挤密地基的变形模量高达21~36 MPa，且浸水后无明显下降。因此采用灰土桩法处理的地基,沉降量大幅度减少,并能消除湿陷量。大多数建筑物的实测沉降量不超过 50 mm,最小者还不到 20 mm。

2.浸水载荷试验和大试坑浸水试验

为综合判定处理地基消除外荷湿陷性和自重湿陷性的效果,可进行现场浸水载荷试验和大试坑浸水试验,两者可结合进行。浸水载荷试验可以先加荷到一定压力(通常为基底设计压力)下浸水,观测浸水后的附加下沉量,需要或可能时再继续增加荷载;也可在浸水条件下逐级加荷,观测饱和状态下各级荷载压力下的沉降量。小试坑浸水只能观测外荷作用下的沉降量和附加沉降量,试坑尺寸与一般载荷试验相同,试坑边长不小于 $3b$,坑底应打深层渗水孔至处理深度以下。附加下沉量 $s_w < 0.015b$ 时,可判定地基的外荷湿陷量已经消除;当在浸水条件下进行分级加荷试验时,应取 $p \sim s_s$ (s_s 为浸水下沉量)曲线转折点或 $s_s = 0.015b$ 所对应的荷载作为地基的湿陷起始压力 p_s,当 p_s 大于或等于基底压力 p 时,也可判定处理地基已经消除了外荷湿陷。

在自重湿陷性黄土场地,当处理地层下仍有自重湿陷性土层存在时,可通过大试坑浸水试验,观测处理后地基的自重湿陷量。试坑直径或边长不应小于湿陷性黄土层的厚度,并不应小于 10 m,试坑深度约为 50 cm。当实测自重湿陷量小于或等于 7 cm 时,可判定场地的自重湿陷性在处理地基后已经消除。处理后的黄土地基以下仍存在自重湿陷性土层的情况,则该层土的自重湿陷量仍然会发生,且可能稍有增大,因为处理地基土的自重压力较前约增大了 20%,并通过山西、甘肃等地的大试坑浸水试验结果所证实,但处理土层的湿陷量绝大多数已经消失。

3.其他原位测试法

载荷试验切实可靠,但一般工程往往因条件所限而无法进行。利用其他原位测试方法如静力触探试验(CPT)、标准贯入试验(SPT)、动力触探试验(DPT)和旁压试验等对土桩、灰土桩挤密地基的加固效果进行综合检验是一种发展趋势。但对比的试验资料较少,加之灰土具有一定的胶凝强度,致使原位测试受到一定的局限。

(1)旁压试验的曲线形态与载荷试验曲线有很好的相似性,且代表着相同的物理意义,曲线各阶段所反映的土的变形形态及其转折点所表示的力学概念基本一致,均具有相当的稳定性和准确性。通过大量天然地基及部分挤密地基载荷试验与旁压试验的对比结果证明,旁压试验的屈服压力 p_f 与载荷试验的临塑荷载压力 p_a 之间具有良好的线性关系,两种试验方法确定的地基承载力基本值十分接近。旁压试验在确定地基承载力基本值时可按其屈服压力 p_f 减去初始压力 p_0 取值,即 $f_k = p_f - p_0$。通过对比试验还可利用旁压试验的旁压系数 m 或旁压模量 E_m 确定挤密地基的变形模量 E_0 或压缩模量 E_s。

(2)标准贯入试验及触探试验。利用标准贯入试验、重型动力触探试验或静力触探试验的参数 X(如 N、$N_{63.5}$ 及 p_s)与载荷试验或旁压试验确定的承载力基本值和变形模量 E_0 之间的相关关系建立相应的关系式,即可通过上述试验参数求得挤密地基的承载力基本值和变形模量。其一般关系式为

$$f_k = aX + b, \quad E_0 = cX + d \tag{7-9}$$

式中　a、b、c、d——通过对比试验回归分析而得的系数;

　　　　X——原位试验求得的参数,如 N、$N_{63.5}$ 或 p_s 等。

已知桩间土及灰土桩体的承载力基本值 f_{sk}、f_{pk}，即可按式(7-3)计算灰土桩挤密复合地基的承载力。但原位测试法具有较强的区域性，在应用时必须结合地区特点、土质条件等情况，通过积累对比试验资料，建立适合当地的经验公式和适用范围。

第六节　工程实例

一、石灰桩工程实例

(一)工程概况

某厂女单身宿舍为一幢六层砖混结构建筑物，长 54 m，宽 11.1 m，三单元组合，建筑面积 3 248 m^2，采用石灰桩复合地基。

(二)地基条件

场地位于汉江岸一级阶地，地势平坦。主要出露地层为第四系全新统(Q_4)冲洪积物，地下水位埋深 5.6 m。地基物理力学性质指标如表 7-3 所示。

表 7-3　地基物理力学性质指标

层号	厚度 （m）	土名	贯入阻力 p_s （kPa）	承载力 （kPa）	压缩模量 （MPa）	密度 （g/cm³）	说明
1	1.4	粉砂	1.7	96	4.6	1.78	疏松,稍湿
2	6.5~8	粉土	0.54	83	3.0	1.84	软—流塑
3	1.2~5.7	中细砂	4.4	162	10.4	1.95	中密
4	>2	砂卵石	13	>300	20.0	2.00	中密

(三)石灰桩设计

建筑物采用钢筋混凝土条形基础，要求石灰桩复合地基承载力 140 kPa。

设计桩径 ϕ300，桩中心行距 $S_1 = 750$ mm，$S_2 = 750$ mm，在条形基础下布桩，不设围护桩。

桩长自基底算起 4.0 m，悬浮于承载力 83 kPa 的 2 层粉土中，下卧层承载力满足要求。

复合地基承载力验算如下：

膨胀后桩径 $d_1' = 1.1d = 1.1 \times 300 = 330$（mm），加上桩周边 2 cm 厚硬壳层，$d_1 = 370$ mm。

置换率　　　　　$m' = \dfrac{0.785d_1^2}{S_1 S_2} = \dfrac{0.785 \times 370^2}{750 \times 750} = 0.191$

天然地基承载力　　　　　$f_{sk} = 83$ kPa

加固后桩间土承载力　　　$f_{sk}' = \left[\dfrac{d_1^2(K-1)}{S_1 S_2 - 0.785d_1^2} + 1 \right] f_{sk}$

式中　K——桩边土加强系数，取 1.6。

$$f'_{sk} = 98 \text{ kPa}$$

复合地基承载力　　　　　$f_{spk} = f'_{sk}[1 + m'(n-1)]$

桩土应力比 n 取 3.5，$f_{spk} = 144.8$ kPa，满足要求。

施工后经实测桩体静力触探 p_s 平均值为 3.7 MPa，桩间静力触探 p_s 值为 0.71 MPa，按经验公式：

$$n = \frac{p_{sp}}{p'_{ss}} \times 0.7$$

式中　p_{sp}——桩体静力触探 p_s 值；

　　　p'_{ss}——桩间土静力触探 p_s 值。

$$n = \frac{3.7}{0.71} \times 0.7 = 3.65$$

与原设计采用的 n 值相符。

（四）石灰桩施工

共 864 根桩，采用人工洛阳铲成孔，人工灌料分层夯实。桩体配合比（体积比）生石灰：粉煤灰 = 1∶1（下部 1 m），1∶2（上部）。

因孔内大部分无水，施工难度小，进度很快。15 人的班组平均每天成桩 65 根。石灰桩施工自 1989 年 10 月 11 日开工，1989 年 10 月 26 日竣工，共用 14 d 时间。

（五）效果检验

施工完毕后利用静力检验桩体强度，共触探桩体 16 根，比贯入阻力平均值 $p_{sp} = 3.7$ MPa，质量良好，满足设计采用的 $p_{sp} = 3.5$ MPa。上部工程施工及建筑使用中，进行了系统的沉降观测。建筑物使用 1 年后平均沉降 41 mm，最大差异沉降 10 mm，效果良好。该工程石灰桩总长 3 464 m，每延米造价 10 元工程合同价 34 640 元。仍取得了 25% 的利润。

二、灰土桩工程实例

陕西省农贸中心大楼地基灰土桩挤密法处理。

（一）工程概况

陕西省金龙大酒店是一幢包括客房、办公、商贸和服务的综合性建筑，主楼地面以上 17 层，局部 19 层，高 59.7 m；地下一层，平面尺寸 32.45 m × 22.9 m，剪力墙结构，地下室顶板以上总重 185 MN，基底压力 303 kPa。主楼三面有 2～3 层的裙房，结构为大空间框架结构，柱距 4.80 m 和 3.75 m，裙房与主楼用沉降缝分开。主楼基础采用箱形基础，地基采用灰土桩挤密法处理，成功地解决了地基湿陷和承载力不足的问题，建筑物沉降量显著减小且基本均匀，获得了良好的技术经济效益。

（二）工程地质条件

建筑场地位于西安市北关外首塬上，地下水深约 16 m。地层构造自上而下分别为黄土状粉质黏土或粉土与古土壤层相间，黄土以下为粉质黏土、粉砂和中砂，勘察孔深至 57 m。场地内湿陷性黄土层深 10.6～12.0 m，7 m 以上土的湿陷性较强，湿陷系数 $\delta_s = 0.040～0.124$；7 m 以下土的湿陷系数 $\delta_s \leq 0.020$，湿陷性已比较弱。分析判定，该场地属于Ⅱ～Ⅲ级自重湿陷性黄土场地。

（三）设计与施工

1. 地基与基础的方案设计

从工程地质条件看,建筑场地具有较强的自重湿陷性,且在 27 m(黄土 2～3 层)以上地基土的承载力偏低,压缩性较高。同时,在 27 m 以下也没有理想的坚硬桩尖持力层。在研究地基基础方案时,曾拟采用两层箱形基础加深基础埋深和扩大箱形基础面积的办法,但这种方法使裙房与高层接合部的沉降差异及基础高低的衔接处理更加困难,且在建筑功能上也无必要;另一种设想的方案是采用桩基,由于没有坚硬持力层,单桩承载力仅为 750～800 kN,承载效率低,费用较高,且上部土为自重湿陷性黄土,负摩阻力的问题也较棘手。经分析比较后,设计采用了单层箱形基础和灰土桩挤密法处理地基的方案,具体做法是:

(1)将地下室层高从 4.0 m 增大为 5.4 m,按箱基设计。

(2)箱基下地基采用灰土桩挤密法处理,它既可消除地基土的全部湿陷性,又可提高地基的承载力,处理深度可满足需要。

(3)灰土桩顶面设 1.1 m 厚的 3:7 的灰土垫层,整片的灰土垫层可使灰土桩地基受力更加均匀,且可使箱形基础面积适当扩大。

(4)对裙楼独立柱基也同样采用灰土桩挤密法处理,以减小地基的沉降;在施工程序上,采取先高层主楼后低层裙房的做法,尽量减小高低层间的沉降差。

2. 灰土桩的设计与施工

灰土桩直径按施工条件定为 $d = 0.46$ m。为了确定合理的桩孔间距,在现场进行挤密试验,桩距 S 为 1.10,桩间土的压实系数 λ_s 小于 0.93,达不到全部消除湿陷性的要求。后确定将桩距改为近 $2.2d$,即 $S = 1.0$ m。通过计算,当 $S = 2.2d$ 时,桩间土的平均干密度可达 16 kN/m³,压实系数 $\lambda_c \geq 0.93$,桩长根据古土壤以上的黄土层需要处理,设计桩长 7.5 m,桩尖标高为 -13.7 m。包括 1.1 m 厚的灰土垫层,处理层的总厚度是 8.6 m,相当于 0.36。通过验算,传至灰土桩挤密地基面上的压力为 243 kPa,低于原地基承载力标准值的 2 倍,同时也不超过 250 kPa,符合有关规程的规定。

施工采用沉管法成孔。施工及建设单位对成孔及填夯施工进行了严格的检验,每一桩孔装填的灰土数量和夯击次数均进行检查和记录,施工质量比较可靠。

（四）效果检验与分析

勘察单位估算建筑物的沉降时,分别按分层总和法和固结应力历史法计算主楼的沉降量为 248.4～269.6 mm。后又根据地基处理后的情况,按适用于大型基础的变形模量法计算的沉降量仅为 66.5 mm。到施工主体完成并砌完外墙时观测,实测沉降量为 20～40 mm,预估建筑全部建成后最大的沉降量将达到 64.5 mm,与按变形模量法的计算结果基本一致。

建筑物变形观测结果,主楼的倾斜为:南北方向为 0.003 1;东西方向几乎近于零,西南与东北两对角的倾斜值最大,也仅为 0.006 3,均小于规范允许倾斜值 0.003。建筑物建成使用已超过 5 年,结构完好无损,使用正常。表明在大厚度强湿陷黄土地基上的高层建筑,采用灰土桩挤密法处理地基可以获得满意的技术经济效益,使地基基础工程大为简化,加快建设速度。

思考题与习题

7-1　石灰桩的适用范围有哪些? 可应用于何类工程?

7-2　石灰桩的物理加固作用有哪些?

7-3　如何设计石灰桩复合地基?

7-4　如何计算设计石灰桩复合地基的沉降?

7-5　石灰桩有哪些施工方法?

7-6　石灰桩处理地基后,如何进行质量检测?

7-7　灰土挤密桩复合地基,桩径 400 mm,等边三角形布桩,中心距为 1.0 m,桩间土在地基处理前的平均干密度为 1.38 t/m³。根据《建筑地基处理技术规范》(JGJ 79—2002),在正常施工条件下,挤密深度内桩间土的平均干密度预计可达到多少?

第八章 水泥土搅拌法

第一节 概 述

一、发展历史

水泥土浆搅拌法是美国在第二次世界大战后研制成功的。这种方法是从不断回转的中空轴的端部向周围已被搅拌松的土中喷出水泥浆,经叶片搅拌而形成水泥土桩,桩径0.3~0.4 m,长10~12 m。1953年日本清水建设株式会社从美国引进此法,1967年日本港湾技术研究所土工部开始研制石灰搅拌施工机械。1974年由日本港湾技术研究所等单位又合作开发研制成功水泥搅拌固化法(CMC),用于加固钢铁厂矿石堆场地基,加固深度达32 m。随后日本各大施工企业接连开发研制出加固原理、机械规格和施工效率各异的深层搅拌机械,如DCM法、DMIC法、DCCM法。这些机械常在港口建筑中的防波堤、码头岸壁及高速公路高填方下的深厚层软土地基加固工程中应用。

国内1977年由冶金部建筑研究所总院和交通部水运规划设计院进行了室内试验及机械研制工作,于1978年底制造出国内第一台SJB-1型双搅拌轴、中心管输浆、陆上型的深层搅拌机,1980年初,上海宝山钢铁总厂在三座卷管设备基础软土地基加固工程中正式采用并获得成功。1984年,国内开始生产SJB型成套深度搅拌机械。1980年初,天津市机械施工公司与交通部一航局科研所等单位合作,利用日本进口螺旋钻孔机械进行改装,制成单搅拌轴和叶片输浆型深层搅拌桩,1981年在天津造纸厂蒸煮锅改造扩建工程中首次应用并获得成功。1985年,浙江省建筑设计研究院在衡州市新建八层大楼工程中应用深层搅拌法加固人工杂填土地基,扩大了深层搅拌法的适用土质范围。

粉体喷射搅拌法(Dry Jet Mixing Method,简称DJM法)由瑞典人Kjeld Paus于1967年提出,设想使用石灰搅拌桩加固15 m深度范围内软土地基,并于1971年现场制成一根用生石灰和软土搅拌制成的桩,1974年获得专利。由于粉体喷射搅拌法采用粉体作为固化剂,不再向地基中注入附加水分,反而能充分吸收周围软土中的水分,因此加固后地基的初期强度高,对含水量高的软土加固效果尤为显著。该技术在国外得到了广泛应用。

铁道部第四勘测设计院于1983年初开始进行粉体喷射搅拌法加固软土的试验研究,并于1984年在广东省云浮硫铁矿铁路专用线上单孔4.5 m盖板箱涵软土地基加固工程中使用,后来相继在武昌和连云港用于下水道沟槽挡土墙和铁路涵洞软基加固,均获得了良好效果。它为软土地基加固技术开拓了一种新的方法,可在铁路、公路、市政工程、港口码头、工业与民用建筑等软土地基加固方面推广使用。

二、概念及分类

水泥土搅拌法是用于加固饱和黏土地基的一种方法。它利用水泥(或石灰)等材料作为固化剂,通过特制的搅拌机械,在地基深处就地将软土和固化剂(浆液或粉体)强制搅拌,由固化剂和软土间所产生的一系列物理化学反应,使软土硬结成具有整体性、水稳定性和一定强度的水泥加固土,从而提高地基强度和增大变形模量。

水泥土搅拌法分为深层搅拌法(简称湿法)和粉体喷搅法(简称干法)。

水泥土搅拌法加固软土技术,其独特的优点如下:

(1)水泥土搅拌法由于将固化剂和原地基软土就地搅拌混合,因而最大限度地利用了原土。

(2)搅拌时不会使地基侧向挤出,所以对周围原有建筑物的影响很小。

(3)按照不同地基土的性质及工程设计要求,合理选择固化剂及其配方,设计比较灵活。

(4)施工时无振动、无噪声、无污染,可在市区内和密集建筑群中进行施工。

(5)土体加固后重度基本不变,对软弱下卧层不致产生附加沉降。

(6)与钢筋混凝土桩基相比,节省了大量的钢材,并降低了造价。

(7)根据上部结构的需要,可灵活采用柱状、壁状、格栅状和块状等加固形式。

三、水泥土搅拌法的适用范围

水泥土搅拌法适用于处理正常固结的淤泥与淤泥质土、粉土、饱和黄土、素填土、黏土以及无流动地下水的饱和松散砂土等地基。

当地基土的天然含水量小于30%(黄土含水量小于25%)、大于70%或地下水的pH值小于4时不宜采用干法。冬期施工时,应注意负温对处理效果的影响。湿法的加固深度不宜大于20 m,干法的加固深度不宜大于15 m。水泥土搅拌桩的桩径不应小于500 mm。

水泥加固土的室内试验表明,有些软土的加固效果较好,而有的不够理想。一般认为含有高岭石、多水高岭石、蒙脱石等黏土矿物的软土加固效果较好,而含有伊利石、氯化物和水铝英石等矿物的黏土以及有机质含量高、酸碱度(pH值)较低的黏土的加固效果较差。水泥土搅拌法用于处理泥炭土、有机质土、塑性指数 I_p 大于 25 的黏土、地下水具有腐蚀性时以及无工程经验的地区,必须通过现场试验确定其适用性。

水泥土搅拌法可用于增加软土地基的承载能力、减小沉降量、提高边坡的稳定性。一般适用于以下情况:

(1)作为建筑物或构筑物的地基、厂房内具有地面荷载的地坪、高填方路堤下基层等。

(2)进行大面积地基加固、防止码头岸壁的滑动、深基坑开挖时作支护和减小软土中地下构筑物的沉降。

(3)作为地下防渗以阻止地下渗透水流、对桩侧或板桩背后的软土进行加固。

第二节　加固机制

软土与水泥采用机械搅拌加固的基本原理是基于水泥加固土的物理化学反应过程。它与混凝土的硬化机制有所不同,混凝土的硬化主要是在粗填充料(比表面积不大、活性很弱的介质)中进行水解和水化作用,所以凝结速度较快。而在水泥加固土中,由于水泥掺量很小,水泥的水解和水化反应完全是在具有一定活性的介质——土的围绕下进行的,所以硬化速度缓慢且反应复杂,因此水泥加固土的强度增长过程比混凝土缓慢。

一、水泥的水解水化反应

普通硅酸盐水泥主要由氧化钙、二氧化硅、三氧化二铝、三氧化二铁及三氧化硫等组成,这些不同的氧化物分别组成了不同的水泥矿物:硅酸三钙、硅酸二钙、铝酸三钙、铁铝酸四钙、硫酸钙等。用水泥加固软土时,水泥颗粒表面的矿物很快与软土中的水发生水解和水化反应,生成氢氧化钙、含水硅酸钙、含水铝酸钙及含水铁酸钙等化合物。

反应过程如下:

(1)硅酸三钙($3CaO \cdot SiO_2$):水泥含量最高(约占全量的50%),是决定强度的主要因素。

$$2(3CaO \cdot SiO_2) + 6H_2O \rightarrow 3CaO \cdot 2SiO_2 \cdot 3H_2O + 3Ca(OH)_2$$

(2)硅酸二钙($2CaO \cdot SiO_2$):水泥含量较高,它主要产生后期强度。

$$2(2CaO \cdot SiO_2) + 4H_2O \rightarrow 3CaO \cdot 2SiO_2 \cdot 3H_2O + Ca(OH)_2$$

(3)铝酸三钙($3CaO \cdot Al_2O_3$):占水泥重量的10%,水化速度最快,促进早凝。

$$3CaO \cdot Al_2O_3 + 6H_2O \rightarrow 3CaO \cdot Al_2O_3 \cdot 6H_2O$$

(4)铁铝酸四钙($4CaO \cdot Al_2O_3 \cdot Fe_2O_3$):占水泥重量的10%左右,能促进早期强度。

$$4CaO \cdot Al_2O_3 \cdot Fe_2O_3 + 2Ca(OH)_2 + 10H_2O \rightarrow 3CaO \cdot Al_2O_3 \cdot 6H_2O +$$
$$3CaO \cdot Fe_2O_3 \cdot 6H_2O$$

一系列反应过程中所生成的氢氧化钙、含水硅酸钙能迅速溶于水中,使水泥颗粒表面重新暴露出来,再与水发生反应,这样周围的水溶液就逐渐达到饱和。当溶液达到饱和后,水分子虽继续深入颗粒内部,但新生成物已不能再溶解,只能以细分散状态的胶体析出,悬浮于溶液中,形成胶体。

(5)硫酸钙($CaSO_4$):含量仅占3%左右,但它与铝酸三钙一起与水反应,生成一种被称为"水泥杆菌"的化合物。

$$3CaSO_4 + 3CaO \cdot Al_2O_3 + 32H_2O \rightarrow 3CaO \cdot Al_2O_3 \cdot 3CaSO_4 \cdot 32H_2O$$

根据电子显微镜的观察,水泥杆菌最初以针状结晶的形式在比较短的时间里析出,其生成量随着水泥掺入量的多少和龄期的长短而异。由 X 射线衍射试验结果可知,这种反应过程很快,反应结果是把大量的自由水以结晶水的形式固定下来,这对于高含水量的软黏土的强度增长有特殊意义,使土中自由水的减少重量约为水泥杆菌生成重量的46%。当然,硫酸钙的掺量不能过多,否则这种由 32 个水分子固化形成的水泥杆菌针状结晶会使水泥土发生膨胀而遭到破坏,所以如果使用合适,在深层搅拌这样一种特定的条件下,完全可以利用这种膨胀力对周围地基产生一种均匀的侧向挤压力,提高地基加强效果。

二、土颗粒与水泥水化物的作用

当水泥的各种水化物生成后,有的自身继续硬化,形成水泥石骨架;有的则与其周围具有一定活性的黏土颗粒发生反应。

(一)离子交换和团粒化作用

黏土和水结合时就表现出一种胶体特征,如土中含量最多的二氧化硅遇水后,形成硅酸胶体微粒,其表面带有钠离子(Na^+)或钾离子(K^+),它们能和水泥水化生成的氢氧化钙中钙离子(Ca^{2+})进行当量吸附交换,使较小的土颗粒形成较大的土团粒,从而使土体强度提高。

水泥水化生成的凝胶粒子的比表面积约比原水泥颗粒大 1 000 倍,因而产生很大的表面能,有强烈的吸附活性,能使较大的土团粒进一步结合起来,形成水泥土的团粒结构,并封闭各土团的空隙,形成坚固的联结,从宏观上看也就使水泥土的强度大大提高。

(二)硬凝反应

随着水泥水化反应的深入,溶液中析出大量的钙离子,当其数量超过离子交换的需要量后,在碱性环境中,能使组成黏土矿物的二氧化硅及三氧化二铝的一部分或大部分与钙离子进行化学反应,逐渐生成不溶于水的稳定结晶化合物,增大了水泥土的强度,其反应如下:

$$SiO_2$$
$$CaO \cdot SiO_2 \cdot (n+1)H_2O$$
$$(Al_2O_3) + Ca(OH)_2 + nH_2O \rightarrow (CaO \cdot Al_2O_3 \cdot (n+1)H_2O)$$

从扫描电子显微镜观察中可见,拌入水泥 7 d 时,土颗粒周围充满了水泥凝胶体,并有少量水泥水化物结晶的萌芽。1 个月后,水泥土中生成大量纤维状结晶,并不断延伸充填到颗粒间的孔隙中,形成网状构造。到 5 个月时,纤维状结晶辐射向外伸展,产生分叉,并相互联结形成空间网状结构,水泥的形状和土颗粒的形状已不能分辨出来。

(三)碳酸化作用

水泥水化物中游离的氢氧化钙能吸收水中和空气中的二氧化碳,发生碳酸化反应,生成不溶于水的碳酸钙,这种反应也能使水泥土增加强度,但增长的速度较慢,幅度也较小。其反应如下:

$$Ca(OH)_2 + CO_2 \rightarrow CaCO_3 \downarrow + H_2O$$

从水泥土的加固机制分析,由于搅拌机械的切削搅拌作用,实际上不可避免地会留下一些未被粉碎的大小土团。在拌入水泥后将出现水泥浆包裹土团的现象,而土团间的大孔隙基本上已被水泥颗粒填满。所以,加固后的水泥土中形成一些水泥较多的微区,而在大小土团内部则没有水泥。只有经过较长的时间,土团内的土颗粒在水泥水解产物渗透作用下,才逐渐改变其性质。因此,在水泥土中不可避免地会产生强度较大和水稳性较好的水泥石区和强度较低的土块区。两者在空间相互交替,从而形成一种独特的水泥土结构。可见,搅拌越充分,土块被粉碎得越小,水泥分布到土中越均匀,则水泥土结构强度的离散性越小,其宏观的总体强度也越高。

第三节　设计计算

　　水泥土搅拌桩设计时,设计人员首先了解建筑物上部结构的特征(结构形式、体型、平面布置和建筑物的长高比等情况)、荷载分布特点以及建(构)筑物对沉降的要求;然后,根据拟建场地的岩土工程地质勘察报告,进行水泥土搅拌桩的设计,并给出桩径、桩长、水泥掺入量、桩土置换率以及桩的布置形式等内容。在设计中,除满足地基承载力的要求外,还要控制地基变形量满足规范的规定。

一、水泥土搅拌桩的设计

(一)对地质勘察的要求

　　除一般常规要求外,对下述各点应予以特别重视:

　　(1)土质分析:有机质含量,可溶盐含量,总烧失量等。

　　(2)水质分析:地下水的酸碱度(pH 值),硫酸盐含量。

(二)加固形式的选择

　　搅拌桩可布置成柱状、壁状和块状三种形式。

　　(1)柱状:每隔一定的距离打设一根搅拌桩,即成为柱状加固形式。适用于单层工业厂房独立柱基础和多层房屋条形基础下的地基加固。

　　(2)壁状:将相邻搅拌桩部分重叠搭接成为壁状加固形式。适用于深基坑开挖时的边坡加固以及建筑物长高比较大、刚度较小,对不均匀沉降比较敏感的多层砖混结构房屋条形基础下的地基加固。

　　(3)块状:对上部结构单位面积荷载大,对不均匀下沉控制严格的构筑物地基进行加固时可采用这种布桩形式。它是纵、横两个方向的相邻桩搭接而形成的。

(三)加固范围和搅拌桩长度确定

　　搅拌桩按其强度和刚度是介于刚性桩和柔性桩间的一种桩型,但其承载性能又与刚性桩相近。因此,在设计搅拌桩时,可仅在上部结构基础范围内布桩,不必像柔性桩一样在基础以外设置保护桩。

　　竖向承载搅拌桩的长度应根据上部结构对承载力和变形的要求确定,并宜穿透软弱土层到达承载力相对较高的土层;为提高抗滑稳定性而设置的搅拌桩,其桩长应超过危险滑弧以下 2 m。

(四)固化剂

　　软土地基深层搅拌加固法是基于水泥对软土的作用,而目前这项技术仅经过几十年的发展,无论从加固机制到设计计算方法或者施工工艺均有不完善的地方,有些还处于半理论半经验的状态,因此应该特别重视水泥土的室内外试验。针对现场拟处理的土的性质,了解加固水泥的品种、掺入量、水灰比、最佳外掺剂对水泥土强度的影响,求得龄期与强度的关系,从而为设计计算和施工工艺提供可靠的参数。固化剂宜选用强度等级为32. 5 级及以上的普通硅酸盐水泥。水泥掺量除块状加固时可用被加固湿土质量的 7% ~ 12% 外,其余宜为 12% ~20% 湿法的水泥浆,水灰比可选用 0. 45 ~ 0. 55。外掺剂可根据工程需要和土质条件选用具有早强、缓凝、减水以及节省水泥等作用的材料,但应避免污染环境。

(五)褥垫层的要求

竖向承载搅拌桩复合地基应在基础和桩之间设置褥垫层,可以保证基础始终通过褥垫层把一部分荷载传到桩间土上,起调整桩和土分担荷载的作用。特别是当桩身强度较大时,设置褥垫层可以减小桩土应力比,充分发挥桩间土的作用。褥垫层厚度可取 200 ~ 300 mm。其材料可选用中砂、粗砂、级配良好的砂石等,最大粒径不宜大于 20 mm。

二、水泥土搅拌桩的计算

搅拌桩复合地基承载力标准值应通过现场复合地基载荷试验确定,也可按第六章式(6-1)估算,公式中 f_{sk} 为桩间土承载力特征值(kPa),可取天然地基承载力特征值;β 为桩间土承载力折减系数。当桩端土未经修正的承载力特征值大于桩周土的承载力特征值的平均值时,可取 0.1 ~ 0.4,差值大时取低值;当桩端土未经修正的承载力特征值小于或等于桩周土的承载力特征值的平均值时,可取 0.5 ~ 0.9,差值大时或设置褥垫层时均取高值。

单桩竖向承载力特征值应通过现场载荷试验确定。初步设计时也可按式(8-1)估算,并应同时满足式(8-2)的要求,应使由桩身材料强度确定的单桩承载力大于(或等于)由桩周土和桩端土的抗力所提供的单桩承载力。

$$R_a = u_p \sum_{i=1}^{n} q_{si} l_i + \alpha q_p A_p \quad (按土质确定) \tag{8-1}$$

$$R_a = \eta f_{cu} A_p \quad\quad\quad (按桩材确定) \tag{8-2}$$

式中　R_a——单桩竖向承载力标准值,kN;

　　　f_{cu}——与搅拌桩桩身水泥土配比相同的室内加固土试块(边长为 70.7 mm 立方体,也可采用边长为 50 mm 的立方体)在标准养护下 90 d 龄期的立方体抗压强度平均值,kPa;

　　　η——桩身强度折减系数,干法可取 0.20 ~ 0.30,湿法可取 0.25 ~ 0.33;

　　　u_p——桩周长,m;

　　　n——桩长范围内所划分的土层数;

　　　q_{si}——桩周第 i 层土的侧摩阻力特征值,对淤泥可取 4 ~ 7 kPa,对淤泥质土可取 6 ~ 12 kPa,对软塑状态的黏土可取 10 ~ 15 kPa,对可塑状态的黏土可取 12 ~ 18 kPa;

　　　l_i——桩长范围内第 i 层土的厚度,m;

　　　q_p——桩端地基土未经修正的承载力特征值,kPa,可按国家标准《建筑地基基础设计规范》(GB 50007—2011)的有关规定确定;

　　　α——桩端天然地基土的承载力折减系数,可取 0.4 ~ 0.6,承载力高时取低值;

　　　A_p——桩的截面面积,m²。

式(8-1)中桩端地基承载力折减系数 α 取值与施工时桩端施工质量及桩端土质等条件有关。当桩较短且桩端为较硬土层时取高值。如果桩底施工质量不好,水泥土桩没能真正支承在硬土层上,桩端地基承载力不能发挥,且由于机械搅拌破坏了桩端土的天然结构,这时 $\alpha = 0$;反之,当桩底质量可靠时,则通常取 $\alpha = 0.5$。

对式(8-1)和式(8-2)分析可看出,当桩身强度大于式(8-1)所提出的强度值时,相同桩长的承载力相近,而不同桩长的承载力明显不同。此时桩的承载力由地基土支承力控制,增加桩长可提高桩的承载力。当桩身强度低于式(8-1)所给值时,承载力受桩身强度控制。

在单桩设计时,承受垂直荷载的搅拌桩一般应使土对桩的支承力与桩身强度所确定的承载力接近,并使后者略大于前者最为经济。因此,搅拌桩的设计主要是确定桩长和选择水泥掺入比。

当所设计的搅拌桩为摩擦型、桩的置换率又较大(一般 $m > 20\%$),且不是单行竖向排列时,由于每根搅拌桩不能充分发挥单桩承载力的作用,故应按群桩作用原理进行下卧层地基验算,即将搅拌桩和桩间土视为一个假想的实体基础,考虑假想实体基础侧面与土的摩擦力,验算假想基础底面(下卧层地基)的承载力(见图8-1)。

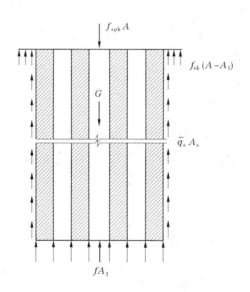

图 8-1 搅拌桩下卧层强度验算

$$f' = \frac{f_{spk}A + G - \overline{q_s}A_s - f_{sk}(A - A_1)}{A_1} < f \qquad (8-3)$$

式中　f'——假想实体基础底面压力,kPa;

A_1——假想实体基础底面积,m²;

G——假想实体基础自重,kN;

$\overline{q_s}$——作用在假想实体基础侧壁上的平均容许摩阻力,kPa;

f_{sk}——假想实体基础边缘软土的承载力,kPa;

f——假想实体基础底面经修正后的地基土承载力,kPa。

当验算不满足要求时,须重新设计单桩,直至满足要求。

水泥土搅拌桩复合地基变形 s 的计算,包括搅拌桩复合土层的平均压缩变形 s_1 和桩端下未加固土层的压缩变形 s_2。s_1 的计算采用复合模量法。

$$s = s_1 + s_2 \tag{8-4}$$

$$s_1 = \frac{p_z + p_{zl}}{2E_{sp}} \tag{8-5}$$

$$E_{sp} = mE_p + (1 - m)E_s \tag{8-6}$$

式中　p_z——搅拌桩复合土层顶面的附加压力值,kPa;

　　　p_{zl}——搅拌桩复合土层底面的附加压力值,kPa;

　　　E_{sp}——搅拌桩复合土层的压缩模量,kPa;

　　　E_p——搅拌桩的压缩模量,kPa;

　　　E_s——桩间土的压缩模量,kPa。

桩端以下未经加固土层的压缩变形 s_2 可按《建筑地基基础设计规范》(GB 50007—2011)的有关规定进行计算。

第四节　施工工艺

一、水泥浆搅拌法

(一)搅拌机械设备及性能

国内目前的搅拌机有中心管喷浆方式和叶片喷浆方式。后者是使水泥浆从叶片上若干个小孔喷出,使水泥浆与土体混合较均匀,对大直径叶片和连续搅拌是合适的,但因喷浆孔小,易被浆液堵塞,它只能使用纯水泥浆而不能采用其他固化剂,且加工制造较为复杂。中心管输浆方式中的水泥浆是从两根搅拌轴间的另一中心管输出,这对于叶片直径在 1 m 以下时,并不影响搅拌均匀度,而且它可适用多种固化剂,除纯水泥浆外,还可用水泥砂浆,甚至掺入工业废料等粗粒固化剂。

1. SJB - 1 型深层双轴搅拌机

SJB - 1 型深层双轴搅拌机是由冶金部建筑研究总院和交通部水运规划设计院合作研制,并由江苏省江阴市江阴振冲器厂生产的双搅拌轴中心管输浆的水泥搅拌专用机械(见图 8-2)。

2. GZB - 600 型深层单轴搅拌机

该机由天津机械施工公司利用进口钻机改装的单搅拌轴、叶片喷浆方式的搅拌机(见图 8-3)。

GZB - 600 型深层单轴搅拌机在搅拌头上分别设置搅拌叶片和喷浆叶片,二层叶片相距 0.5 m,成桩直径 600 mm。喷浆叶片上开有 3 个尺寸相同的喷浆口。

3. DJB - 14D 型深层单轴搅拌机

DJB - 14D 型深层单轴搅拌机由浙江有色勘察研究院与浙江大学合作,在北京 800 型转盘钻机基础上改制而成。

DJB - 14D 型深层单轴搅拌机的主机系统包括动力头、搅拌轴和搅拌头。搅拌头上端有一对搅拌叶片,下部为与搅拌叶片互成90°,直径500 mm 的切削叶片,叶片的背后安有 2 个直径为 8 ~ 12 mm 的喷嘴。

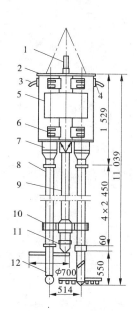

1—输浆管;2—外壳;3—出水管;4—进水管;5—电动机;
6—导向滑块;7—减速器;8—搅拌轴;9—中心管;
10—横向系板;11—球形阀;12—搅拌头

图 8-2　SJB - 1 型深层双轴搅拌机

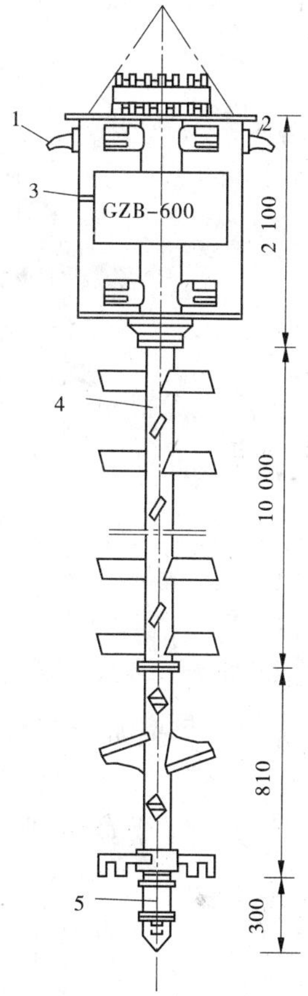

1—电缆接头;2—进浆口;3—电动机;
4—搅拌轴;5—搅拌头

图 8-3　GZB - 600 型深层单轴搅拌机

(二)施工工艺

水泥浆搅拌法的施工工艺流程如图 8-4 所示。

(1)定位。起重机(或塔架)悬吊搅拌机到达指定桩位,对中。当地面起伏不平时,应使起吊设备保持水平。

(2)预搅下沉。待搅拌机的冷却水循环正常后,起动搅拌机电机,下沉的速度可由电机的电流检测表控制。工作电流不应大于 70 A。如果下沉速度太慢,可从输浆系统补给清水以利钻进。

(3)制备水泥浆。待搅拌机下沉到一定深度时,即开始按设计确定的配合比拌制水泥浆,待压浆前将水泥浆倒入集料斗中。

(4)提升喷浆搅拌。搅拌机下沉到达设计深度后,开启灰浆泵将水泥浆压入地基中,边喷浆边旋转,同时严格按照设计确定的提升速度提升搅拌机。

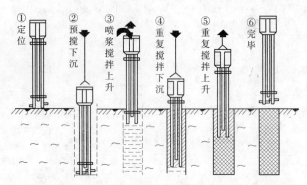

图 8-4　水泥浆搅拌法施工工艺流程

（5）重复上、下搅拌。搅拌机提升至设计加固深度的顶面标高时，集料斗中的水泥浆应正好排空。为使软土和水泥浆搅拌均匀，可再次将搅拌机边旋转边沉入土中，至设计加固深度后将搅拌机提升出地面。

（6）清洗。向集料斗中注入适量清水，开启灰浆泵，清洗全部管路中残存的水泥浆，直至基本干净，并将黏附在搅拌头上的软土清洗干净。

（7）移位。重复上述（1）～（6）步骤，再进行下一根桩的施工。

由于搅拌桩顶部与上部结构的基础或承台接触部分受力较大，因此通常还可对桩顶 1.0～1.5 m 范围内再增加一次输浆，以提高其强度。

（三）施工注意事项

（1）现场施工应予平整，必须清理地上和地下一切障碍物。明浜、暗塘及场地低洼时应抽水和清淤，分层夯实回填黏土料，不得回填杂填土或生活垃圾。开机前必须调试，检查桩机运转和输料管畅通情况。

（2）根据实际施工经验，水泥土搅拌法在施工到顶端 0.3～0.5 m 范围时，因上覆土压力较小，搅拌质量较差。因此，其场地整平标高应比设计确定的基底标高再高出 0.3～0.5 m，桩制作时仍施工到地面，待开挖基坑时，再将上部 0.3～0.5 m 的桩身质量较差的桩段挖去。基础埋深较大时，取下限；反之，则取上限。

（3）搅拌桩的垂直度偏差不得超过 1%，桩位布置偏差不得大于 50 mm，桩径偏差不得大于 4%。

（4）施工前应确定搅拌机械的灰浆泵输浆量、灰浆经输浆管到达搅拌机喷浆口的时间和起吊设备提升速度等施工参数，并根据设计要求通过成桩试验，确定搅拌桩的配比等各项参数和施工工艺。宜用流量泵控制输浆速度，使注浆泵出口压力保持在 0.4～0.6 MPa，并应使搅拌提升速度与输浆速度同步。

（5）制备好的浆液不得离析，泵送必须连续。拌制浆液的罐数、固化剂和外掺剂的用量以及泵送浆液的时间等应有专人记录。

（6）为保证桩端施工质量，当浆液达到出浆口后，应喷浆座底 30 s，使浆液完全到达桩端。特别是设计中考虑桩端承载力时，该点尤为重要。

（7）预搅下沉时不宜冲水，当遇到较硬土层下沉太慢时，方可适量冲水，但应考虑冲水成桩对桩身强度的影响。

（8）可通过复喷的方法达到桩身强度为变参数的目的。搅拌次数以1次喷浆2次搅拌或2次喷浆3次搅拌为宜，且最后一次提升搅拌宜采用慢速提升。当喷浆口到达桩顶标高时，宜停止提升，搅拌数秒，以保证桩头的均匀密实。

（9）施工时因故停浆，宜将搅拌机下沉至停浆点以下0.5 m，待恢复供浆时再喷浆提升。若停机超过3 h，为防止浆液硬结堵管，宜先拆卸输浆管路，再清洗。

（10）壁状加固时，桩与桩的搭接时间不应大于24 h，如由于特殊原因超过上述时间，应对最后一根桩先进行空钻留出榫头以待下一批桩搭接，如间歇时间太长（如停电等），与第二根无法搭接，应在设计单位和建设单位认可后，采取局部补浆或注浆措施。

（11）搅拌机凝浆提升的速度和次数必须符合施工工艺的要求，应有专人记录搅拌机每米下沉和提升的时间。深度记录误差不得大于100 mm，时间记录误差不得大于5 s。

（12）现场实践表明，当水泥土搅拌桩作为承重桩进行基坑开挖时，桩顶和桩身已有一定的强度，若用机械开挖基坑，往往容易碰撞，损坏桩顶，因此基底标高以上0.3 m宜采用人工开挖，以保护桩头质量。这点对保证处理效果尤为重要，应引起足够的重视。

每一个水泥土搅拌桩施工现场，由于土质有差异、水泥的品质和强度等级不同，因而搅拌加固质量有较大的差别。所以，在正式搅拌桩施工前，均应按施工组织设计确定的搅拌施工工艺制作数根试桩，养护一定时间后进行开挖检查，最后确定施工配比等各项参数和施工工艺。

（四）施工中常见的问题和处理方法

施工中常见的问题和处理方法见表8-1。

表 8-1　施工中常见的问题和处理方法

常见问题	发生原因	处理方法
预搅下沉困难，电流值高，电机跳闸	①电压偏低； ②土质硬，阻力太大； ③遇大石块、树根等障碍物	①调高电压； ②适量冲水或浆液； ③挖除障碍物
搅拌机下不到预定深度，但电流不高	土质黏性大，搅拌机自重不够	增加搅拌机自重或开动加压装置
喷浆未到设计桩顶面（或底部桩端）标高，集料斗浆液已排空	①投料不准确； ②灰浆泵磨损漏浆； ③灰浆泵输浆量偏大	①重新标定投料量； ②检修灰浆泵； ③重新标定灰浆输浆量
喷浆到设计位置集料斗中剩浆液过多	①拌浆加水过量； ②输浆管路部分堵塞	①重新标定拌浆用水量； ②清洗输浆管路
输浆管堵塞爆裂	①输浆管内有水泥结块； ②喷浆口球阀间隙太小	①拆洗输浆管； ②使喷浆口球阀间隙适当
搅拌钻头和混合土同步旋转	①灰浆浓度过大； ②搅拌叶片角度不适宜	①重新标定浆液水灰比； ②调整叶片角度或更换钻头

二、粉体喷射搅拌法

(一)粉体喷射搅拌法的特点

粉体喷射搅拌法施工使用的机械和配套设备有单搅拌轴和双搅拌轴的,二者的加固机制相似,都是利用压缩空气通过固化材料供给机的特殊装备,携带着粉体固化材料,经过高压软管和搅拌轴输送到搅拌叶片的喷嘴喷出。借助搅拌叶片旋转,在叶片的背后面产生空隙,安装在叶片背后面的喷嘴将压缩空气连同粉体固化材料一起喷出。喷出的混合气体在空隙中压力急剧降低,促使固化材料就地黏附在旋转产生空隙的土中,旋转到半周,另一搅拌叶片把土与粉体固化材料搅拌混合在一起。与此同时,这只叶片背后的喷嘴将混合气体喷出。这样周而复始地搅拌、喷射、提升(有的搅拌机安装二层搅拌叶片,使土与粉体搅拌混合得更为均匀)。与固化材料分离后的空气传递到搅拌轴的四周,上升到地面释放掉。如果不让分离的空气释放出将影响减压效果,因此搅拌轴外形一般多呈四方、六方或带棱角形状。

粉体喷射搅拌法加固地基具有如下的特点:

(1)使用的固化材料(干燥状态)可更多地吸收软体地基中的水分,对加固含水量高的软土、极软土以及泥炭土地基效果更为显著。

(2)固化材料全面地被喷射到靠搅拌叶片旋转过程中产生的空隙中,同时又靠土的水分把它黏附到空隙内部,搅拌叶片的搅拌使固化剂均匀地分布在土中,不会产生不均匀的散乱现象,有利于提高地基土的加固强度。

(3)与高压喷射注浆和水泥浆搅拌法相比,输入地基土中的固化材料要少得多,无浆液排出,无地面隆起现象。

(4)粉体喷射搅拌法施工可以加固成群桩,也可以交替搭接加固成壁状、格栅状或块状。

(二)施工工具和设备

粉体喷射搅拌机械一般由搅拌主机、粉体固化材料供给机、空气压缩机、搅拌翼和动力部分等组成。

(三)施工工序

(1)放样定位。

(2)移动钻机,准确对孔。对孔误差不得大于 50 mm。

(3)利用支腿油缸调平钻机,钻机主轴垂直度误差应不大于 1%。

(4)起动主电动机,根据施工要求,以Ⅰ、Ⅱ、Ⅲ挡逐级加速的顺序,正转预搅下沉。钻至接近设计深度时,应用低速慢钻,钻机应原位钻动 1~2 min。为保持钻杆中间的送风通道的干燥,从预搅下沉开始直到喷粉为止,应在轴杆内连续输送压缩空气。

(5)粉体材料及掺合量:使用粉体材料,除水泥外,还有石灰、石膏及矿渣等,也可使用粉煤灰等做微创掺加料。在国内工程中使用的主要是水泥材料。使用水泥粉体材料时,宜选用 42.5 级普通硅酸盐水泥,其掺合量常为 180~240 kg/m³;若使用低于 42.5 级普通硅酸盐水泥或选用矿渣水泥、火山灰水泥或其他种类水泥,使用前须在施工场地内钻取不同层次的地基土,在室内做各种配合比试验。

(6)提升喷粉搅拌。在确认加固料已喷至孔底时,按 0.5 m/min 的速度反转提升。当提升到设计停灰标高后,应慢速原地搅拌 1~2 min。

(7)重复搅拌。为保证粉体搅拌均匀,须再次将搅拌头下沉到设计深度。提升搅拌时,其速度控制在 0.5~0.8 m/min。

(8)为防止污染空气,在提升喷粉距地面 0.5 m 处应减压或停止喷粉。在施工中孔口应设喷灰防护装置。

(9)提升喷灰过程中,须有自动计量装置。该设置为控制盒检验喷粉桩的关键,应予以足够的重视。

(10)钻具提升至地面后,钻机移位对孔,按上述步骤进行下一根桩的施工。

(四)施工中需注意的事项

(1)施工机械、电气设备、仪表仪器及机具等,在确认完好后方准使用。

(2)在建筑物旧址或回填建筑垃圾地区施工时,应预先进行桩位探测,并清除已探明的障碍物。

(3)桩体施工中,若发现钻机不正常的振动、晃动、倾斜和移位等现象,应立即停钻检查,必要时应提钻重打。

(4)施工中应随时注意喷粉机、空压机的运转情况,压力表的显示变化,送灰情况。当送灰过程中出现压力连续上升,发送器负载过大,送灰管或阀门在轴具提升中途堵塞等异常情况时,应立即判明原因,停止提升,原地搅拌。为保证成桩质量,必要时应予复打。堵管的原因除漏气外,主要是水泥结块。施工时不允许用已结块的水泥,并要求管道系统保持干燥状态。

(5)在送灰过程中如发现压力突然下降、灰罐加不上压力等异常情况,应停止提升,原地搅拌,及时查明原因。若是灰罐内水泥粉体已喷完或容器、管道漏气所致,应将钻具下沉到一定深度后,重新加灰复打,以保证成桩质量。有经验的施工监理人员往往从高压送粉胶管的颤动情况来判明送粉的正常与否。检查故障时,应尽可能不停止送风。

(6)设计上要求搭接的桩体,须连续施工,一般相邻桩的施工间隔时间不超过 8 h。若因停电、机械故障而超过允许时间,应征得设计部门同意,采取适宜的补救措施。

(7)在 SP-1 型粉体发送器中有一个气水分离器,用于收集因压缩空气膨胀而降温所产生的凝结水。施工时应经常排除气水分离器中的积水,防止因水分进入钻杆而堵塞送粉通道。

(8)喷粉时灰罐内的气压比管道内的气压高 0.02~0.05 MPa,以确保正常送粉。

(9)对地下水位较深、基底标高较高的场地,或喷灰量较大、停灰面较高的场地,施工时应加水或施工区及时地面加水,以使桩头部分水泥充分水解水化反应,以防桩头呈疏松状态。

第五节　质量检验

一、施工期质量检测

水泥土搅拌桩的质量控制应贯穿施工的全过程,并坚持全程施工监理。每根桩均应有一份完整的质量检验单,施工人员和监理人员签名后作为施工档案。施工过程必须随时检查施工记录和计量记录,并对照规定的施工工艺对每根桩进行质量评定。检查重点是:水泥用量、桩长、搅拌头转数和提升速度、复搅次数和复搅深度、停浆处理方法等。

水泥土搅拌桩的施工质量检验可采用以下方法:①成桩 7 d 后,采用浅部开挖桩头(深度宜超过停浆(灰)面下 0.5 m),目测检查搅拌的均匀性,量测成桩直径,检查量为总桩数的 5%。②成桩 3 d 内,可采用轻型动力触探 N_{10} 检查每米桩身的均匀性。检查数量为施工总桩数的 1%,且不少于 3 根。

具体还需注意以下事项:

(1)桩位。通常定位偏差不应超过 50 mm。施工前在桩中心插桩位标,施工后将桩位标复原,以便验收。

(2)桩顶、桩底高程。均不应低于设计值。桩底一般应超深 100 ~ 200 mm,桩顶应超过 0.5 m。

(3)桩身垂直度。每根桩施工时均应用水准尺或其他方法检查导向架和搅拌轴的垂直度,间接测定桩身垂直度。通常垂直度误差不应超过 1%。当设计对垂直度有严格要求时,应按设计标准检验。

(4)桩身水泥掺量。按设计要求检查每根桩的水泥用量。通常考虑到按整包水泥计量的方便,允许每根桩的水泥用量在 ±25 kg(半包水泥)范围内调整。

(5)水泥强度等级。水泥品种按设计要求选用。对无质保书或有质保书的小水泥厂的产品,应先做试块强度试验,试验合格后方可使用。对有质保书(非乡办企业)的水泥产品,可在搅拌施工时进行抽查试验。

(6)搅拌头上提喷浆(或喷粉)的速度。一般均在上提时喷浆或喷粉,提升速度不超过 0.5 m/min。通常采用二次搅拌。当第二次搅拌时,不允许出现搅拌头未到桩顶浆液(或水泥粉)已拌完的现象。有剩余时可在桩身上部第三次搅拌。

(7)外掺剂的选用。采用的外掺剂应按设计要求配制。常用的外掺剂有氯化钙、碳酸钠、三乙醇胺、木质素磺酸钙、水玻璃等。

(8)浆液水灰比。通常为 0.4 ~ 0.5,不宜超过 0.5。浆液拌和时应按水灰比定量加水。

(9)水泥浆液搅拌均匀性。应注意贮浆桶内浆液的均匀性和连续性,喷浆搅拌时不允许出现输浆管道堵塞或爆裂的现象。

(10)喷粉搅拌的均匀性。应有水泥自动计量装置,随时有指示喷粉过程中的各项参数,包括压力、喷粉速度和喷粉量等。

(11)喷粉到距地面 1 ~ 2 m 时,应无大量粉末飞扬,通常需适当减小压力,在孔口加防护罩。

（12）对基坑开挖工程中的侧向围护桩，相邻桩体要搭接施工，施工应连续，其施工间歇时间不宜超过 8 ~ 10 h。

二、工程竣工后的质量检验

竖向承载水泥土搅拌桩地基竣工验收时，承载力检验采用复合地基和单桩载荷试验。载荷试验必须在桩身强度满足试验荷载条件时，并宜在成桩 28 d 后进行。检验数量为总桩数的 0.5% ~ 1%，且每项单体工程不应少于 3 点。

经触探试验和载荷试验检验后对桩身质量有质疑时，应在成桩 28 d 后，用双管单动取样器钻芯样做抗压强度检验，检验数量为施工总桩数的 0.5%，且不少于 3 根。

对相邻桩搭接要求严格的工程，应在成桩 15 d 后，选取数根桩进行开挖，检验搭接情况。基槽开挖后，应检验桩位、桩数与桩顶质量，如不符合要求，应采取有效补强措施。

（一）标准贯入试验或轻便触探等动力试验

用这种方法可通过贯入阻抗，估算土的物理力学性质指标，检验不同龄期的桩体强度变化和均匀性，所需设备简单，操作方便。用锤击数估算桩体强度需积累足够的工程资料，在目前尚无规范可作为依据时，可借鉴同类工程，或采用 Terzaghi 和 Peck 的经验公式

$$f_{cu} = \frac{1}{80} N_{63.5} \tag{8-7}$$

式中 f_{cu}——桩体无侧限抗压强度，MPa；

     $N_{63.5}$——标准贯入试验的贯入击数。

轻便动力触探试验：根据现有的轻便触探击数 N_{10} 与水泥土强度对比关系分析，当桩身 1 d 龄期的击数 N_{10} 已大于 15 击时，或者 7 d 龄期的击数 N_{10} 已大于原天然地基击数 N_{10} 的 1 倍以上，则桩身强度已能达到设计要求。当每贯入 100 mm，其击数大于 30 击时即应停止贯入，继续贯入则桩头可能发生开裂或损坏，影响桩头质量。

同时，可用轻便触探器中附带的勺钻，在水泥土桩桩身钻孔，取出水泥土桩芯，观察其颜色是否一致；是否存在水泥浆富集的结核或未被搅拌均匀的土团。

轻便动力触探应作为施工单位施工中的一种自检手段，以检验施工工艺和施工参数的正确性。

（二）静力触探试验

静力触探试验可连续检查桩体长度内的强度变化。用比贯入阻力 p_s 估算桩体强度需有足够的工程试验资料，在目前积累资料尚不够的情况下，可借鉴同类工程经验或用下式估算桩体无侧限抗压强度

$$f_{cu} = \frac{1}{10} p_s \tag{8-8}$$

水泥土搅拌桩制桩后用静力触探试验测试桩身强度沿深度的分布图，并与原始地基的静力触探曲线相比较，可得桩身强度的增长幅度；并能测得断浆（粉）、少浆（粉）的位置和桩长。整根桩的质量情况将暴露无遗。

静力触探试验可以严格检验桩身质量和加固深度，是检查桩身质量的有效方法之一。

但在理论上和实践上尚须进行大量的工作,用以积累经验。同时,在测试设备上还须进一步改进和完善,以保证该法检验的可行性。

(三)取芯检验

用钻孔方法连续取水泥土搅拌桩桩芯,可直观地检验桩体强度和搅拌的均匀性。取芯通常用 ϕ 106 岩芯管,取出后可当场检查桩芯的连续性、均匀性和硬度,并用锯、刀切割成试块做无侧限抗压强度试验。但由于桩的不均匀性,在取样过程中水泥土很容易产生破碎,取出的试件做强度试验很难保证其真实性。使用本方法取桩芯时应有良好的取芯设备和技术,确保桩芯的完整性和原状强度。进行无侧限强度试验时,可视取位时对桩芯的损坏程度,将设计强度指标乘以 0.7~0.9 的折减系数。

(四)静载荷试验

对承受垂直载荷的水泥土搅拌桩,静载荷试验是最可靠的质量检测方法。

对于单桩复合地基载荷试验,载荷板的大小应根据设计置换率来确定,即载荷板面积应为一根桩所承担的处理面积,否则,应予修正。试验标高应与基础底面设计标高相同。对单桩静载荷试验,在板顶上要做一个桩帽,以便受力均匀。

水泥土搅拌桩通常是摩擦桩,所以试验结果一般不出现明显的拐点,容许承载力可按沉降的变形条件选取。

载荷试验应在 28 d 龄期后进行,检验点数每个场地不得少于 3 点。当试验值不符合设计要求时,应增加检验孔的数量。若用于桩基工程,其检验数量应不少于第一次的检验量。

(五)开挖检验

可根据工程设计要求,选取一定数量的桩体进行开挖,检查加固桩体的外观质量、搭接质量和整体性等。

(六)沉降观测

建筑物竣工后,尚应进行沉降、侧向位移等观测。这是最为直观的检验加固效果的理想方法。

对作为侧向围护的水泥土搅拌桩,开挖时主要检测以下项目:

(1)墙面渗漏水情况。

(2)桩墙的垂直和整齐度情况。

(3)桩体的裂缝、缺损和漏桩情况。

(4)桩体强度和均匀性。

(5)桩顶和路面顶板的连接情况。

(6)桩顶水平位移量。

(7)坑底渗漏情况。

(8)坑底隆起情况。

对于水泥土搅拌桩的检测,由于试验设备等因素的限制,只能限于浅层。对于深层强度与变形、施工桩长及深度方向水泥土的均匀性等的检测,目前尚没有更好的方法,有待于今后进一步研究解决。

思考题与习题

8-1　水泥土搅拌法的适用土质有哪些？

8-2　水泥土搅拌法的分类方法有哪些？

8-3　水泥土搅拌法的工作机制主要有哪些？

8-4　水泥土搅拌法的施工工艺有哪些？

8-5　水泥土搅拌法施工质量和竣工验收有哪些注意事项？

8-6　某场地土层如图 8-5 所示。拟采用水泥搅拌桩进行加固。已知基础埋深为 2.0 m，搅拌桩桩径 600 mm，桩长 14.0 m，桩身强度 $f_{cu}=0.8$ MPa，桩身强度折减系数取 $\eta=0.3$，桩间土承载力折减系数 $\beta=0.6$，桩端土承载力折减系数 $\alpha=0.4$，搅拌桩中心距为 1.0 m，等边三角形布置。试计算搅拌桩复合地基承载力特征值。

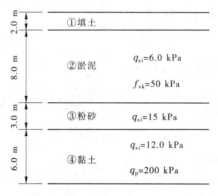

图 8-5　土层分布

8-7　某地基采用深层搅拌桩复合地基，桩截面面积 $A_p=0.385$ m²，单桩承载力特征值 $R_a=200$ kN，桩间土承载力特征值为 60 kPa，要求复合地基承载力特征值 150 kPa。试求桩土面积置换率（$\beta=0.6$）。

8-8　某厂房地基为淤泥，采用搅拌桩复合地基加固，桩长 15.0 m，搅拌桩复合土层顶面和底面附加应力分别为 80 kPa 和 15 kPa，土的 $E_s=2.5$ MPa，桩体 $E_p=90$ MPa，桩直径为 0.5 m，桩间距为 1.2 m，正三角形布置。试计算搅拌桩复合土层的压缩变形。

第九章　高压喷射注浆法

第一节　概　述

在土木、水利、铁道、公路等工程建设中,处理地基的方法有很多种。但是在施工场地狭窄,净空低,上部土质坚硬、下部土质软弱,施工时不能停止生产运营,不能中断行车,不能对周围环境产生公害和不能影响邻近建筑物,缺少钢材时,一般的地基处理方法往往不能完全适用。

随着科学技术的发展,大功率高压泵、钻机和合金喷嘴等设备也相继产生了。伴随着水力采煤工作中高压水射流技术的发展和应用,为高压喷射注浆法的产生创造了物质和理论基础。于是,在 20 世纪 70 年代新的地基处理方法——高压喷射注浆法便产生了。

高压喷射注浆法创始于日本,是在化学注浆法的基础上,采用高压水射流的切割技术而发展起来的。它以水泥为主要原料,加固土体的质量可靠性高,具有增加地基的强度,提高地基承载力,止水防渗,减小挡土墙的土压力,防止砂土的液化等多种功能。它利用钻机造孔,然后把带有喷头的喷浆管下至地层预定的位置,用从喷嘴出口喷出的射流(浆或水)冲击和破坏地层。剥离的土颗粒的细小部分随着浆液冒出地面,其余土粒在喷射流的冲击力、离心力和重力等作用下,与注入的浆液掺搅混合,并按一定的浆土比例和质量大小有规律地重新排列,在土体中形成固结体,固结体的形状和几何尺寸与喷射方式和持续时间有关,喷射方式分为旋喷(旋转喷射)、摆喷(摆动喷射)、定喷(定向喷射),如图 9-1 所示。旋喷是喷头一面旋转、一面提升,形成圆形柱状体;摆喷是喷头一面摆动、一面提升,形成似哑铃或扇形柱体;定喷是喷射过程中,喷嘴的方向始终固定不变,形成板状体。为了增大喷射体的几何尺寸,需要较长的喷射时间。持续时间分为复喷和驻喷。复喷是重复喷射,驻喷是只摆动不提升。

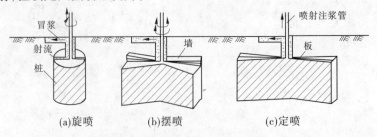

图 9-1　高压喷射注浆的三种喷射方式

一、高压喷射注浆的定义及目的

高压喷射注浆就是利用钻机把带有喷嘴的注浆管钻进至土层的预定位置后,以高压设备使浆液或水以 20 MPa 左右的高压流从喷嘴中喷射出来,冲击破坏土体。当能量大、速度快和呈脉动状的喷射流的动压超过土体结构强度时,土粒便从土体剥落下来。一部分细小的土粒随着浆液冒出水面,其余土粒在喷射流的冲击力、离心力和重力等作用下,与浆液搅拌混合,并按一定的浆土比例和质量大小有规律地重新排列。浆液凝固后,便在土中形成一个固结体。固结体的形状和喷射流移动方向有关。该方法主要用于加固地基,提高地基的抗剪强度,改善土的变形特性,使其在上部荷载直接作用下,不产生破坏或过大的变形;也可以组成闭合的帷幕,用于截阻地下水流和治理流砂。定喷时,喷嘴一边喷射一边提升,喷射的方向固定不变,固结体形如壁状,通常用于基础防渗,改善地基土的水流性质和稳定边坡等工程。

作为地基加固,通常采用旋喷注浆形式,使加固体在土中成为均匀的圆柱体或异形圆柱体。

二、高压喷射注浆的对象及特点

以高压喷射流直接冲击破坏土体,浆液与土以半置换或全置换凝固为固结体的高压喷射注浆法,从施工方法、加固质量到适用范围,不但与静压注浆法有所不同,而且与其他地基处理方法相比,亦有独到之处。高压喷射注浆的主要特点如下。

(一)适用范围较广

高压喷射注浆法适用于软土、黏土、黄土、砂类土、砂砾卵石层。高压喷射注浆法直接用射流破碎土层,在破碎范围内固结体质量能够保证,具有桩基功能,它既可用于工程新建之前,也可用于已建成建筑物的加固。

(二)施工简便

施工时,只需在土层中钻一个孔径为 50 ~ 300 mm 的小孔,便可在土中喷射成直径为 0.4 ~ 4 m 的固结体,因而能贴近已有建筑物基础建设新建筑物。此外,能灵活地成型,它既可在钻孔的全长成柱形固结体,也可仅作其中一段,如在钻孔的中间任何部位。

(三)可控制固结体形状

高压喷射注浆法与普通注浆法相比,浆液集中,不易窜入土层很远的地方。改变喷射方式和调整喷射参数可以得到不同形状的固结体,使固结体成为设计所需要的形状,以满足工程的需要,另外根据需要,可以做不同角度的喷射注浆。

(四)可垂直、倾斜和水平喷射

一般情况下,采用在地面进行垂直喷射注浆,但在隧道、矿山井巷工程、地下铁道等建设中,亦可采用倾斜和水平喷射注浆。

(五)耐久性较好

在一般的软弱地基中加固,能预期得到稳定的加固效果,并有较好的耐久性能,可用于永久性工程。

(六)浆材来源广阔,价格低廉

高压喷射注浆的浆液是以水泥为主,化学材料为辅。除在要求速凝超早强时使用化学材料外,一般的地基工程均使用材料广阔、价格低廉的普通硅酸盐水泥。若处于地下水流速快或含有腐蚀性元素、土的含水量或固结强度要求高的场合下,则可根据工程需要,在水泥中掺入适量的外加剂,以达到速凝、高强、抗冻、耐蚀和浆液不沉淀等效果。此外,还可以在水泥中加入一定数量的粉煤灰,这不但利用了废材,又降低了注浆材料的成本。

(七)设备简单,管理方便

高压喷射注浆全套设备结构紧凑,体积小,机动性强,占地少,能在狭窄和低矮的现场施工。

施工管理简便,在单管、二重管、三重管喷射过程中,通过对喷射的压力、吸浆量和冒浆情况的量测,即可间接地了解旋喷的效果和存在的问题,以便及时调整旋喷参数或改变工艺,保证固结质量。在多重管喷射时,更可以从屏幕上了解空间形状和尺寸后再以浆材填充,施工管理十分有效。

(八)浆液集中,流失较少

喷浆时,除一小部分浆液由于采用的喷射参数不合适等因素,沿着管壁冒出地面外,大部分浆液均聚集在喷射流的破坏范围内,很少出现在土中流窜到很远地方的现象。另外,冒出的浆液如处理得当可回收再利用。

(九)施工时无公害,比较安全

施工时机具的振动小,噪声也较低,不会对周围建筑物带来振动的影响和产生噪声、公害,更不存在污染水域、毒化饮用水源的问题。尽管是高压设备,在这些高压设备上有安全阀门或自动停机装置,当压力超过规定时,阀门便自动开启泄浆降压或自动停机,不会因堵孔升压造成爆破事故。此外,高压胶管(ϕ 19 的三层钢丝裹绕高压胶管安全使用压力为 46 MPa,爆破压力为 120 MPa)是不易损坏的,只要按规定进行维护管理,可以说是非常安全的。

三、高压喷射注浆法的分类

当前,高压喷射注浆法的基本种类有单管法、二重管法、三重管法和多重管法等多种方法。它们各有特点,可根据工程要求和土质条件选用。加固形状可分为柱状、板状和块状。

(一)单管法

单管法全称为单管旋喷注浆法,是利用钻机等设备,把安装在注浆管(单管)底部侧面的特殊喷嘴,置入土层预定深度后,用高压泥浆泵等装置,以 15～20 MPa 的压力,把浆液从喷嘴中喷射出去冲击破坏土体,同时借助注浆管的旋转和提升运动,使浆液与从土体上崩落下来的土搅拌混合,经过一定时间凝固,便在土中形成圆柱状的固结体(见图9-2),日本称为 CCP 工法。单管法形成的固结体直径较小,一般桩径可达 0.5～0.9 m,板墙体长度可达 1.0～2.0 m。

(二)二重管法

二重管法全称为二重管旋喷注浆法,是使用双通道的二重注浆管。当二重注浆管钻进到土层的预定深度后,通过在管底部侧面的一个同轴双重喷嘴,同时喷射出高压浆液和空气两种介质的喷射流冲击破坏土体。即以高压泥浆泵等高压发生装置喷射出 10～20 MPa压力的浆液,从内喷嘴中高速喷出,并用 0.7～0.8 MPa 压力,把压缩空气从外喷嘴中喷出。在高压浆液流和它外圈环绕气流的共同作用下,破坏土体的能量显著增大,喷嘴一面喷射一面旋转和提升,最后在土中形成圆柱状固结体(见图9-3),日本称为 JSG 工法。

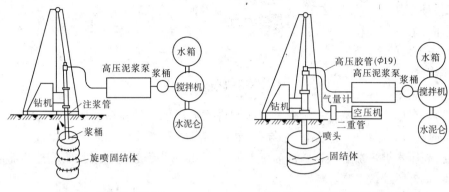

图 9-2　单管法示意图　　　　　　　　图 9-3　二重管旋喷注浆示意图

（三）三重管法

三重管法全称为三重管旋喷注浆法，是使用分别输送水、气、浆三种介质的三重注浆管。在以高压泵等高压发生装置产生 20～50 MPa 的高压水喷射流的周围，环绕一股 0.7～0.8 MPa 的圆筒状气流，进行高压水喷射流和气流同轴喷射冲切土体，形成较大的空隙，再另由泥浆泵注入压力为 2～5 MPa 的浆液填充，当喷嘴作旋转和提升运动，最后便在土中凝固为直径较大的圆柱状固结体（见图 9-4），日本称 CJP 工法。

三重管法的优点是用高压水泵直接压送清水，机械不易磨损，可使用较高的压力，形成固结体的尺寸较大。日本研制出一种三重管新工艺，分别采用水气、浆气两次切割，可形成直径 2.0～3.2 m 的旋喷桩；另一种在 30 MPa 压力下，采用大流量（600 L/min）浆液喷射，成桩直径达到 5.0 m。

（四）多重管法

多重管法首先要在地面钻一个导孔，然后置入多重管，用逐渐向下运动的旋转超高压水射流（压力约 40 MPa），切削破坏四周的土体，经高压水冲击下来的土和石，随着泥浆立即用真空泵从多重管中抽出。如此反复地冲和抽，便在地层中形成一个较大的空间，装在喷嘴附近的超声波传感器及时测出空间的直径和形状，最后根据工程要求选用浆液、砂浆、砾石等材料填充。于是，在地层中形成一个大直径的柱状固结体，在砂性土中最大直径可达 4 m，如图 9-5 所示，日本称为 SSS－MAN 法。

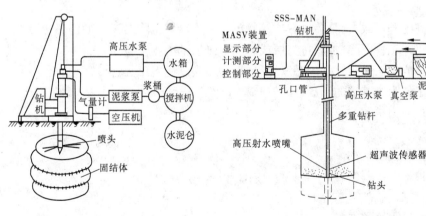

图 9-4　三重管法示意图　　　　　　　图 9-5　多重管法示意图

以上四种高压喷射注浆法中,前三种属于半置换法,即高压水(浆)携带一部分土颗粒流出地面,余下的土和浆液搅拌混合凝固,成为半置换状态。后一种属于全置换法,即高压水冲击下来的土,全部被抽出地面而在地层中形成一个空洞(空间),以其他材料充填,成为全置换状态。

(五)分喷法

近年来,在单管法的基础上进行了某些改进而形成了一种新型高压喷射注浆法——分喷法。此法首先用小型钻机钻一个导孔,然后用高压泵(压力为 30~50 MPa)高压喷射水流扩孔,高压水携带出土颗粒而称为全置换法,再用常规泥浆喷射水泥浆液充填而形成固结桩体,该桩体承载力高。

高压喷射注浆固结体的形状和作用如图 9-6 所示。

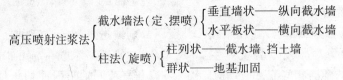

图 9-6　高压喷射注浆固结体的形状和作用

四、高压喷射注浆法的适用范围

(一)土质条件的适用范围

高压喷射注浆法加固地基技术,主要适用于处理淤泥、淤泥质土、黏性土、粉土、黄土、砂土、人工填土和碎石土等地基。软弱土层(如第四纪的冲(洪)积层、残积层等)采用高压喷射加固,效果较好,它解决了小颗粒土不易注浆加固的难题。但对于砾石直径过大、砾石含量过多及有大量纤维质的腐殖土,喷射质量稍差,有时甚至还不如静压注浆的效果,所以当土中含有较多的大粒径块石、坚硬黏性土、卵砾石、大量植物根茎或有过多的有机质时,应根据现场试验结果确定其适用程度。

对地下水流速过大,浆液无法在注浆管周围凝固的情况,以及无填充物的岩溶地段,有冻土及对水泥有严重腐蚀的地基,均不宜采用高压喷射注浆。

(二)工程的适用范围

1. 增加地基强度

(1)提高地基承载力,整治已有建筑物沉降和不均匀沉降的托换工程。

(2)减小建筑物沉降,加固持力层或软弱下卧层的工程。

(3)加强盾构法和顶管法的后座,形成反力后座基础的工程。

(4)施工作为桩基础的工程。

(5)要求应力扩散的工程。

2. 挡土围堰及地下工程建设

(1)保护邻近构筑物。

(2)保护地下工程建设。

(3)防止基坑底部隆起。

(4)市政排水管道工程。

3.增大土的摩擦力和黏聚力

(1)防止小型塌方滑坡。

(2)锚固基础。

4.减少振动,防止液化

(1)减少设备基础振动。

(2)防止砂土地基液化。

5.降低土的含水量

(1)整治路基翻浆冒浆。

(2)防止地基冻胀。

6.防渗帷幕

(1)河堤、水池的防漏及坝基防渗。

(2)矿山井巷,井筒帷幕。

(3)防止盾构和地下管道漏水、漏气。

(4)地下连续墙补缺。

(5)防止涌砂冒水。

7.防止洪水冲刷

(1)防止桥渡建筑物基础的冲刷。

(2)防止河堤建筑物基础的冲刷。

(3)防止水工建筑物基础的冲刷。

第二节　加固机制

一、高压喷射流性质

高压喷射流是通过高压发生设备,使它获得巨大能量后,从一定形状的喷嘴,用一种特定的流体运动方式,以很高的速度连续喷射出来的、能量高度集中的一般液流。

在高压、高速的条件下,喷射流具有很大的功率,即在单位时间内从喷嘴中射出的喷射流具有很大的能量,其功率与速度和压力的关系如表9-1所示。

表9-1　喷射流的功率与速度和压力的关系

喷嘴压力 p_g(Pa)	喷嘴出口孔径 d_0(cm)	流速系数 φ	流量系数 μ	射流速度 v_0(m/s)	喷射功率 W(kW)
10×10^6	0.3	0.963	0.946	136	8.5
20×10^6	0.3	0.963	0.946	192	24.1
30×10^6	0.3	0.963	0.946	243	44.1
40×10^6	0.3	0.963	0.946	280	68.3
50×10^6	0.3	0.963	0.946	313	95.4

从表9-1可见,虽喷嘴的出口孔径只有3 mm,由于喷射压力为10 MPa、20 MPa、30

MPa、40 MPa 和 50 MPa,它们是以 136 m/s、192 m/s、243 m/s、280 m/s 和 313 m/s 的速度连续不断地从喷嘴中喷射出来,它们携带了 8.5 kW、24.1 kW、44.1 kW、68.3 kW 和 95.4 kW 的巨大能量。

高压喷射注浆所用的喷射流共有以下四种:

(1)单管喷射流为单一的高压水泥浆喷射流。

(2)二重管喷射流为高压浆液喷射流与其外部环绕的压缩空气喷射流,组成复合式高压喷射流。

(3)三重管喷射流由高压水喷射流与其外环绕的压缩空气喷射流组成,亦为复合式高压喷射流。

(4)多重管喷射流为高压水喷射流。

以上四种喷射流破坏土体的效果不同,但其构造可划分为单液高压喷射流和水(浆)、气同轴喷射流两种类型。

二、加固地基的机理

(一)高压喷射流对土体的破坏作用

破坏土体的结构强度的最主要因素是喷射动压,根据动量定律在空气中喷射时的破坏力为

$$P = \rho Q v_{\mathrm{m}} \tag{9-1}$$

式中　P——破坏力,N;

ρ——密度,kg/m³;

Q——流量,m³/s,$Q = v_{\mathrm{m}}A$;

v_{m}——喷射流的平均速度,m/s。

$$P = \rho A v_{\mathrm{m}}^2 \tag{9-2}$$

式中　A——喷嘴断面面积,m²。

破坏力对于某一种密度的液体而言,与该射流的流量 Q、流速 v_{m} 的乘积成正比。而流量 Q 又为喷嘴断面面积 A 与流速 v_{m} 的乘积。所以,在一定的喷嘴面积 A 的条件下,为了取得更大的破坏力,需要增加平均流速,也就是需要增加旋喷压力,一般要求高压脉冲泵的工作压力在 20 MPa 以上,这样就使射流像刚体一样,冲击破坏土体,使土与浆液搅拌混合,凝固成圆柱状的固结体。

喷射流在终期区域,能量衰减很大,不能直接冲击土体使土颗粒剥落,但能对有效射程的边界土产生挤压力,对四周土有压密作用,并使部分浆液进入土粒之间的空隙里,使固结体与四周土紧密相连,不产生脱离现象。

1.高速喷射流切削岩土的特性

高速喷射流对岩土的破坏机制有下列几种作用:①喷射流的动压力的作用;②各个水滴的冲击力;③气蚀现象;④喷射流的脉动负荷,引起地基的疲劳使地基土强度降低而导致破坏;⑤水力楔形效应等。而影响高速喷射流切削性质的主要因素有:①高速喷射流的动压;②喷嘴移动速度;③岩土材料的物理力学性质;④作用于喷嘴出口的静水压力。

1）喷射压力、土的抗剪强度与切削深度的关系

在相同压力下，σ_c 越小，切削深度越大；在同一岩土（σ_c 相同）中，增大喷射压力，可增加切削深度。

水射流在砂土中的有效距离大于在黏土中的有效距离。这是由于砂土的孔隙大，高压水流在孔隙中产生渗透压力，土颗粒在压力作用下沿射流轴向产生位移。黏土由于颗粒小，具有黏聚力，因而土颗粒在射流轴向移动能力较弱，而且射流不能在黏土中产生渗透压力，因而射流的有效距离较小。

2）喷嘴移动速度对切割深度的影响

切割深度与喷嘴移动速度成反比。旋喷过程中，喷嘴的移动速度分为旋转速度和提升速度。日本根据一系列试验，得到提升速度与三重管有效直径 D 的估算公式为

$$D = 1.68\sigma_c^{-0.58} p_0^{0.35} v^{-0.43} d^{0.83} N^{0.29} \tag{9-3}$$

式中 p_0——喷嘴孔压力，适用于 10～50 MPa；

σ_c——土的抗压强度，MPa，适用于 0.15～0.85 MPa；

v——钻杆提升速度，m/s；

d——喷嘴直径，m；

N——复喷次数。

2. 高压喷射注浆的成桩（墙）作用

高压喷射注浆的成桩（墙）机制可用五种作用来说明。

1）高压喷射流切割破坏土体作用

喷射流的动压以脉冲形成连续冲击土体，在冲击力超过土颗粒结构临界值时，土体破坏被冲成沟槽状的空穴。射流边界紊流的卷吸作用，使空穴周边土体淘空，造成空穴扩大。

2）混合搅拌作用

钻杆在旋转提升过程中，在喷射流后部形成空隙，在喷射压力迫使土粒向着与喷嘴移动方向相反的方向（阻力小的方向）移动位置，与浆液搅拌混合形成新的结构。

3）升扬置换作用

三管高喷法又称置换法，高速水射流切割土层的同时，一部分切割剥离掉的土粒以泥浆的形式排到地面（即返浆）。土排出后所空下的体积由注入浆液补充进去。

4）充填压密作用

高压水泥浆迅速充填冲开的沟槽和土粒的空隙。喷射流在终了区域虽失去冲击力，但仍有挤压力，对周围土有压密作用。

5）渗透固结作用

对于渗透性较好的粗砂层，浆液还可渗入一定的厚度。最后浆液随时间逐渐凝固硬化。

（二）水（浆）、气同时喷射流对土的破坏作用

单射流虽具有巨大的能量，但由于压力在土中急剧衰减，有效射程较短，致使旋喷固结体的直径较小，当在喷射出口的高压水喷射流的周围加上圆筒状空气喷射流，进行水、气同轴喷射时，空气流使水或浆的高压喷射流从破坏土体上将土粒迅速吹散，使高压喷射流的喷射破坏条件得到改善，阻力大大减小，能量消耗降低，因而增大了高压喷射流的破

坏能力,形成的旋喷固结体直径较大,图 9-7 为不同类喷射流轴上动水压力与距离的关系,表明高速空气具有防止高速水喷射流动压急剧衰减的作用。

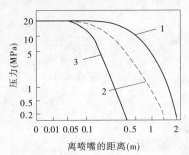

1—高压喷射流在空中单独喷射;2—水、气同轴喷
射流在水中喷射;3—高压喷射流在水中单独喷射

图 9-7　喷射流轴上动水压力与距离的关系

旋喷时,高压喷射流在地基中,把土体切削破坏,其加固范围就是喷射距离加上渗透部分或压缩部分的长度为半径的圆柱体。一部分细小的土粒被喷射的浆液所置换,随着液流被带到地面上(俗称冒浆),其余的土粒与浆液搅拌混合。在喷射动压力、离心力和重力的共同作用下,在横断面上土粒按质量大小有规律地排列起来,小颗粒在中部居多,大颗粒多数在外侧或边缘部分,形成了浆液主体搅拌混合、压缩和渗透等部分,经过一定时间便凝固成强度较高、渗透系数较小的固结体。随着土质的不同,横断面结构也多少有些不同,如图 9-8 所示。由于旋喷体不是等颗粒的单体结构,固结质量也不均匀,通常是中心部分强度低,边缘部分强度高。

定喷时,高压喷射注浆的喷嘴不旋转,只作水平的固定方向喷射,并逐渐向上提升,便在土中冲成一条沟槽,并把浆液灌进槽中,最后形成一个板状固结体。固结体在砂性土中有部分渗透层,而黏性土却无这一部分渗透层,如图 9-9 所示。

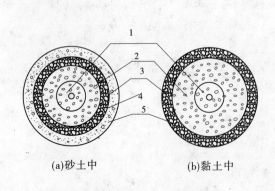

(a)砂土中　　　　　(b)黏土中

1—浆液主体部分;2—搅拌混合部分;
3—玉箱部分;4—渗透部分;5—硬壳

图 9-8　旋喷固结体横断面示意图

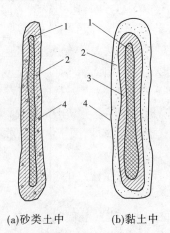

(a)砂类土中　　　(b)黏土中

1—浆液主体部分;2—搅拌混合部分;
3—渗透部分;4—硬壳

图 9-9　定喷固结体横断面结构示意图

(三)水泥与土的固结机制

水泥与水拌和后,首先产生铝酸三钙水化物和氢氧化钙,它们可溶于水,但溶解度不高,很快就达到饱和,这种化学反应连续不断地进行,就析出一种胶质物体。这种胶质物体有一部分混在水中悬浮,后来就包围在水泥微粒的表面,形成一层胶凝薄膜。所生成的硅酸二钙水化物几乎不溶于水,只能以无定形体的胶质包围在水泥微粒的表层,另一部分渗入水中。由水泥各种成分所生成的胶凝膜,逐渐发展起来成为胶凝体,此时表现为水泥的初凝状态,开始有胶黏的性质。此后,水泥各成分在不缺水、不干涸的情况下,继续不断地按上述水化程序发展、增强和扩大,从而产生下列现象:①胶凝体增大并吸收水分,使凝固加速,结合更密;②由干微晶(结晶核)的产生进而产生出结晶体,结晶体与胶凝体相互包围渗透并达到一种稳定状态,这就是硬化的开始;③水化作用继续深入到水泥微粒内部,使未水化部分再充盈为止。但无论水化时间持续多久,很难将水泥微粒内核全部水化完了,所以水化过程是一个长久的过程。

三、加固土的基本性质

(一)直径较大

旋喷固结体的直径大小与土的种类和密实程度有密切的关系。对黏土地基加固,单管旋喷注浆加固体直径一般为 0.3 ~ 0.8 m,三重管旋喷注浆加固体直径可达 0.7 ~ 1.8 m,二重管旋喷注浆加固体直径介于以上两者之间。多重管旋喷直径为 2.0 ~ 4.0 m,定喷和摆喷的有效长度为旋喷桩直径的 1.0 ~ 1.5 倍。

(二)固结体形状可不同

在均质土中,旋喷的圆柱体比较匀称;而在非均质土或有裂隙土中,旋喷的圆柱体不匀称,甚至在圆柱体旁长出翼片。由于喷射流脉动和提升速度不均匀,固结体的外表很粗糙。三重管旋喷固结体受气流影响,在粉质砂土中外表格外粗糙。

固结体的形状可通过喷射参数来控制,大致可喷成均匀圆柱状、非均匀圆柱状、圆盘状、板墙状及扇形状。

在深度大的土中,如果不采取其他措施,旋喷圆柱固结体可能出现上粗下细似胡萝卜的形状。

(三)重量轻

固结体内部土粒少并含有一定数量的气泡。因此,固结体的重量较轻,轻于或接近于原状土的密度。黏土固结体比原状土轻约 10%,但砂类土固结体也可能比原状土重 10%。

(四)渗透系数小

固结体内虽有一定的孔隙,但这些孔隙并不贯通,而且固结体有一层较致密的硬壳,其渗透系数达 10^{-6} cm/s 或更小,故具有一定的防渗性能。

(五)固结强度高

土体经过喷射后,土粒重新排列,水泥等浆液含量大。由于一般外侧土颗粒直径大,数量多,浆液成分也多,因此在横断面上中心强度低,外侧强度高,与土交换的边缘处有一圈坚硬的外壳。影响固结强度的主要因素是土质和浆材,有的使用同一浆材配方,软黏土的固结强度成倍地小于砂土的固结强度。

（六）单桩承载力高

旋喷柱状固结体有较高的强度,外形凸凹不平,因此有较大的承载力,固结体直径愈大,承载力愈高。固结体的基本性质如表9-2所示。

表9-2　高压喷射注浆固结体的基本性质

固结体性质		喷注种类		
		单管法	二重管法	三重管法
单桩垂直极限荷载(kN)		500~600	1 000~1 200	200
单桩水平极限荷载(kN)		30~40		
最大抗压强度(MPa)		砂类土10~20,黏土5~10,黄土5~10,砂砾8~20		
平均水平强度/平均抗压强度		1/5~1/10		
弹性模量(MPa)				
干密度(g/m³)		砂类土1.6~2.0	黏土1.4~1.5	黄土1.3~1.5
渗透系数(cm/s)		砂类土10^{-5}~10^{-6}	黏土10^{-6}~10^{-7}	砂砾10^{-6}~10^{-7}
黏聚力c(MPa)		砂类土0.4~0.5	黏土0.9~1.0	
内摩擦角φ(°)		砂类土30~40	黏土20~30	
N(击数)		砂类土30~50	黏土20~30	
弹性波速(km/s)	P波	砂类土2~3	黏土1.5~2.0	
	S波	砂类土1.0~1.5	黏土0.8~1.0	
化学稳定性能		较好		

第三节　基本设计计算方法

用旋喷桩处理地基,按复合地基设计;当用做挡土墙结构或者桩基时,按加固体独立承担荷载计算。

一、旋喷直径确定

通常应根据估计直径来选用喷射注浆的种类和喷射方式。对于大型的或重要的工程,估计直径应在现场通过试验确定。在无试验资料的情况下,对小型的或不太重要的工程,可根据经验选用表9-3所列数值,可采用矩形或梅花形布桩形式。

二、地基承载力计算

竖向旋喷桩复合地基承载力特征值应通过现场复合地基载荷试验确定。初步设计时,也可按式(6-1)估算。公式中β为桩间土承载力折减系数,可根据试验资料或类似土质条件工程经验确定,当无试验资料或经验时,可取 0 ~ 0.5,承载力较低时取低值。

表 9-3　旋喷桩的设计直径　　　　　　　　　　（单位:m）

土质		单管法	二重管法	三重管法
黏土	0 < N < 5	0.5 ~ 0.8	0.8 ~ 1.2	1.2 ~ 1.8
	0 < N < 5	0.4 ~ 0.7	0.7 ~ 1.1	1.0 ~ 1.6
	0 < N < 5	0.3 ~ 0.6	0.6 ~ 0.9	0.7 ~ 1.2
砂性土	0 < N < 5	0.6 ~ 1.0	1.0 ~ 1.4	1.5 ~ 2.0
	0 < N < 5	0.5 ~ 0.9	0.9 ~ 1.3	1.2 ~ 1.8
	0 < N < 5	0.4 ~ 0.8	0.8 ~ 1.2	0.9 ~ 1.5

注:N 为标贯击数。

单桩竖向承载力特征值可通过现场单桩载荷试验确定,也可按式(6-3)和式(9-4)中的较小值取值

$$R_a = \eta f_{cu} A_p \tag{9-4}$$

式中　R_a——单桩竖向承载力特征值,kN;

　　　η——桩身强度折减系数,依据《建筑地基处理技术规范》(JGJ 79—2002)取值,$\eta \leq 0.33$;

　　　f_{cu}——与旋喷桩身水泥土配比相同的室内加固土试块(边长为 70.0 mm 的立方体)在标准养护 28 d 龄期的立方体抗压强度平均值,kPa;

　　　A_p——桩的横截面面积,m^2。

三、地基变形计算

旋喷桩的沉降计算应为桩长范围内复合土层以及下卧层地基变形值之和,计算时采用复合地基沉降计算公式进行。

四、防渗堵水工程设计

防渗堵水工程设计时,最好按双排或三排布孔形成帷幕(见图 9-10),孔距为 $1.73R_0$(R_0 为旋喷设计半径)、排距为 $1.5R_0$ 最经济。

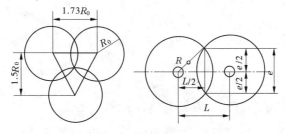

图 9-10　布孔孔距和旋喷注浆固结体交联图

若想增加每排旋喷桩的交圈厚度,可适当缩小孔距,按下式计算孔距

$$e = 2\sqrt{R_0^2 - \left(\frac{L}{2}\right)^2}$$ (9-5)

式中　e——旋喷桩的交圈厚度,m;

R_0——旋喷桩的半径,m;

L——旋喷桩孔位的间距,m。

定喷和摆喷是一种常用的防渗堵水的方法,由于喷射出的板墙壁长,不但成本较旋喷低,而且整体连续性亦高。相邻孔定喷帷幕形式如图 9-11 所示。摆喷防渗帷幕形式如图 9-12 所示。

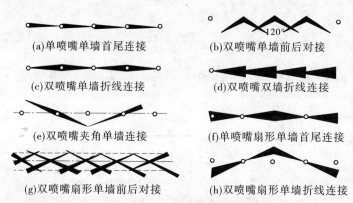

(a)单喷嘴单墙首尾连接　　　　　　(b)双喷嘴单墙前后对接

(c)双喷嘴单墙折线连接　　　　　　(d)双喷嘴双墙折线连接

(e)双喷嘴夹角单墙连接　　　　　　(f)单喷嘴扇形单墙首尾连接

(g)双喷嘴扇形单墙前后对接　　　　(h)双喷嘴扇形单墙折线连接

图 9-11　定喷帷幕形式示意图

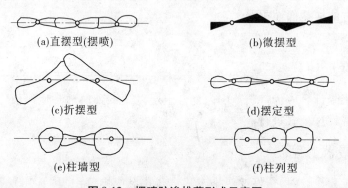

(a)直摆型(摆喷)　　　　　　　　　(b)微摆型

(c)折摆型　　　　　　　　　　　　(d)摆定型

(e)柱墙型　　　　　　　　　　　　(f)柱列型

图 9-12　摆喷防渗帷幕形式示意图

五、浆量计算

浆量计算有两种方法,即体积法和喷量法,取其大者作为设计喷射浆量。

(一)体积法

体积法的计算公式为

$$Q = \frac{\pi}{4} D_g K_1 h_1 (1 + \beta) - \frac{\pi}{4} D_0 K_2 h_2$$ (9-6)

式中　Q——需要用的浆量,m^3;

D_g——旋喷体直径,m;

D_0——注浆管直径,m;

K_1——填充率$(0.75 \sim 0.9)$;

h_1——旋喷长度,m;

K_2——未旋喷范围土的填充率$(0.5 \sim 0.75)$;

h_2——未旋喷长度,m;

β——损失系数$(0.1 \sim 0.2)$。

(二)喷量法

以单位时间喷射的浆量及喷射持续时间计算出浆量,计算公式为

$$Q = \frac{H}{v}q(1 + \beta) \tag{9-7}$$

式中　Q——浆量,m^3;

H——喷射长度,m;

v——提升速度,m/min;

q——单位时间喷浆量,m^3/min;

β——损失系数,通常取$0.1 \sim 0.2$。

根据计算所需的喷浆量和设计的水灰比,即可确定水泥的使用数量。

六、浆液材料与配方

喷射注浆是靠高压液流的冲击力破坏土层并与土体混合构成新的固结体,而静压注浆主要靠液流的渗透、压密和劈裂填充土体的空隙。因此,喷射注浆对浆液的要求与静压注浆有所不同,对材料种类、黏度与颗粒大小要求不再像静压注浆那样严密。

第四节　施工机具及方法

一、施工机具

高压喷射注浆的施工机具主要由钻机、特种钻杆、高压管路和高压发生设备四大部分组成。由于喷射种类不同,所使用的机器设备和数量均不同,表9-4为各种高压喷射注浆法主要施工机器及设备一览。主要包括钻机、高压泵、泥浆泵、空气压缩机等。进行喷射注浆施工机具的组配是比较简单的,上述机具中,有一些是施工单位中常备的机械,只要适当选购和做局部修改即可配套,进行喷射注浆施工。

表9-4　各种高压喷射注浆法主要施工机器及设备一览

序号	机械名称	型号	规格	所用机具		
				单管法	二重管法	三重管法
1	高压泥浆泵	SNS－H300 水流Y－2 型液压泵	30 MPa,150 L/min,135 kW	√	√	
2	高压水泵	3XB 型、3W6B 型、3W7B 型	35 MPa,20 MPa		√	√

续表 9-4

序号	机械名称	型号	规格	所用机具			
				单管法	二重管法	三重管法	
3	钻机	自选钻机		√	√	√	√
4	泥浆泵	BW – 150 型	7.0 MPa,80 ~ 150 L/min			√	√
5	空气压缩机	各种型号	3 m³/min,0.8 MPa		√	√	
6	泥浆搅拌机	各种型号	200 L/min	√	√	√	√
7	单管	普通地质管		√			
8	二重管	自制专用			√		
9	三重管	自制专用				√	
10	多重管						√
11	高压胶管		φ(19 ~ 22)	√	√	√	√

二、施工工序

(一)钻机就位

钻机安放在设计的孔位上并应保持垂直,施工时旋喷管的允许倾斜度不得大于1.5%。不同形式的喷头见图 9-13。

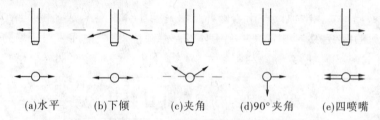

　(a)水平　　　(b)下倾　　　(c)夹角　　(d)90°夹角　　(e)四喷嘴

图 9-13　不同形式的喷头

(二)钻孔

单管旋喷常使用 76 型旋转振动钻机,钻进深度可达 30 m 以上,适用于标准贯入度小于40 的砂土和黏性土层。当遇到比较坚硬的地层时,宜用地质钻机钻孔。一般在二重管法和三重管法施工中都采用地质钻机钻孔。钻孔的位置与设计位置的偏差不得大于 50 mm。

(三)插管

插管是将喷管插入地层预定的深度。使用 76 型振动钻机钻孔时,插管与钻孔两道工序合二为一,即钻孔完成时插管作业同时完成。如使用地质钻机钻孔完毕,必须拔出岩芯管,并换上旋喷管循入到预定深度。在插管过程中,为防止泥沙堵塞喷嘴,可边射水、边插管,水压力一般不超过 1 MPa。若压力过高,则易将孔壁射塌。

(四)喷射作业

当喷管插入预定深度后,由下而上进行喷射作业,使用的参数见表 9-5。值班技术人员必须时刻注意检查浆液初凝时间、注浆流量、风量、压力、旋转提升速度等参数是否符合设计要求,并随时做好记录,绘制作业过程曲线。

当浆液初凝时间超过 20 h,应及时停止使用该水泥浆液(正常水灰比 1∶1),初凝时间为 15 h 左右)。

表 9-5　常用高压喷射注浆参数

高压喷射注浆种类			单管法	二重管法	三重管法
适用的土质			砂土、黏土、黄土、杂填土、小粒径砂砾		
浆液材料及其配方			以水泥为主要材料,加入不同外加剂后可具有速投、早强剂、抗蚀、防冻等性能,常用水灰比为 1∶3,亦可用化学材料		
高压喷射注浆参数值	水	压力(MPa)	—	—	20
		流量(L/min)	—	—	80~20
		喷嘴孔径(mm)及个数	—	—	$\phi2\sim\phi3$(1个或2个)
	空气	压力(MPa)	—	0.7	0.7
		流量(m³/min)	—	1~2	1~2
		喷嘴孔径(mm)及个数	—	1~2(1个或2个)	1~2(1个或2个)
	浆液	压力(MPa)	20	20	1~3
		流量(L/min)	80~120	80~120	100~150
		喷嘴孔径(mm)及个数	$\phi2\sim\phi3$(2个)	$\phi2\sim\phi3$(1个或2个)	$\phi10$(2个)$\sim\phi14$(1个)
	注浆管外径(mm)		$\phi42$ 或 $\phi45$	$\phi42$、$\phi50$、$\phi75$	$\phi75$ 或 $\phi90$
	提升速度(cm/min)		20~25	约10	约10
	旋转速度(r/min)		约20	约10	约10
高压喷浆成桩直径(m)			0.3~1.0	0.6~1.4	0.7~2.0
单向定喷板墙长度(m)					1.0~3.0
单向摆喷板墙长度(m)					1.0~2.0
固结体强度(MPa)	黏土		1~3	2~3	1~5
	砂土		3~4	4~10	5~15

(五)冲洗

喷射施工完毕后,应把注浆管等机具设备冲洗干净,管内、机内不得残存水泥浆。通常把浆液换成水,在地面喷射,以便把泥浆泵、注浆管和软管内的浆液全部排除。

(六)移动机具

将钻机等机具设备移到新孔位上。

三、高压喷射的施工工艺

高压喷射注浆的单管法、二重管法和三重管法,施工程序大体一致。单管法和二重管法的喷射管较细,可借助喷射管本身的喷射或振动贯入土中,只是在必要时才在地基中预先成孔,然后放入喷射管进行喷射注浆。三重管法的喷射管直径通常为 90 ~ 110 mm。如结构复杂,则需要顶先钻一个直径为 108 ~ 150 mm 的孔,然后放入喷射管。

三重管设备开动顺序是,先空载起动空压机,待运转正常后,再空载起动高压泵,然后同时向孔内送风和水,使风量和泵压逐渐升高至规定值,开动注浆泵,先向孔内送清水,待泵量泵压正常后开始注浆,估计水泥浆前峰已流出喷头后,才开始提升。提升到设计高度后,即可停风、停水,待水泥浆从孔口返出后,即可停止注浆,清洗管路和设备。

高压喷射过程中要根据地质和工程特点,调整高压喷射工艺和参数:

(1)高压喷射深度大时,易造成上粗下细的固结体,因而需采取增大喷射压力和流量或降低旋转和提升速度等措施。难以返浆时,还应增大风压。

(2)在喷射过程中,应观察冒浆情况(泥浆量及泥浆比重),及时了解土层变化、喷射注浆的大致效果和喷射参数是否合理。采用单管法,冒浆量小于注浆量的 20% 为正常。采用三管法,冒浆量则应大于高压水的喷射量。

冒浆过大,可减小注浆量或加快提升和回转速度,也可缩小喷嘴直径,提高喷射压力。若因地层有较大裂隙和空洞引起的不冒浆,可在浆液中掺加适量速凝剂和增大注浆量,也可先充填堵塞后高喷。

(3)根据工程需要,改变喷射方式。可改变喷射体的形状和尺寸;改变浆材(水泥 - 水玻璃双液高喷),可改变高喷体的初期强度。

(4)高压喷射后水泥浆有析水作用,造成顶部凹穴,可采取静压注浆或浆液中加膨胀材料或围堰补浆等措施。

四、注浆事故与预防

在注浆工程的施工中,由于种种因素造成的质量事故,随着工程重要性的提高,危害性逐渐增大。如引起构筑物某些部位的不均匀沉降、开裂,堵水工程的大量突水等。有时注浆方法是否可行主要取决于对环境的污染程度,如采用化学浆液可能对地下水源产生污染。因此,注浆工程的设计和施工必须认真对待,在确保工程质量的前提下,尽量减少对周围环境及地下水的污染。现将静压注浆及喷射注浆工程施工中的质量通病及防治措施简述如下。

喷射注浆施工中可能出现的问题与静压注浆相类似,相同之处不再赘述,现仅就喷射注浆施工中可能出现的问题进行论述。

喷射注浆的加固机制与静压注浆的加固机制有所不同,它主要是靠射流的冲击力破坏、切割土体,使浆液与土体强制混合,形成固结体。因此,出现的问题也不尽相同。

(一)固结体强度达不到设计要求

被处理工程的用途不同,对固结体强度的要求也不同:当形成的固结体作为建筑物、桥台和其他构筑物的基础时,强度要求较高;当用于止水防渗工程时,强度要求较低。固结体强度达不到设计要求时可能有如下几个原因。

1. 被注介质(土)的种类及物理力学性质

由于固结体是由浆液和土颗粒混合而成的,在固结体中土颗粒含量约为 50%,因此土的种类对固结体强度有较大的影响。一般情况下,无黏土的固结体强度是黏土的 2 倍。

2. 浆液材料的特性

浆液材料的特性对固结体强度也有较大的影响,被注介质为无黏土时,浆液的特性起主要作用;被注介质为黏土时,影响固结体强度的因素较复杂。

3. 水灰比

由于水泥水化所需水灰比较小(通常为水泥用量的 30% ~ 40%),而为保证浆液的可喷性,所需的水灰比较大,水泥与土粒混合后,有大量的游离水存在,影响了固结体的强度。

4. 喷射方式

喷射方式不同时,对固结体的强度也有一定的影响。三重管法喷射注浆时,由于以水射流为载能介质,使土中含水量增加,可引起浆液的沉淀和离析,因此比用单管法喷射注浆所形成的强度要低。

宜采取的措施如下:

(1)详细掌握工程地质资料,进行现场喷射注浆试验,取样测定其强度。

(2)使用高强度等级水泥,提高固结体强度。

(3)加入一定量的外加剂。

(4)控制浆液水灰比,适当加入减水剂,在不提高水灰比的条件下,增加浆液流动性。

(5)采用适宜的喷射注浆方式。

(二)产生瞬时沉降

在喷射注浆施工时,有时会引起地表以喷射孔为中心的塌陷。加固已有建筑物的地基时,可引起建筑物基础的瞬时沉降。

主要原因如下:

(1)地下存在溶洞、管沟等或某些渗透系数较大、有地下水流动的地层中喷射注浆时,浆液的流失带走大量土体,引起地表塌陷。

(2)当成桩直径较大时,被切割、破坏的土体范围较大,强度降低较多,在建筑物荷载作用下,基础产生瞬时沉降。

采取的主要措施如下:

(1)掌握地下土层及地下设施情况,采取相应的设计、施工措施。

(2)采用间隔布孔、改变喷射注浆的施工工艺。

(3)加入速凝剂,减少浆液损失。

须注意的是,加入外加剂后,可能引起固结体的后期强度降低;当施工组织不当时,可引起管路的堵塞及钢筋的锈蚀。因此,设计时应根据经济适用、安全可靠、技术合理的原则进行设计。

(三)固结体的直径达不到设计要求

1. 影响喷射注浆成桩直径的因素

(1)高压射流的载能介质的不同,单管法喷射注浆时,载能介质为水泥浆,它的稠度大,能量损失也大,因而扩散半径较小;三重管法喷射注浆时的载能介质为水,在相同的喷射压力下,对土体的破坏作用相对要大。

（2）土层种类的影响。

由于射流压力一般为 20～30 MPa，不能切割卵石、砾石等大颗粒的土体，因而若被破坏土体为圆砾、角砾等大颗粒的土体或大颗粒含量较多时，或为有机土时，成桩直径均较小或不规则。

（3）地下水流动的影响。

由于水流的作用使固结体截面不规则，或固结体内部有缺陷。

2. 采取的主要措施

（1）采用复喷工艺。

（2）控制钻杆的提升速度和旋转速度。

（3）喷射注浆法不适用的土层。

（4）设计上采取措施，如增加喷射桩数、减小孔距等。

（四）浆液流失

浆液流失表现在以下两个方面：

（1）浆液沿钻杆上冒，特别是三重管法喷射注浆时，易产生此现象。

（2）浆液沿地下土层裂隙、孔洞或地下设施的通道流失。

采取的措施主要有：

（1）采用速凝浆液，即在水泥浆液中加入速凝剂。

（2）采用水泥－水玻璃双液浆。

（3）控制浆液水灰比，增加水泥用量。

第五节　质量控制与检测

一、质量控制

（1）施工前应先进行场地平整，挖好排浆沟，并应根据现场环境和地下埋设物的位置等情况，符合高压喷射注浆的设计孔位。

（2）水泥在使用前应做质量鉴定。搅拌水泥浆所用的水，应符合《混凝土用水标准》（JGJ 63—2006）的规定。

（3）做好钻机定位，钻机与高压注浆泵的距离不宜过远。要求钻机安放位置水平，钻杆保持垂直，其倾斜度不大于 1.5%。钻孔的位置与设计位置的偏差不得大于 50 mm。

（4）当注浆管贯入土中，喷嘴达到设计标高时，即可喷射注浆。在喷射注浆参数达到规定值后，随即分别按旋喷、定喷、摆喷的工艺要求，提升注浆管，由下而上喷射注浆。注浆管分段提升的搭接长度不得小于 100 mm。

（5）在高压喷射注浆过程中出现压力骤然下降、上升或大量冒浆等异常事故时，应停止提升和喷射注浆，以防桩体中断，同时立即查明产生的原因并及时采取措施排除故障。当发现有浆液喷射不足，影响桩体直径时，应进行复核。

（6）当高压注浆完毕，应迅速拔出注浆管，用清水冲洗管路，为防止浆液凝固收缩影响桩顶高程，必要时可在原孔位采取冒浆回灌或第二次注浆等措施。

二、质量检测

(一)检验内容

高压喷射注浆质量检验内容有:

(1)固结体的整体性和均匀性。

(2)固结体的有效直径。

(3)固结体的垂直度。

(4)固结体的强度特性(包括桩的轴向压力、水平力、抗酸碱性、抗冻性和抗渗性等)。

(5)固结体的溶蚀和耐久性能。

(6)喷射质量的检验:①施工前,主要通过现场旋喷试验,了解设计采用的旋喷参数、浆液配方和选用的外加材料是否合适,固结体质量能否达到设计要求。如某些指标达不到设计要求时,则可采取相应措施,使喷射质量达到设计要求。②施工后,对喷射施工质量的鉴定,一般在喷射施工过程中或施工告一段落时进行。检查数量应为施工总数的2%~5%,少于20个孔的工程,至少要检验两个点。检验对象应选择地质条件较复杂的地区及喷射时有异常现象的固结体。

凡检验不合格者,应在不合格的点位附近进行补喷或采取有效补救措施,然后进行质量检验。

高压喷射注浆处理地基的强度较低,28 d 的强度为 1~10 MPa,强度增长速度较慢。检验时间应在喷射注浆后 4 周进行,以防在固结强度不高时因检验而受到破坏,影响检验的可靠性。

(二)检验方法

1. 开挖检验

高压喷射完毕,待浆液凝固具有一定强度后,即可开挖检查固结体垂直度和固结形状。因开挖工作量大,一般限于浅层。

2. 钻孔取芯

在已旋喷好的固体中钻取岩芯,并将岩芯做成标准试件进行室内物理力学性能试验。根据工程要求亦可在现场进行钻孔,做压力注水和抽水两种渗透试验,测定其抗渗能力。

3. 标准贯入试验

可在现场进行钻孔,在孔内旋喷固结体的中部进行标准贯入试验,确定不同深度的强度值。

4. 载荷试验

静载荷试验分垂直推力和水平推力载荷试验两种。做垂直推力载荷试验时,需在顶部 0.5~1.0 m 浇筑 0.2~0.3 m 厚的钢筋混凝土桩帽;做水平推力载荷试验时,在固结体的加载受力部位,浇筑 0.2~0.3 m 厚的钢筋混凝土加荷载面,混凝土的强度等级不低于 C20。

载荷试验是检验建筑地基处理质量的良好方法,有条件的地方应尽量采用。虽载荷试验设备等较复杂,但对重要建筑物仍以做载荷试验为宜。

5. 无损检测

无损检测主要是动测法,将喷桩看做类似于桩基,用桩基检测的大小应变法进行检测。

(三)高压喷射地基的允许偏差和检验方法

高压喷射地基的允许偏差和检验方法如表9-6所示。

表9-6　高压喷射地基的允许偏差和检验方法

序号	项目	允许偏差(mm)	检验方法
1	桩位中心位移	50	拉线和尺量检查
2	喷射注浆管垂直度	$1.5H/100$	用测斜仪或吊线和尺量检查

注:H 为喷射注浆管长度。

思考题与习题

9-1　简述高压喷射注浆法的适用范围。

9-2　高压喷射注浆法有哪些分类?

9-3　简述高压喷射注浆法的加固原理。

9-4　高压喷射注浆法有哪些质量检测项目?

9-5　某均质黏土场地中采用高压喷射注浆法处理,桩径为 500 mm,桩距为 1.0 m,桩长为 12 m,桩体抗压强度 $f_{cu}=5.5$ MPa,正方形布桩,场地土层 $q_{sk}=15$ kPa,$f_{ak}=140$ kPa,桩间土承载力折减系数为 0.4,按《建筑地基处理技术规范》(JGJ 79—2002)计算:①单桩承载力;②复合地基承载力。

第十章　灌浆法

第一节　概　述

一、灌浆法的定义

灌浆法是指利用一般的液压、气压或电化学法通过注浆管把浆液注入地层中，浆液以填充、渗透和挤密等方式，进入土颗粒间孔隙中或岩石的裂隙中，经一定时间后，将原来松散的土粒或裂隙胶结成一个整体，形成一个强度大、防渗性能高和化学稳定性良好的固结体。

灌浆法首次应用于 1802 年，法国工程师 Charles Beriguy 在 Dippe 采用灌注黏土和水硬石灰浆的方法修复了一座受冲刷的水闸。此后，灌浆法成为地基加固中的一种方法，在我国煤炭、冶金、水电、建筑、交通和铁道等行业已经得到广泛的应用，并取得了良好的效果。

二、灌浆法的目的

地基处理中灌浆法的主要目的如下。

(一)防渗

降低地基土的透水性，防止流砂、钢板桩渗水、坝基漏水、隧道开挖时涌水以及改善地下工程的开挖条件。

(二)堵漏

堵漏是指截断水流(见图 10-1)，改善施工运行条件，封填孔洞，堵截流水。

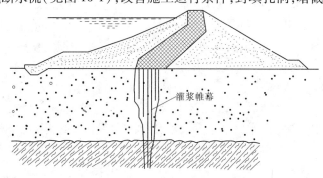

图 10-1　坝基防渗帷幕灌浆

(三)加固

提高岩土的力学强度和变形模量，恢复混凝土结构及圬工建筑物的整体性(见

图 10-2），防止桥墩和边坡岸的冲刷；整治塌方滑坡，处理路基病害；对原有建筑物地基的加固处理（见图 10-3）。

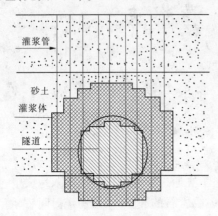

灌浆管

砂土灌浆体

隧道

图 10-2　提高围岩整体性　　　　　　　　图 10-3　地基加固

（四）纠正建筑物偏斜

提高地基承载力，减小地基的沉降和不均匀沉降，使已发生不均匀沉降的建筑物恢复原位或减小其偏斜度。

三、灌浆法的分类

（一）按灌浆材料分类

1. 灌浆材料的性质

灌浆工程中所用的浆液是由主剂、溶剂及各种附加剂混合而成的，通常所说的灌浆材料，是指浆液中所用的主剂。外加剂可根据在浆液中所起的作用，分为固化剂、催化剂、速凝剂、缓凝剂和悬浮剂等。

注浆材料分为粒状悬浮浆液或液态化学浆液两种。粒状悬浮浆液包括水泥浆、水泥黏土浆、水泥砂浆、水泥粉煤灰等，这些材料容易取得，价格低廉，无毒性，对环境无污染。但由于颗粒较粗，可灌性受到限制，对粗砂以下的土不易取得良好效果。液态化学浆液的种类较多，可分为有机和无机两大类，这些材料易灌性好，但一般价格较贵，都有毒性，易对环境造成污染，其中水玻璃是无毒的，因此水玻璃是常用的加固材料。

灌浆材料按其形态可分为颗粒型浆材、溶液型浆材和混合型浆材三个系统。颗粒型浆材以水泥为主剂，故多称其为水泥系浆材；溶液型浆材由两种或多种化学材料配制，故通称其为化学浆材；混合型浆材则由上述两类浆材按不同比例混合而成。

各种灌浆材料的主要性质概括为分散度、沉淀析水性、凝结性、热学性、收缩性、结石强度、渗透性和耐久性。

2. 分类

按浆液材料灌浆法主要分为水泥灌浆、水泥砂浆灌浆、黏土灌浆、水泥黏土灌浆、硅酸钠或高分子溶液化学灌浆。

（二）按灌浆的作用分类

按灌浆所起的作用划分为：防渗帷幕灌浆，岩石固结灌浆，填充隧洞混凝土衬砌层与岩石之间空隙的回填灌浆,混凝土坝体接缝灌浆,填充钢板衬砌与混凝土之间缝隙、混凝土坝体与基岩之间缝隙的接触灌浆,填充混凝土建筑物或土堤、土坝裂缝或空洞的补强灌浆。

1. 帷幕灌浆

帷幕灌浆是用浆液灌入岩体或土层的裂隙、孔隙,形成防水幕,以减小渗流量或降低扬压力的灌浆。例如,在水利工程中,在坝基偏上游部位进行 1~3 排深孔灌浆,充填和胶结裂隙,构成一道不透水的帷幕,达到减少坝基渗漏和降低坝底扬压力的目的。

2. 固结灌浆

固结灌浆是指用浆液灌入岩体裂隙或破碎带,以提高岩体的整体性和抗变形能力的灌浆。其涉及的平面范围大,孔深一般为 5~10 m。

3. 接触灌浆

接触灌浆是指通过浆液灌入混凝土与基岩或混凝土与钢板之间的缝隙,以增加接触面结合能力的灌浆。

4. 接缝灌浆

接缝灌浆是指通过埋设管路或其他方式将浆液灌入混凝土坝体的接缝,以改善传力条件增强坝体整体性的灌浆。

5. 回填灌浆

回填灌浆是指用浆液填充混凝土与围岩或混凝土与钢板之间的空隙和孔洞,以增强围岩或结构的密实性的灌浆。

（三）按被灌地层分类

按被灌地层的构成,灌浆法可划分为岩石灌浆、岩溶灌浆(见岩溶处理)、砂砾石层灌浆和粉细砂层灌浆。

（四）按灌浆压力分类

按灌浆压力,灌浆法可划分为小于 40×10^5 Pa 的常规压力灌浆、大于 40×10^5 Pa 的高压灌浆。

（五）按灌浆机制分类

根据灌浆机制,灌浆法可分为下述几类。

1. 渗透灌浆

渗透灌浆是指在压力作用下使浆液充填土的孔隙和岩石的裂隙,排挤出孔隙中存在的自由水和气体,而基本上不改变原状土的结构和体积(砂性土灌浆的结构原理),所用灌浆压力相对较小。这类灌浆一般只适用于中砂以上的砂性土和有裂隙的岩石。代表性的渗透灌浆理论有球形扩散理论、柱形扩散理论和袖套管法理论。

2. 劈裂灌浆

劈裂灌浆是指在压力作用下,浆液克服地层的初始应力和抗拉强度,引起岩石和土体结构的破坏与扰动,使其沿垂直于小主应力的平面上发生劈裂,使地层中原有的裂隙或孔隙张开,形成新的裂隙或孔隙,浆液的可灌性和扩散距离增大,而所用的灌浆压力相对较高。

(1)对岩石地基,目前常用的灌浆压力尚不能使新鲜岩体产生劈裂,主要是使原有的隐裂隙或微裂隙产生扩张。

(2)对于砂砾石地基,其透水性较大,浆液掺入将引起超静水压力,到一定程度后将引起砂砾石层的剪切破坏,土体产生劈裂。

(3)对黏土地基,在具有较高灌浆压力作用下,土体可能沿垂直于小主应力的平面产生劈裂,浆液沿劈裂面扩散,并使劈裂面延伸。在荷载作用下地基中各点小主应力方向是变化的,而且应力水平不同,在劈裂灌浆中,劈裂缝的发展走向较难估计。

3. 挤密灌浆

挤密灌浆是指通过钻孔在土中灌入极浓的浆液,在注浆点使土体挤密,在注浆管端部附近形成"浆泡"。

当浆泡的直径较小时,灌浆压力基本上沿钻孔的径向扩展。随着浆泡尺寸的逐渐增大,便产生较大的上抬力而使地面抬动。

经研究证明,向外扩张的浆泡将在土体中引起复杂的径向和切向应力体系。紧靠浆泡处的土体将遭受严重破坏和剪切,并形成塑性变形区,在此区内土体的密度可能因扰动而减小;离浆泡较远的土则基本上发生弹性变形,因而土的密度有明显的增加。

浆泡的形状一般为球形或圆柱形。在均匀土中的浆泡形状相当规则,而在非均质土中则很不规则。浆泡的最后尺寸取决于很多因素,如土的密度、湿度、力学性质、地表约束条件、灌浆压力和注浆速率等。有时浆泡的横截面直径可达 1 m 或更大,实践证明,离浆泡界面 0.3 ~ 2.0 m 内的土体都能受到明显的加密。

挤密灌浆常用于中砂地基,黏土地基中若有适宜的排水条件也可采用。当遇排水困难而可能在土体中引起高孔隙水压力时,这就必须采用很低的注浆速率。挤密灌浆可用于非饱和的土体,以调整不均匀沉降进行托换技术,以及在大开挖或隧道开挖时对邻近土进行及时加固。

4. 电动化学灌浆

电动化学灌浆是指在施工时将带孔的注浆管作为阳极,用滤水管作为阴极,将溶液由阳极压入土中,并通以直流电(两电极间电压梯度一般采用 0.3 ~ 1.0 V/cm),在电渗作用下,孔隙水由阳极流向阴极,促使通电区域中土的含水量降低,并形成渗浆通路,化学浆液也随之流入土的孔隙中,并在土中硬结。因而,电动化学灌浆是在电渗排水和灌浆法的基础上发展起来的一种加固方法。但由于电渗排水作用,可能会引起邻近既有建筑物基础的附加下沉,这一情况应予慎重注意。

还有其他不同的分类方法,如常见到的有充填灌浆、裂缝灌浆、应急灌浆、纠偏灌浆、界面灌浆等。

四、灌浆法的应用范围

灌浆法适用于土木工程中的各个领域,例如:

(1)坝基:砂基、砂砾石地基、喀斯特溶洞及断层软弱夹层等。

(2)房基:一般地基及振动基础等,包括对已有建筑物的修补(见图 10-4)。

(3)道路基础:公路、铁道和飞机场跑道等。

(4)地下建筑:输水隧洞、矿井巷道、地下铁道和地下厂房等。

(5)其他:预填骨料灌浆、后拉锚杆灌浆及灌注桩后灌浆等。

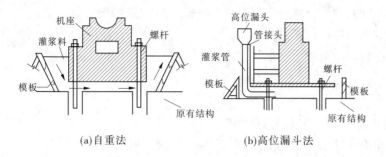

(a)自重法　　　　　　　(b)高位漏斗法

图 10-4　设备基础灌浆

五、灌浆法的发展趋势

（1）灌浆法的应用领域越来越大，除坝基防渗加固外，在其他土木工程建设中如铁道、矿井、市政和地下工程等，灌浆法也占有十分重要的地位。它不仅在新建工程，而且在改建和扩建工程中都有其广泛的应用领域。实践证明，灌浆法确实是一门重要且颇有发展潜力的地基加固技术。

（2）浆材品种越来越多，浆材性能和应用问题的研究更加系统和深入，各具特色的浆材已能充分满足各类建筑工程和不同地基条件的需要。有些浆材通过改性使其缺点消除，正向理想浆材的方向发展。

（3）为解决特殊工程问题，化学浆材的发展提供了更加有效的手段，使灌浆法的总体水平得到提高。然而，由于造价、毒性和环境污染等因素，国内外各类灌浆工程中仍是水泥系和水玻璃系浆材占主导地位，高价的有机化学浆材一般仅在特别重要的工程中，以及上述两类浆材不能可靠地解决问题的特殊条件下才使用。

（4）劈裂灌浆在国外已有 30 多年的历史，我国自 20 世纪 70 年代末在乌江渡坝基采用这类灌浆工艺建成有效的防渗帷幕后，也已取得明显的发展，尤其在软弱地基中，劈裂灌浆技术已越来越多地被用做提高地基承载力和减小沉降的手段。

（5）在一些比较发达的国家，电子计算机监测系统已较普遍地在灌浆施工中用来收集和处理诸如灌浆压力、浆液稠度和耗浆量等重要参数，这不仅可使工作效率大大提高，还能更好地控制灌浆工序和了解灌浆过程本身，促进灌浆法从一门工艺转变为一门科学。

（6）由于灌浆施工属隐蔽性作业，复杂的地层构造和裂隙系统难以模拟，故开展理论研究实为不易。与浆材品种的研究相比，国内外在灌浆理论方面都仍属比较薄弱的环节。

第二节　灌浆基本理论

灌浆就是要让水泥或其他浆液在周围土体中通过渗透、充填、压密扩展形成浆脉。由于地层中土体的不均匀性，通过钻孔向土层中加压灌入一定水灰比的浆液，一方面灌浆孔向外扩张形成圆柱状浆体，钻孔周围土体被挤压充填，紧靠浆体的土体遭受破坏和剪切，形成塑性变形区，离浆体较远的土体则发生弹性变形，钻孔周围土体的整体密度得到提高。另一方面，随着灌浆的进行，土体裂缝的发展和浆液的渗透，浆液在地层中形成方向各异、厚薄不一的片状、条状、团块状浆体,纵横交错的浆脉随着其凝结硬化,造成结石体与土体之间紧密而粗糙的接触,沿灌浆管形成不规则的、直径粗细相间的桩柱体。这种桩柱体与压密的地基土形成复合地基,相互共同作用起到控制沉降、提高承载力的作用。

一、灌浆法的加固作用

(一)注浆喷射流切割破坏土体作用

喷流动压以脉冲形式冲击土体,使土体结构破坏,出现空洞。

(二)混合搅拌作用

钻杆在旋转和提升的过程中,在射流后面形成空隙,在喷射压力作用下,迫使土粒向与喷嘴移动相反的方向(即阻力小的方向)移动,与浆液搅拌混合后形成固结体。

(三)置换作用

高速水射流切割土体的同时,由于通入压缩空气而把一部分切割下的土粒排出灌浆孔,土粒排出后所空下的体积由灌入的浆液补入。

(四)充填、渗透固结作用

高压浆液充填冲开的和原有的土体空隙,析水固结,还可渗入一定厚度的砂层而形成固结体。

(五)压密作用

注浆在切割破碎土体的过程中,在破碎带边缘还有剩余压力,这种压力对土层可产生一定的压密作用,使注浆体边缘部分的抗压强度高于中心部分。

二、灌浆后被加固体的特点

(1)固结体范围可调整。根据加固需求和浆液的种类不同,可以设计不同的加固体范围,有 $0.3 \sim 6.0$ m 不等。

(2)固结体形状可不同。在均质土中,可形成圆柱体、非均匀圆柱状、圆盘状、板墙状及扇形状等。

(3)重量轻。固结体内部土粒少并含有一定数量的气泡,故固结体的重量较轻,轻于或接近于原状土的密度。黏土固结体比原状土轻约 10%,但砂类土固结体也可能比原状土重 10%。

(4)渗透系数小。固结体内虽有一定的孔隙,但这些孔隙并不贯通,而且固结体有一层较致密的硬壳,其渗透系数达 10^{-6} cm/s 或更小,故具有较好的防渗性能。

(5)固结体强度高,具有较好的耐久性。固结体强度主要取决于原地土质、喷射材料和置换程度(填充率)。在黏土和黄土中固结体抗压强度通常为 $5 \sim 10$ MPa,砂类土和砂粒层中固结体抗压强度可达 $8 \sim 20$ MPa。固结体抗拉强度一般为其抗压强度的 $1/5 \sim 1/10$。

由于一般固结体外侧土粒直径大,数量多,浆液成分也多,因此在横断面上中心强度低,外侧强度较高。

第三节 设计计算

一、设计前收集的资料

设计前需做好工程地质和水文地质勘探,掌握岩性、岩层构造、裂隙、断层及其破碎带、软弱夹层、岩溶分布及其充填物、岩石透水性、砂或砂卵石层分层级配、地下水埋藏及补给条件、水质及流速等情况。进行坝体补强灌浆设计时,摸清裂缝、架空洞穴大小及分布情况。规模较大的灌浆工程需进行现场灌浆试验,以便确定灌浆孔的孔深、孔距、排距、排数,选定灌浆材料、压力、顺序、施灌方法、质量标准及检查方法等。灌浆压力是一项重要参数,既要保证灌浆质量,又要不破坏或抬动被灌地层和建筑物。

二、理论计算

(一)常规设计

灌浆技术的关键是灌浆压力的选择和控制、浆材配比和灌浆工艺。

1.灌浆标准

所谓灌浆标准,是指设计者要求地基灌浆后应达到的质量指标。所用灌浆标准关系到工程量、进度、造价和建筑物的安全。

设计标准涉及的内容较多,而且工程性质和地基条件千差万别,对灌浆的目的和要求很不相同,因而很难规定一个比较具体和统一的准则,而只能根据具体情况作出具体的规定。一般有防渗标准、强度和变形标准及施工控制标准等。

施工控制标准是获得最佳灌浆效果的保证。如果灌浆对象是杂填土,由于均一性差、孔隙变化大、理论耗浆量不定,故不单纯用理论耗浆量来控制,同时还按耗浆量降低率来控制,即孔段耗浆量随灌浆次序的增加而减少。

2.浆材及配方设计

地基灌浆工程对浆液的技术要求较多,可根据土质和灌浆目的进行选择。一般应优先考虑水泥系浆材或通过灌浆试验确定。浆液的选择可参照表10-1。

表10-1 按注浆目的不同对注浆材料的选择

项目			基本条件
改良目的	加固地基	堵水注浆	渗透性好、黏度低的浆液(作为预注浆使用悬浊型)
		渗透注浆	渗透性好、一定强度,即黏度低的溶液型浆液
		脉状注浆	凝胶时间短的均质凝胶,强度大的悬浊型浆液
		渗透脉状注浆并用	均质凝胶强度大且渗透性好的浆液
	防止涌水注浆		凝胶时间不受地下水稀释而延缓的浆液
			瞬时凝固的浆液(溶液或悬浊型的)(使用双层管)
综合注浆	预处理注浆		凝胶时间短,均质凝胶强度比较大的悬浊型浆液
	正式注浆		和预处理材料性质相似的渗透性好的浆液
特殊地基处理注浆			对酸性、碱性地基、泥炭应事前进行试验校核后选择注浆材料
其他注浆			研究环境保护(毒性、地下水污染、水质污染等)

　　浆材采用不同比例的配方,灌浆效果截然不同。一般水灰比为 0.6 ~ 2.0,常用的水灰比为 1.0,若被处理的土质为杂填土,局部孔隙较大,导致灌浆量过大时,采用水:水泥:细砂 = 0.75:1:1 的水泥砂浆灌注。

　　为了调节水泥浆的性能,有时可加入速凝剂或缓凝剂等附加剂。常用的速凝剂有水玻璃和氯化钙,其用量为水泥重量的 1% ~ 2%;常用的缓凝剂有木质素磺酸钙和酒石酸,其用量为水泥重量的 0.2% ~ 0.5%。

　　当钻孔钻至设计深度后,通过钻杆要注入封闭泥浆,封闭泥浆的 7 d 无侧限抗压强度宜为 0.3 ~ 0.5 MPa,浆液黏度为 80 ~ 90 s。

　　3. 浆液扩散半径 r 的确定

　　浆液扩散半径 r 是一个重要的参数,它对灌浆工程量及造价具有重要的影响。r 值应通过现场灌浆试验来确定。灌浆孔径一般是 70 ~ 100 mm,而加固半径与孔隙大小、浆液黏度、凝固时间、灌浆速度、灌浆压力和灌浆量等因素有关,加固半径通常在 0.3 ~ 1.0 m 变化,不同的被处理对象孔隙率、渗透系数变化很大,因而仅用理论公式计算浆液扩散半径显然不甚合理,一般应通过试验确定。

　　灌注厚度一般不大于 0.5 m,一次灌注不能完成者需要进行多层灌注,层次的厚度与工程要求和地基土的孔隙大小有关,同时受注浆管花管长度的限制,灌注前应通过试验确定。

　　对于黏土层,由于地层空隙很小,浆液无法渗入,只能通过劈裂作用注放浆液,浆液扩散具有规则性,注浆设计施工可用"浆液有效半径"来表示交流扩散范围。

　　对于砂性土层,由于地层空隙较大,浆液以填充固结为主,其扩散半径远大于黏土中的扩散半径。当为一段路段处治时,扩散半径可取大值;当为中、小构造物路段处治时,扩散半径可取小值。

　　在没有试验资料时,浆液扩散半径可按土的渗透系数参照表 10-2 确定。

表 10-2　按土的渗透系数选择浆液扩散半径

砂土(双液硅化法)		粉砂(单液硅化法)		黄土(单液硅化法)	
渗透系数(m/d)	加固半径(m)	渗透系数(m/d)	加固半径(m)	渗透系数(m/d)	加固半径(m)
2 ~ 10	0.3 ~ 0.4	0.3 ~ 0.5	0.3 ~ 0.4	0.1 ~ 0.3	0.3 ~ 0.4
10 ~ 20	0.4 ~ 0.6	0.5 ~ 1.0	0.4 ~ 0.6	0.3 ~ 0.5	0.4 ~ 0.6
20 ~ 50	0.6 ~ 0.8	1.0 ~ 2.0	0.6 ~ 0.8	0.5 ~ 1.0	0.6 ~ 0.9
50 ~ 80	0.8 ~ 1.0	2.0 ~ 5.0	0.8 ~ 1.0	1.0 ~ 2.0	0.9 ~ 1.0

　　4. 灌浆孔位布置

　　灌浆孔的布置是根据浆液的灌浆有效范围,且应相互重叠,使被加固土体在平面和深度范围内连成一个整体的原则决定的。

　　如果灌浆孔采取梅花形分布,假定灌浆体的厚度为 b,则灌浆孔距 L 为

$$L = 2 \times (r - b/4)/2 \tag{10-1}$$

式中　r——浆液扩散半径,m;

b——灌浆体的厚度,m。

最优排距 R_m 为

$$R_m = r + b/2 \tag{10-2}$$

式中符号意义同上。

5. 灌浆孔孔深

根据工程地质资料确定孔深。

6. 灌浆压力

灌浆压力通常是指不会使地表面产生变化和邻近建筑物受到影响前提下可能采用的最大压力。注浆压力一般与处理深度处的覆盖压力、建筑物的荷载、浆液黏度、灌注速度和灌浆量等因素有关。注浆过程中压力是变化的,起始压力小,最终压力高,在一般情况下每深 1 m 压力增加 20 ~ 50 kPa。灌浆压力值与地层土的密度、强度和初始应力、钻孔深度、位置及灌浆次序等因素有关,而这些因素又难以准确预知,因而宜通过现场灌浆试验来确定。

灌浆压力 P 按下式计算

$$p = p_1 + p_2 \pm p_3 \tag{10-3}$$

式中　p_1——灌浆管路中压力表的指示压力,Pa;

　　　p_2——计入地下水位影响以后的浆液自重压力,按最大的浆液比重进行计算,Pa;

　　　p_3——浆液在管路中流动时的压力损失,Pa。

确定灌浆压力的原则是:在不致破坏基础和坝体的前提下,尽可能采用较高的压力。高压灌浆可以使浆液更好地压入缩小缝隙内,增大浆液扩散半径,析出多余的水分,提高灌注材料的密实度。当然,灌浆也不能过高,以致使裂隙扩大,引起被加固地面或坝体的抬高变形。

7. 灌浆量

灌浆量 Q 计算公式为

$$Q = KVn \tag{10-4}$$

式中　V——灌浆对象的体积,m^3;

　　　n——土的孔隙率;

　　　K——经验系数值,对于软土、黏土、细砂,$K = 0.3 \sim 0.5$,对于中砂、粗砂,$K = 0.5 \sim 0.7$,对于砾砂,$K = 0.7 \sim 1.0$,对于湿陷性黄土,$K = 0.5 \sim 0.8$。

一般情况下,黏土地基中的浆液注入率为 15% ~ 20%。

由于常用的水泥颗粒较粗,一般只能灌注直径大于 0.2 mm 的孔隙,而对孔隙较小的就不易灌进,所以选择浆液材料时,浆液的可灌性是决定灌浆效果的最重要参数,根据《建筑地基处理技术规范》(JGJ 79—2002)灌浆也可以用下式评价其可灌性

$$M = D_{15}/d_{85} \tag{10-5}$$

式中　M——灌入比;

　　　D_{15}——受灌地层中 15% 的颗粒小于该粒径,mm;

　　　d_{85}——灌注材料中 85% 的颗粒小于该粒径,mm。

$M > 15$ 可灌注水泥浆,$M > 10$ 可灌注水泥黏土浆。如可灌性不好,可采用水玻璃类

浆液灌浆。

灌浆的流量一般为 7~10 L/min。对充填型灌浆,流量可适当加大,但也不宜大于 20 L/min。

8. 注浆顺序

注浆顺序必须采用适合于地基条件、现场环境及注浆目的的方法进行,一般不宜采用自注浆地带某一端单向推进压注方式,应按跳孔间隔注浆方式进行,以防止串浆,提高注浆孔内浆液的强度与时俱增的约束性。对有地下动水流的特殊情况,应考虑浆液在动水流下的迁移效应,从水头高的一端开始注浆。

对加固渗透系数相同的土层,首先应完成最上层封顶注浆,然后按由下而上的原则进行注浆,以防浆液上冒。如土层的渗透系数随深度而增大,则应自下而上进行注浆。

注浆时应采用先外围、后内部的注浆顺序;当注浆范围以外有边界约束条件(能阻挡浆液流动的障碍物)时,也可采用自内侧开始顺次往外侧的注浆方法。

9. 灌浆结束标准

灌浆的结束条件有两个控制指标。

1)残余吸浆量

残余吸浆量又称最终吸浆量,即灌到最后的限定吸浆量。

2)吸浆时间

吸浆时间是指在残余吸浆量的条件下保持设计规定压力的延续时间。

在规定的灌浆压力下,孔段吸浆量小于 0.6 L/min,延续 30 min 即可结束灌浆,或孔段单位吸浆量大于理论估算值时也可结束灌浆。

10. 压水试验设计

通过压水试验最后选定灌浆压力,压水试验是在一定的压力之下,通过钻孔将水压入到孔壁四周的缝隙中,根据压水量和压水的时间,计算出代表岩层渗透特性的技术参数。

确定代表岩层的渗透特性的参数单位吸水量 ω,在单位时间内,通过单位长度试验孔段,在单位水头作用下所压入的水量。单位吸水量 ω 可按下式计算

$$\omega = Q/(LH) \tag{10-6}$$

式中　Q——单位时间内试验孔段的注水总量,L/min;

　　　H——压水试验的计算水头,m;

　　　L——压水试验孔段的长度,m;

　　　ω——单位吸水量,L/(min·m·m)。

(二)帷幕灌浆的设计

1. 帷幕的设置

1)帷幕的位置

堤防基础的灌浆帷幕应与堤防防渗体(多由黏土一类的不透水材料所构成)相连,因此帷幕宜设在堤防临水侧铺盖下或临水坡脚下,见图 10-5。

2)帷幕的形式

(1)均厚式帷幕:帷幕各排孔的深度均相同,称为均厚式帷幕。在砂砾石层厚度不大,灌浆帷幕不甚深的情况下,一般多采用这种形式。

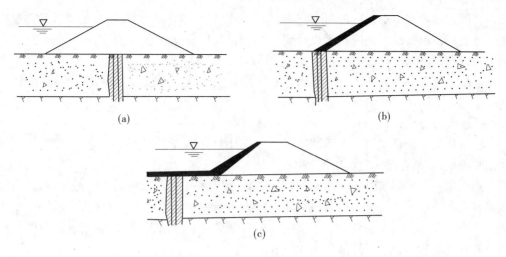

(a)　　　　　　　　　　　　　　(b)

(c)

图 10-5　帷幕位置示意图

（2）阶梯式帷幕：在深厚的砂砾石层中，因为渗流坡降随砂砾石层的加深（即随帷幕的加深）而逐渐减小，故设置深帷幕时，多采用上部排数多的方式；幕窄的部位，灌浆孔的排数少。

3）帷幕的深度和厚度

一般情况下，帷幕深度宜穿过砂砾石层达到基岩，这样可以起到全部封闭渗流通道的作用。帷幕的厚度 T 主要是根据幕体内的允许坡降值来确定的，但可按下式作初步估算

$$T = H/J \tag{10-7}$$

式中　H——最大作用水头，m；

J——帷幕的容许比降，对一般黏土浆可采用 $J \leqslant 3 \sim 4$。

当砂砾石厚度较浅时，一般设置 $1 \sim 2$ 排灌浆孔即可；当基础承受的水头超过 $25 \sim 30$ m 时，帷幕的组成才设置 $2 \sim 3$ 排。

灌浆孔距主要取决于地层的渗透性、灌浆压力、灌浆材料等有关因素，一般要通过试验确定，通常孔距为 $2 \sim 4$ m。如果在灌浆施工过程中，发现浆液扩散范围不足，则可采用缩小孔距、加密钻孔的办法来补救。

2. 灌浆方法和灌浆方式的选择

根据不同的地质条件和工程要求，基岩灌浆方法可选用全孔一次灌浆法、自上而下分段灌浆法、自下而上分段灌浆法、综合灌浆法或孔口封闭灌浆法。

帷幕灌浆方式宜采用循环式灌浆，也可采用纯压式灌浆。当采用循环式灌浆时，射浆管距孔底不得大于 500 mm。浅孔固结灌浆可采用纯压式灌浆。

进行帷幕灌浆时，坝体混凝土和基岩接触部位的灌浆段应先行单独灌注并待凝。接触段在岩石中的长度不得大于 2 m，以下灌浆段长度可采用 $5 \sim 6$ m，特殊情况下可适当缩短或加长，但不宜大于 10 m。

进行固结灌浆时，如钻孔中岩石灌浆段的长度不大于 6 m，可一次灌浆；如大于 6 m，宜分段灌浆。

当采用自上而下分段灌浆法时，灌浆塞应阻塞在该灌浆段段顶以上 0.5 m 处，防止漏

灌。各灌浆段灌浆结束后一般可不待凝,但在灌前涌水、灌后返浆或遇其他地质条件复杂情况,则宜待凝,待凝时间应根据设计要求和工程具体情况确定;当采用自下而上分段灌浆法时,灌浆段的长度因故超过 10 m,对该段宜采取补救措施。

帷幕灌浆先导孔各孔段可与压水试验同步自上而下进行灌浆,也可在全孔压水试验完成之后自下而上进行灌浆。

3. 灌浆压力的设计

灌浆压力应根据工程和地质情况进行分析计算并结合工程类比拟定,必要时进行灌浆试验论证,而后在施工过程中调整确定。

当采用循环式灌浆时,压力表安装在孔口回浆管路上。当采用纯压式灌浆时,压力表应安装在孔口进浆管路上。压力值宜读取压力表指针摆动的中值,指针摆动范围应小于灌浆压力的20%,摆动范围宜做记录。当采用灌浆自动记录仪时,自动记录仪应能测记间隔时段内灌浆压力的平均值和最大值。

灌浆浆液应由稀至浓逐级变换。帷幕灌浆浆液水灰比可采用5、3、2、1、0.8、0.6(或0.5)等六个比级。固结灌浆浆液水灰比可采用3、2、1、0.6(或0.5),也可采用2、1、0.8、0.6(或0.5)四个比级。灌注细水泥浆液时,水灰比可采用2、1、0.6 或 1、0.8、0.6 三个比级。

(三)劈裂灌浆设计

劈裂灌浆是利用堤身的最小主应力面和堤轴线方向一致的规律,以土体水力劈裂原理,沿堤轴线布孔,在灌浆压力下,以适宜的浆液为能量载体,有控制地劈裂堤身,在堤身形成密实、竖直、连续、一定厚度的浆液防渗固结体,同时与浆脉连通的所有裂缝、洞穴等隐患均可被浆液充填密实。劈裂灌浆适用于处理堤身浸润线出溢点过高、有散浸现象、裂缝(不包括滑坡裂缝)、各种洞穴。

堤身劈裂灌浆防渗处理多采用单排布孔。孔距 5 ~ 10 m。在弯曲堤段应适当缩小孔距。

劈裂灌浆和锥探充填灌浆浆液多采用土料浆,参见表10-3、表10-4。根据不同的需要可掺入水泥、各种外加剂。

表 10-3　浆土料选择

项目	劈裂灌浆	充填灌浆
塑性指数(%)	8 ~ 15	10 ~ 25
黏粒含量(%)	20 ~ 30	20 ~ 45
粉粒含量(%)	30 ~ 50	40 ~ 70
砂粒含量(%)	10 ~ 30	< 10
有机质含量(%)	< 2	< 2
可溶盐含量(%)	< 8	< 8

灌浆孔口压力以产生沿堤线方向脉状扩散形成一连续的防渗体,但又不得产生有害的水平脉状扩散和变形为准,需要现场灌浆试验或施工前期确定。堤防灌浆压力多为0.1 ~ 1 MPa。

堤身劈裂灌浆应"少灌多次",分序灌浆,推迟坝面裂缝的出现和控制裂缝的开度在 3

cm 之内,并在灌后能基本闭合。每孔灌浆次数应在 5 次以上,每次灌浆量控制在每米 0.5 ~ 1 m³。形成的脉状泥墙厚度应在 5 ~ 20 cm。一年后脉状泥墙的重度应大于 14 kN/m³,一般可达 15 ~ 17 kN/m³,水平向渗透系数达 $10^{-6} ~ 10^{-8}$ cm/s。

表 10-4　浆液物理力学性能

项目	劈裂灌浆	充填灌浆
重度(kN/m³)	13 ~ 16	13 ~ 16
黏度(s)	20 ~ 70	30 ~ 100
稳定性(g/cm³)	0.1 ~ 0.15	<0.1
胶体率(%)	>70	>80
失水量(cm³/30 min)	10 ~ 30	10 ~ 30

考虑到堤身应力,劈裂灌浆应在不挡水的枯水期进行,同时应核算灌浆期堤坡的稳定性,进行堤身变形、裂缝等观测,以策安全。对于较宽的堤防,也应核算堤身应力分布,避免贯穿性横缝产生。

灌浆压力是劈裂式灌浆施工中的一个重要参数。应注意掌握起始劈裂压力、裂缝的扩展压力、最大控制灌浆压力。灌浆压力不仅与灌浆范围、水文工程地质条件等因素有关,而且与地层的附加荷载及灌浆深度有关,所以不能用一个公式准确地表达出来,应根据不同情况通过经验和灌浆试验确定。

三、方案选择

灌浆方案的选择一般应遵循下述原则:

(1)灌浆目的如果是提高地基强度和变形模量,一般可选用以水泥为基本材料的水泥浆、水泥砂浆和水泥水玻璃浆等,或采用高强度化学浆材,如环氧树脂、聚氨酯以及以有机物为固化剂的硅酸盐浆材等。

(2)灌浆目的如果是防渗堵漏,则可采用黏土水泥浆、黏土水玻璃浆、水泥粉煤灰混合物、丙凝、AC - MS、铬木素以及无机试剂为固化剂的硅酸盐浆液等。

(3)在裂隙岩层中灌浆一般采用纯水泥浆或在水泥浆(水泥砂浆)中掺入少量膨润土,在砂砾石层中或溶洞中可采用黏土水泥浆,在砂层中一般只采用化学浆液,在黄土中采用单液硅化法或碱液法。

(4)对孔隙较大的砂砾石层或裂隙岩层中采用渗入性注浆法,在砂层中灌注粒状浆材时宜采用水力劈裂法;在黏土层中采用水力劈裂法或电动硅化法;矫正建筑物的不均匀沉降则采用挤密灌浆法。

第四节　施工方法

一、钻孔灌浆用的机械设备

(一)钻孔机械

钻孔灌浆机械主要有回转式、回转冲击式和冲击式三大类。目前,用得最多的是回转式钻机(见图 10-6),其次是回转冲击式钻机,纯冲击式钻机(见图 10-7)用得很少。

图 10-6　回转式钻机　　　　　　图 10-7　纯冲击式钻机

在基岩地区,可选用凿岩机(见图 10-8)或岩芯钻机(见图 10-9),凿岩机钻孔孔径为 32~65 mm,在岩石中钻深小于 15 m;岩芯钻机钻孔孔径为 56~110 mm,在岩石中钻深大于 15 m。

图 10-8　履带式凿岩机　　　　　　图 10-9　车装岩芯钻机

(二)灌浆机械

灌浆机械主要有灌浆泵、浆液搅拌机、灌浆记录仪和灌浆塞等。

1. 灌浆泵

灌浆泵(见图 10-10)是灌浆用的主要设备。灌浆泵按其构造和工作原理分为往复式泵、隔膜泵和螺旋泵等,主要根据灌浆要求的压力和流量选用,性能应与浆液类型、浓度相适应,容许工作压力应大于最大灌浆压力的 1.5 倍,并应有足够的排浆量和稳定的工作性能。灌注纯水泥浆液应采用多缸柱塞式灌浆泵。

2. 浆液搅拌机

用于制作水泥浆的浆液搅拌机(见图 10-11),分为旋流式、叶桨式和喷射式。搅拌机要保证机内浆液不沉淀和施工不间断,目前用得最多的是传统双层立式慢速搅拌机和双桶平行搅拌机。国外已广泛使用涡流或旋流式高速搅拌机,其转数为 1 500~3 000 r/min。用高速搅拌机制浆,不仅速度快、效率高,而且制出的浆液分散性和稳定性高,质量好,能更好地注入岩石裂隙。

搅拌机的转速和拌和能力应分别与所搅拌浆液类型和灌浆泵的排浆量相适应,并应

图 10-10　灌浆泵　　　　　　　图 10-11　浆液搅拌机

（图 10-11 标注：储料罐电机、搅拌罐、搅拌电机、涡流混合器、储料罐）

能保证均匀、连续地拌制浆液。

3. 灌浆记录仪

用来记录每个孔段灌浆过程中每一时刻的灌浆压力、注浆率、浆液相对密度（或水灰比）等重要数据（见图 10-12）。

4. 灌浆塞

用橡胶制成，紧套在灌浆管上，外径略小于钻孔直径，加压后，外径增大可严密封堵灌浆段上部或下部（见图 10-13）。

二、灌浆施工方法的分类

（一）按灌浆方式分类

灌浆方式有纯压式和循环式两种。

1. 纯压式

纯压式灌浆（见图 10-14）是指浆液注入到孔段内和岩体裂隙中不再返回的灌浆方式。这种方式设备简单，操作方便；但浆液流动速度较慢，容易沉淀，堵塞岩层缝隙和管路，多用于吸浆量大，并有大裂隙存在和孔深不超过 15 m 的情况。

图 10-12　灌浆记录仪

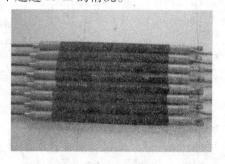

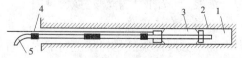

1—测量室；2—钻孔；3—阻塞阀；4—充气管；5—瓦斯排出管

图 10-13　灌浆塞

2. 循环式

循环式灌浆(见图 10-15)是指浆液通过射浆管注入到孔段内,部分浆液渗入到岩体裂隙中,部分浆液通过回浆管返回,保持孔段内的浆液呈循环流动状态的灌浆方式。这种方式一方面使浆液保持流动状态,可防止水泥沉淀,灌浆效果好;另一方面可以根据进浆和回浆液相对密度的差值,判断岩层吸收水泥的情况。

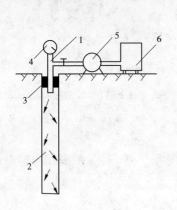

1—灌浆管;2—钻孔;3—橡胶止浆塞;
4—压力表;5—灌浆泵;6—储浆桶

图 10-14　纯压式灌浆

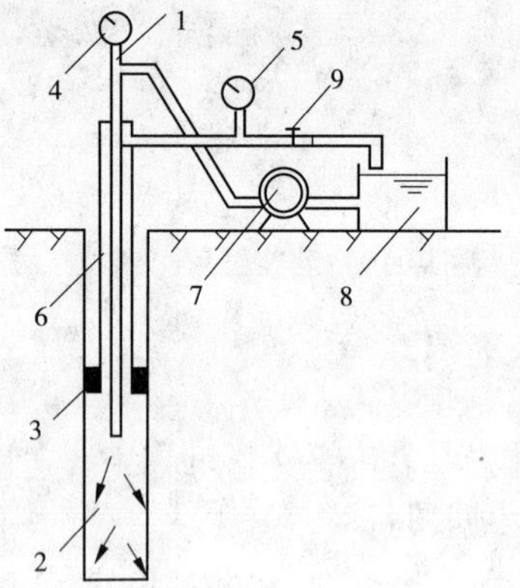

1—灌浆管;2—钻孔;3—橡胶止浆塞;4—进浆压力表;
5—回浆压力表;6—回浆管;7—灌浆泵;8—阀门

图 10-15　循环式灌浆

(二)按灌浆顺序分类

灌浆方法可分为全孔一次灌浆法、自下而上分段灌浆法、自上而下分段灌浆法、综合灌浆法和孔口封闭灌浆法等。

1. 全孔一次灌浆法

全孔一次灌浆法(见图 10-16)是将孔一次钻完,全孔段一次灌浆。这种方法施工简便,多用于孔深不大、地质条件比较良好、基岩比较完整的情况。

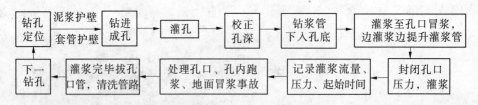

图 10-16　全孔一次灌浆法工艺流程

2. 自下而上分段灌浆法

自下而上分段灌浆法是将灌浆孔一次钻进到底,然后从钻孔的底部往上,逐段安装灌浆塞进行灌浆,直至孔口的灌浆方法,见图 10-17。

3. 自上而下分段灌浆法

自上而下分段灌浆法是指从上向下逐段进行钻孔,逐段安装灌浆塞进行灌浆,直至孔底的灌浆方法。

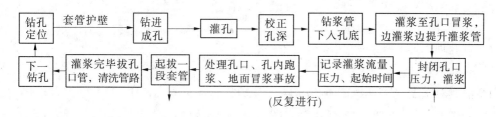

图 10-17　分段上行式灌浆法工艺流程

4.综合灌浆法

综合灌浆法是指在钻孔的某些段采用自上而下分段灌浆,另一些段采用自下而上分段灌浆的方法。

5.孔口封闭灌浆法

孔口封闭灌浆法是指在钻孔的孔口安装孔口管,自上而下分段钻孔和灌浆,各段灌浆时都在孔口安装孔口封闭器进行灌浆的方法。

灌浆孔的基岩段长小于 6 m 时,可采用全孔一次灌浆法;当基岩段长大于 6 m 时,可采用自上而下分段灌浆法、自下而上分段灌浆法、综合灌浆法或孔口封闭灌浆法。

（三）按注浆管分类

按注浆管不同的灌浆施工方法分类见表 10-5。

表 10-5　按注浆管不同的灌浆施工方法分类

灌浆方法分类		灌浆凝胶时间	浆液混合方法
单层管灌浆法	单层管钻杆灌浆法	中等	双液单系统
	单过滤管(花管)灌浆法		
	埋管灌浆法		
双层管灌浆法	套管灌浆法	长	单液单系统
双层管双栓塞灌浆法	袖阀管灌浆法		
	双层过滤器法		
双层管钻杆灌浆法	DDS 法	短	双液双系统
	LAG 法		
	MT 法		
布袋灌浆法		中等	单液单系统

（四）按浆液混合方式分类

1.单液单系统

单液单系统是将所有的材料放进同一个容器中,预先做好混合准备,再进行灌浆,这种浆液混合方式适用于凝胶时间较长的情况。

2.双液单系统

双液单系统是将 A 浆液和 B 浆液预先分别装在各自的容器中,分别用泵输送并在灌浆管的头部使两种浆液混合,或在灌浆前混合后再用一台泵灌注,或采用"Y"字管利用上述系统方式将两种浆液交替灌注。这种在灌浆管中混合浆液的方法,适用于凝胶时间短的情况。两种浆液可等量配合,也可按比例配合。

3. 双液双系统

双液双系统是将 A 浆液和 B 浆液预先分别装在各自的容器中,用不同的泵输送,在灌浆管(并列管或双层管)顶端流出的瞬间,两种浆液就混合而灌浆。这种方法适用于凝胶时间为瞬间的情况。也有采用灌注 A 浆液后,继续灌注 B 浆液的方法。

三、灌浆施工的基本工序

灌浆施工分为钻孔、冲洗、压水试验和灌浆四个工序。

(一)灌浆孔的布设

加固灌浆孔的布设常用方格形、梅花形和六角形,见图 10-18。方格形的主要优点是便于补加灌浆孔,在复杂的地区宜采用这种方法,而梅花形和六角形布孔的主要缺点是不便于补加灌浆孔,预计灌浆后不需补加孔的地基多采用这种形式。

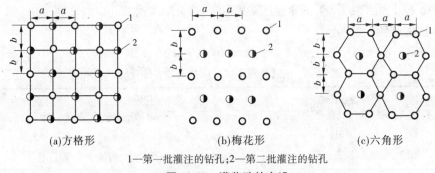

(a)方格形　　　　　　　　(b)梅花形　　　　　　　　(c)六角形

1—第一批灌注的钻孔;2—第二批灌注的钻孔

图 10-18　灌浆孔的布设

(二)钻孔

钻孔方法有钻孔法、打入法或喷注法,实际工作中应根据地基岩土特点、施工要求等选择适宜的方法。

(三)冲洗

为保证岩石灌浆质量,灌前要用有压水流冲洗钻孔,将裂隙或孔洞中的泥质充填物冲出孔外,或推移到灌浆处理范围以外。按一次冲洗的孔数分为单孔冲洗和群孔冲洗。按冲洗方法分为压力水连续冲洗、脉动冲洗和压气抽水冲洗。

(四)压水试验

冲孔后灌浆前,每个灌浆段大都要做简易压水试验,即一个压力阶段的压水试验。其目的是:①了解岩层渗透情况,并与地质资料对照;②根据渗透情况储备一个灌浆段用的材料并确定开灌时的浆液浓度;③查看岩层渗透性与每米灌浆段实际灌入干料重量的大致关系,检查有无异常现象;④查看各次序灌浆孔的渗透性随次序增加而逐渐减少的规律。

(五)灌浆

灌浆施工方法主要分为单过滤管(花管)灌浆法、单管钻杆灌浆法、埋管灌浆法、双层管双栓塞灌浆法、布袋灌浆法、双层管钻杆灌浆法等。本节重点讲述单过滤管(花管)灌浆方法施工,其他方法可参考相关文献。

单过滤管灌浆时,可采用钻孔法或打入法设置灌浆花管。其中钻孔法设置单过滤管灌浆的施工程序见图10-19。具体步骤是:①钻机与灌浆设备就位;②钻孔;③插入灌浆花管;④管内外填砂及黏土;⑤灌浆,必要时可分阶段灌浆;⑥灌浆完毕,拔出灌浆花管,并用清水冲洗花管中的残留浆液,以利下次重复利用;⑦钻孔回填或灌浆;⑧移机与灌浆设备至下一个灌浆孔,重复上述过程继续施工,直至完成所有孔灌浆。

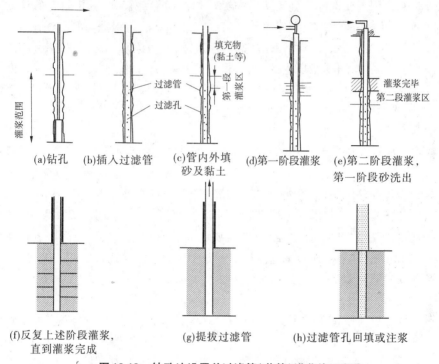

(a)钻孔　(b)插入过滤管　(c)管内外填砂及黏土　(d)第一阶段灌浆　(e)第二阶段灌浆,第一阶段砂洗出

(f)反复上述阶段灌浆,直到灌浆完成　(g)提拔过滤管　(h)过滤管孔回填或注浆

图10-19　钻孔法设置单过滤管(花管)灌浆施工程序

四、常用灌浆方法简述

(一)帷幕灌浆

灌浆技术除加固地基外,也适合堤防工程透水地基的防渗处理,构筑防渗帷幕。帷幕灌浆施工工艺主要包括钻孔、钻孔冲洗、压水试验、灌浆和灌浆的质量检查等。

1. 钻孔

帷幕灌浆宜采用回转式钻机和金刚石钻头或硬质合金钻头钻进。

2. 钻孔冲洗、裂隙冲洗和压水试验

灌浆孔(段)在灌浆前应进行钻孔冲洗,冲洗时,可将冲洗管插入孔内,用阻塞器将孔口堵紧,用压力水冲洗,压力水和压缩空气轮换冲洗或压力水和压缩空气混合冲洗。

帷幕灌浆采用自上而下分段灌浆法时,先导孔应自上而下分段进行压水试验,各次序灌浆孔的各灌浆段在灌浆前宜进行简易压水;采用自下而上分段灌浆法时,先导孔仍应自上而下分段进行压水试验。各次序灌浆孔在灌浆前全孔应进行一次钻孔冲洗和裂隙冲洗。除孔底段外,各灌浆段在灌浆前可不进行裂隙冲洗和简易压水。压水试验应在裂隙冲洗后进行,采用五点法或单点法。

3. 灌浆方式和灌浆方法

注浆方案选择是进行注浆施工首先要解决的问题。一般把注浆方法和注浆材料的选择放在首要位置,同时还应考虑工程地质条件、工程本身性质等因素。一般灌浆应优先采用循环式,射浆管距孔底不得大于 500 mm。

钻孔灌浆方法主要有打花管灌浆法、套管护壁法、循环钻灌法和袖阀管法。

灌浆方法的选用主要取决于施工队伍的经验和技术熟练程度,其中打花管法灌浆最为简单,袖阀管法比较复杂一些,但施工质量较高。袖阀管法可根据需要灌注任何一个灌浆段,还可以进行重复灌浆,而且可使用较高的灌浆压力,冒浆和串浆的可能性小。

在砂砾石层灌浆中,对灌浆压力的确定,目前还缺乏统一的、比较准确的计算灌浆压力的公式。灌浆初期,也可先凭经验预估的压力灌浆,然后根据吸浆情况以及对地表的观察,视有无冒浆或抬动变形情况,再做压力调整。

灌浆的施工机具比较简单,可采用专用灌浆泵,也可以自行用普通的泥浆泵加设一个简单的搅拌器组成。对进浆量较小的粉砂层灌浆,也可以采用简单的手压注浆泵或隔膜泵来代替。

帷幕灌浆段长度宜采用 5~6 m,特殊情况下可适当缩减或加长,但不得大于 10 m。采用自上而下分段灌浆法时,灌浆塞应塞在已灌段段底以上 0.5 m 处,以防漏灌;孔口无涌水的孔段,灌浆结束后可不待凝,但在断层、破碎带等地质条件复杂地区则宜待凝。采用自下而上分段灌浆法时,灌浆段的长度因故超过 10 m,对该段宜采取补救措施。

4. 灌浆压力和浆液变换

1) 灌浆压力

灌浆压力宜通过灌浆试验确定,也可通过公式计算或根据经验先行拟定,而后在灌浆施工过程中调整确定。采用循环式灌浆,压力表应安装在孔口回浆管路上;采用纯压式灌浆,压力表应安装在孔口进浆管路上。灌浆应尽快达到设计压力,但注入率大时应分级升压。

灌浆浆液的浓度应由稀到浓,逐级变换。浆液水灰比可采用 5:1、3:1、2:1、1:1、0.8:1、0.6:1、0.5:1 七个比级。开灌水灰比可采用 5:1。

2) 灌浆浆液变换

当灌浆压力保持不变,注入率持续减小时,或当注入率不变而压力持续升高时,不得改变水灰比;当某一比级浆液的注入量已达 300 L 以上或灌注时间已达 1 h,而灌浆压力和注入率均无改变或改变不显著时,应改浓一级;当注入率大于 30 L/min 时,可根据具体情况越级变浓。

灌注细水泥浆液,可采用水灰比为 2:1、1:1、0.6:1 或 1:1、0.8:1、0.6:1 三个比级。

5. 灌浆结束标准和封孔方法

1) 灌浆结束标准

采用自上而下分段灌浆法时,在规定的压力下,当注入率不大于 0.4 L/min 时,继续灌注 60 min;当注入率不大于 1 L/min 时,继续灌注 90 min,灌浆可以结束。当采用自下而上分段灌浆法时,继续灌注的时间可相应地减少为30 min和60 min,灌浆可以结束。

2)封孔方法

采用自上而下分段灌浆法时,灌浆孔封孔应采用分段压力灌浆封孔法;采用自下而上分段灌浆法时,应采用置换和压力灌浆封孔法。

（二）真空灌浆

1.真空灌浆技术的特点

真空灌浆和传统压浆相比,其从预应力孔道形成起,就为形成真空保证预应力孔道创造了条件。

2.真空灌浆孔道

真空灌浆孔道一般采用高质量的HDPE波纹管形成孔道,波纹管之间的接头采用相同材质的专用连接管,波纹管和锚垫板连接采用专用连接头,确保管道密闭,摒弃铁质波纹管和胶带的缠绕连接。

3.真空灌浆浆体材料及技术指标

真空灌浆应采用真空灌浆剂配制的特种浆体,其一般水泥采用水泥强度不低于42.5 MPa的普通硅酸盐水泥,水采用饮用水;外加剂采用超塑剂和阻滞剂(两种外加剂一般各为水泥用量的3%)。真空灌浆除传统的压浆施工设备外,真空灌浆还应具有专用设备。灌浆泵一般采用UBL3螺杆灌浆泵,其最大压力应达到2.5 MPa,同时配备达到3.0 MPa压力表、SZ-2型真空泵(极限真空4 000 Pa)、SL-20型空气滤清器及配件、PHL塑料焊接机及DN20 mm控制阀、气密锚帽等真空灌浆专用设备。

4.真空灌浆施工工艺

真空灌浆施工设备连接图如图10-20所示。

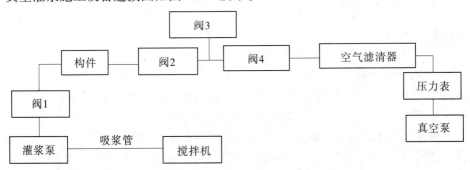

图10-20 真空灌浆施工设备连接图

（三）劈裂灌浆

1.劈裂灌浆的加固原理和特点

劈裂灌浆的理论基础是水力劈裂原理,即向土体内的孔内压水或灌浆时,作用在孔壁上的径向压力引起孔的扩张,使孔壁土体受劈裂挤应力,而当这些应力超过土体的抗拉强度时,就会在土体内产生一些裂缝,这种裂缝的产生过程称为水力劈裂。

劈裂式灌浆技术具有投资小、见效快、设备和技术简单、操作方便等优点,已经被广泛地运用。但在具体操作中应注意施工工艺,保证灌浆的质量,才能达到预期的效果。

2. 劈裂灌浆注浆试验

根据设计要求和劈裂灌浆防渗工程有代表性地质的地层,进行试验。开挖检查以便直接观察情况,测定灌浆厚度。根据试验确定起初劈裂压力 P、裂缝扩展压力 P_c、最大控制注浆压力 P_{min}、注浆量 Q 等。

3. 劈裂灌浆施工

劈裂灌浆施工采用"分段施工,单排布孔,分序钻灌,孔底注浆,全孔灌注,综合控制,少灌多复"的原则。

1) 劈裂灌浆施工工艺流程

劈裂灌浆施工工艺流程见图 10-21。

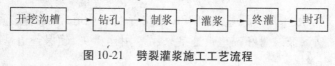

开挖沟槽 → 钻孔 → 制浆 → 灌浆 → 终灌 → 封孔

图 10-21　劈裂灌浆施工工艺流程

2) 劈裂灌浆施工方法

劈裂灌浆施工采用钻机造孔,调速注浆泵材料可采用黏土浆或水泥浆,浆液比重为1.30。

五、灌浆施工中常见事故

灌浆过程中可能出现的事故有:①灌浆中断;②地面抬动;③串浆、冒浆或绕塞返浆。发生事故后应立即查明原因,及时采取处理措施,必要时停工处理。每个灌浆孔灌浆结束后都要用机械压浆法封孔。封孔质量非常重要,直接影响到建筑物的安全。

(一) 冒浆

对孔口冒浆可采用重新回填黏土或在黏土中掺入少量水泥的方法,封堵套管外壁与孔壁之间的间隙。对孔口以外部分的冒浆,可采取以下措施:①降低灌浆压力,同时提高浆液浓度,必要时掺砂或水玻璃;②限量灌浆,控制单位吸浆量不超过 30 ~ 40 L/min 或更小一些;③采用间歇灌浆的方法,即发现冒浆后就停灌,待 15 min 左右再灌。

(二) 串浆

在注浆过程中,若出现相邻两孔或隔孔冒浆,这表明堤坝地基已经劈裂,串浆两孔之间浆脉已经沟通。处理这种现象主要有以下措施:①加大孔间的孔距;②在施工组织安排上,适当延长相邻两个次序孔施工时间的间隔,使前一次序孔浆液基本凝固或具有一定强度后,再开始后一次序钻孔,相邻同一次序孔不要在同一高程钻孔中灌浆;③串浆孔若为待灌孔,采取同时并联灌浆的方法处理,如串浆孔正在钻孔,则停钻封闭孔口,待灌浆完后再恢复钻孔;④将注浆孔与冒浆孔并联,同时进行灌注。

(三) 隆起

注浆期地层隆起,一是由于注浆时产生水平劈裂,在注浆压力作用下,对地层产生抬动。在这种情况下,应采取限压方法或在保持注浆压力的前提下,控制注入量。二是由于在注浆压力作用下,对湿陷性大的土体产生挤压变形,而造成局部隆起。这时,则应降低注浆压力或调整施工方案。总之,注浆中地层的隆起是应尽量避免的,若发生,则应找出原因,采取相应的处理措施后,再继续注浆,以免对土坝质量造成不良影响。

(四)吸浆量过大

一种情况是注浆土体过于疏松,在注浆压力作用下,伴随着出现较大的压缩变形,使裂缝加宽,吸浆量增大。这时,伴随注浆量的增加,压力将逐步上升,应继续灌注到压力上升至设计压力或反复灌注到地层不吸浆为止。另一种情况是地层存在淘刷形成的空洞,这时应一直灌注到空洞填满。

第五节　质量检验

一、灌浆效果和灌浆质量

灌浆效果和灌浆质量的概念不完全相同,灌浆质量一般指灌浆是否严格按照设计和施工规范进行,例如灌浆材料的种类、浆液的性能、钻孔的角度、灌浆压力等,都应符合规范要求,否则应根据具体情况采取适当的补充措施;灌浆效果则指灌浆后能将地基土的物理力学性质改善到什么程度。

灌浆质量高不等于灌浆效果好。因此,设计和施工中除应明确某些质量标准外,还应规定所要达到的灌浆效果及检验方法。

二、灌浆效果的检查

灌浆法作为地基加固和地基防渗处理的有效方法,灌浆效果的检查还没有比较合适的标准,但一般常用下列几个方法判断。

(一)浆液的灌入量

同一地区堤防地基的差异不是很大,可以根据各孔段的单位灌入量来衡量。

根据灌浆资料分析每孔的灌入量,从总灌入量和单位灌入量数据分析,受灌段土体空隙降低的程度。前面讲过用灌入比 M 来评价可灌性,参见式(10-5)。

(二)静力触探

在灌浆结束后 28 d 后可利用静力触探测试加固前后土体力学指标的变化,用以了解加固效果。

(三)抽水试验

在现场进行抽水试验,测定加固土体的渗透系数。

(四)载荷试验

采用现场静载荷试验测定加固土体的承载力和变形模量。

(五)标准贯入试验

采用标准贯入试验或轻便触探等动力触探方法测定加固土体的力学性能。

(六)室内土工试验或从检查孔采取岩芯试验检查

通过室内试验测定加固前后土或岩石的物理力学指标,可以判断加固效果。

(七)电阻率法

将灌浆前后土的电阻率进行比较,电阻差说明土体孔隙中浆液的存在情况。

（八）射线密度计法

它属于物理探测方法的一种,在现场可测土的密度,用以说明灌浆效果。

（九）钻孔弹性波测定

采用钻孔弹性波试验测定加固土体的动弹性模量。利用瑞利波散频特性及瑞利波在地层中传播频率和波长变化的特点,求出瑞利波的传播速度 v,再根据瑞利波的传播速度与横波传播速度的相关性,推求出横波速度,由已知频率 f,求出相应波长 L。由半波长理论,可近似地认为测得的瑞利波速度 v_R 是 1/2 波长深度处介质的平均弹性性质。

（十）压水试验

地基灌浆结束 28 d 后,通常要钻一定数量的检查孔,进行压水试验。通过对比灌浆前后地层渗透系数和渗透流量的变化,对施工资料和压水试验成果逐孔逐段分析,再与其他试验观测资料一起综合评定才能得出符合实际的质量评价。设检查孔做压水试验,以单位吸水量值表示幕体的渗透性。

以上几种方法中,动力触探试验和静力触探试验最为简便实用。

检验点一般为灌浆孔数的 2% ~5% ,如检验点的不合格率等于或大于 20% ,或虽然小于 20% ,但检验点的平均值达不到设计要求,在确认设计原则正确后应对灌浆不合格的灌浆区实施重复灌浆。

思考题与习题

10-1　什么是灌浆法？灌浆在地基处理中有哪些作用？

10-2　简述灌浆法的分类。在选择灌浆法的方案时,如何确定采用哪种灌浆方法？

10-3　什么是劈裂灌浆？对于不同类型的地质条件,劈裂灌浆的原理是什么？

10-4　灌浆法的加固原理是什么？主要作用有哪些？

10-5　灌浆法的设计步骤是什么？主要计算参数有哪些？

10-6　什么是帷幕灌浆？其主要作用是什么？它和一般灌浆法有什么不同？

10-7　灌浆法一般采用哪些设备？在选用上有什么原则？

10-8　简述灌浆法的一般施工工序及施工要点。

10-9　灌浆过程中常出现哪些事故？如何处置？

10-10　如何检验灌浆法的处理效果？

第十一章　土工合成材料

第一节　概　述

土工合成材料是土木工程应用的合成材料的总称。作为一种土木工程材料,它是以人工合成的聚合物(如塑料、化纤、合成橡胶等)为原料,制成各种类型的产品,置于土体内部、表面或各种土体之间,发挥加强或保护土体的作用。它具有质量轻、强度高、弹性好、耐磨、耐酸碱、不易腐蚀、不易虫蛀、吸湿性小、整体性强等特点。在阳光照射下易老化,但埋置于地下,并采取防老化措施后可满足工程应用的要求。它的出现,受到工程界广泛的重视,现已广泛应用于水利、道路、公路和建筑等类工程中。

一、土工合成材料发展进程

合成材料在我国的应用始于 20 世纪 60 年代中期,当时少数技术人员尝试将合成材料产品用于某些土建工程,主要采用土工薄膜用于渠道、水库和大坝的防渗防漏场合。70年代后期,随着改革开放的深入,无纺织物、塑料排水带、水化模袋等新型产品相继引入我国,加速了这项新技术和新材料推广。土工织物是从 1976 年开始用于护岸、防汛抢险及堤防等工程中的;铁路部门成功地利用无纺织物整治铁路基床的翻浆冒泥;公路部门利用无纺织物提高路基的强度;同时在港口码头和海岸护岸等多种类型的工程中也逐渐使用土工织物。除这些常见的有纺织物、无纺织物和土工膜等产品外,比较专门的如塑料排水带、塑料输水管道,以及土工网、土工格栅等产品也蓬勃发展、迅速推广。因此,土工合成材料虽然在我国起步较晚,但发展和应用很快,规模很大,用量很多。1995 年正式成立的"中国土工合成材料工程协会"对这项技术的普及化、规范化和深入研究起到了重要的组织与引领作用。

在我国土工合成材料应用的历史中,1998 年是一个重大的转折。长江、松花江和嫩江流域发生了历史大洪水。土工合成材料在防汛中发挥了独特的作用,初步显露了它的快捷、简便和有效的功能优势,相关部门迅速制定了应用技术规范和产品规格质量的国家标准,并立即颁布实施,使这项技术更加正规化和普及化。随后又组织了 10 项国家级和50 项水利部的应用土工合成材料示范工程,并组织编写了有关技术专著,介绍相关知识和做法,所有这些措施力度大、效率高、成果好、范围广,使土工合成材料在我国的发展和应用进入了一个新的发展时期。

二、土工合成材料发展特点

纵观近 50 年我国土工合成材料应用的历史,有以下几个特点:

(1)起步虽晚,发展很快,使用量大。

（2）应用的范围几乎遍及土木建筑工程所有领域的各个角落，目前更扩展到环保这个新领域。

（3）应用的技术由有关科技人员引领，迅速向广大工程技术人员渗透，并由此形成一个热潮。

（4）合成材料产品的种类不断扩展，产品制造技术与工程应用同时发展。目前几乎所有的产品国内都可以生产，而且质量正在提高。

（5）行政部门有力的推动和组织，为土工合成材料的应用发展提供了良好的条件，并形成了一个学习和交流的氛围。

但是，在这个发展的进程中，也有一些情况和问题是值得人们思考与关注的。这些问题大致有如下几个方面：

（1）土工合成材料的工程应用虽然规模较大，但大都是一般性的技术，而且多数是参照国外的实践套用，自主创新的极少。如何在使用中有发展、有改进、有创新，建立我国具有自主知识产权的技术和新产品，提高应用的水平是今后发展的方向。

（2）有必要提高广大相关技术人员的水平，要掌握土工合成材料的应用原理，了解应用中可能存在的问题，以及掌握如何应对这些问题的办法。提高广大相关技术人员的理论水平，是当前提高土工合成材料应用水平的一项极为重要而紧迫的任务。

（3）理论研究落后于工程实践的现状长期存在，与国际上先进技术水平的差距未见缩小。

（4）在合成材料的产品方面，一般性的"大路货"比较多，"高、大、重、特"的精品比较少，创新的产品似乎尚未问世。应该大力提倡具有自主知识产权、适应国民经济发展和环境保护要求的新型土工合成材料产品的开发。例如，防止垃圾填埋场有害液体或气体泄漏或扩散的防护产品、新型的加筋材料、有效的过滤材料等，都还有待研究和开发。

第二节　土工合成材料的性能指标和分类

土工合成材料被广泛应用于水利和岩土工程的各个领域。不同的工程对材料有不同的功能要求，并因此而选择不同类型和不同品种的土工合成材料。为使土工合成材料在施工期和运用期能正常工作，必须有合理的设计方法和使用规范，统一的设计指标。土工合成材料的指标一般可分为物理性能指标、力学性能指标、水力性能指标、土工织物与土相互作用指标及耐久性能指标等。

一、性能指标

（一）物理性能指标
物理性能指标包括单位面积质量、厚度（法向压力与厚度关系）、孔隙率、密度。
（二）力学性能指标
力学性能指标包括抗拉强度和延伸率、握持强度、撕裂强度、摩擦试验强度、抗拔试验强度、压缩性、蠕变性、胀破试验强度、顶破试验强度、刺破试验强度、脆性压裂强度等。

(三)水力性能指标

1. 等效孔径(表观孔径)

以土工织物为筛布,用某一平均粒径的玻璃珠或石英砂进行振筛,取通过土工织物的过筛率(通过织物的颗粒质量与颗粒总投放量之比)为5%(留筛率为95%)所对应的粒径为织物的等效孔径O_{95},表示该土工织物的最大有效孔径,单位为mm。

2. 垂直渗透系数和透水率

垂直渗透系数为水力梯度等于1时,水流垂直通过土工织物的渗透速率,单位为cm/s。透水率为水位差等于1时的渗透速率,单位为1/s。

3. 水平渗透系数和导水率

水平渗透系数为水力梯度等于1时水流沿土工织物平面的渗透速率,单位为cm/s。导水率为沿土工织物单位宽度内的输水能力,单位为cm^2/s。

(四)土工织物与土相互作用性能指标

1. 土工织物界面摩擦系数

埋在土中的土工织物,通过土－织物界面摩擦力将外荷传递至土工织物,使土工织物承受拉力,形成加筋土。工程实例有加筋土挡墙、堤基加筋垫层等。按试验方法可分为直剪摩擦系数和拉拔摩擦系数。

2. 土工织物渗透特性

土工织物联合应用时,如何使土工织物能长期保持良好的保土及排水性能,不发生淤堵,目前还没有满意的理论准则。为判断织物是否会发生淤堵,可进行长期淤堵试验或梯度比试验,前者试验历时达500~1 000 h,后者需测试24 h或更长。两种试验都还存在一些问题,有待积累经验逐步改进。

(五)耐久性能指标

耐久性能指标主要有耐磨、抗紫外线、抗生物、抗化学、抗大气环境等多种指标。大多没有可遵循的规范、规程。一般按工程要求进行专门研究或参考已有工程经验来选取。

二、分类

按制造的工艺和工程性能,土工合成材料产品可分为如下几类。

(一)土工织物

(1)不织土工布,习称无纺布:这是由聚合物原料经过熔融挤压喷丝,平铺成网,然后热压或针刺或化学黏结而成。这类产品具有一定的抗拉强度和延伸率,良好的透水性能和反滤性能。

(2)编织土工布:由原料熔融挤压成薄膜,切割拉伸成扁丝、卷膜丝、裂膜丝,然后编织而成。

(3)机织土工布:由聚合物喷线纺丝成纱后,用一般织机或经编机针织,经编交织而成。其特点是经向和纬向强度较高,孔径均匀,具有良好的过滤性。

(二)土工格栅

土工格栅是由聚合物薄板按一定间距在方格节点上冲孔,然后沿一个方向或两个方向作冷拉伸,形成单轴或双轴格栅。由于材料中的分子长键受到定向拉伸,所以强度较高。另外一种是以涤纶丝或玻璃丝为原料,用经编机织成的格网,然后涂上塑料制成的格栅,这类玻璃丝格栅的抗拉强度特别高。

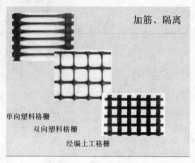

图 11-1　土工格栅

(三)土工网格

土工网格是由聚合材料热熔压拉制成一定形状的网格板,由于未作定向拉伸处理,强度较低,一般用做隔离材料和排水材料。

(四)土工膜

土工膜是由聚合材料和橡胶等制成的膜片或者以土工布为基布外涂一层或多层异丁橡胶形成的膜片,为一种具有一定强度的不透水材料,用于隔水防渗。

(五)土工复合材料

土工复合材料是由两种或两种以上的土工合成材料、高强合金钢丝和玻璃丝纤维等制成的复合材料。主要有三类:①复合加筋材料,如土工格栅和土工布复合,经编布与玻璃丝复合,土工布与土工膜复合,不织布与高强钢丝复合等,复合后的抗拉强度可达 300 kN/m(玻璃丝复合布)和 3 000 kN/m(高强碳纤维钢丝复合布)。②复合排水材料,如排水带、排水片和排水板、复合排水网格板。③复合隔水防渗材料土工黏衬垫(GCL)。

(六)其他

如土工膜袋、土工格室、土工席垫、加筋条带等。

第三节　土工合成材料的功能及其工程应用

一、土工合成材料作用及机制

土工合成材料在工程中可以起到很多方面的作用,概括起来有以下六种。

(一)反滤功能

当土中水流过土工织物时,水可以顺畅穿过,而土粒却被阻留的现象称为反滤(过滤)。当土中水从细粒土流向粗粒土,或水流从土内向外流出的出逸处,需要设置反滤措施,否则土粒将受水流作用而被带出土体外,发展下去可能导致土体破坏。土工织物可以代替水利工程中传统采用的砂砾等天然反滤材料作为反滤层(或称滤层)。用做反滤的土工织物一般是非织造型(无纺)土工织物,有时也可以用织造型土工织物。

(二)排水功能

水利工程中需要将土中水排走的情况很多,例如堤坝工程中降低浸润线位置,以减小渗流力;挡墙背面排水,以消减水压力,提高墙体稳定性;土坡排水,减小孔隙水压力,防止土坡失稳;隧道和廊道排水,以减小渗水压力;软土地基排水,以加速土体固结,提高地基承载力等。传统的排水材料多采用强透水粒状材料,土工织物用做排水时兼起反滤作用,同时,不致因土体固结变形而失效,它具有施工简便、缩短工期、节约工程费用等优点。

(三)隔离功能

在水利工程中,经常遇到的是水流从土体中通过,有时要穿越颗粒粗细不同的土层,或从土体中流出。因此,应用于隔离的材料除要求有一定的强度外,还需要有足够的透水性,让水流畅通,避免引起过高的孔隙水压力;有足够的保土性,防止形成土骨架的土粒流失,保证土体稳定性;堤坝坡防护层下的土工织物垫层要保护垫层下的土体不被冲刷带走,实际上也起到隔离作用。因此,隔离功能往往不是单独存在的,它常与排水、反滤,甚至防护功能联系在一起,难以截然分开。

(四)防渗功能

土工膜防渗效果很好,质量轻,运输方便,施工简单,造价不高,只要使用得当,在绝大多数情况下,完全可以替代传统的防渗材料。

(五)防护功能

在海岸、河岸边坡及其底部铺设一层或多层土工合成材料,防止水流及风浪的冲刷和侵蚀,作为保护岸坡的工程措施。不仅如此,土工织物质轻、耐腐蚀、有柔性、整体性强、价廉、施工简便,它们在防护工程中的推广应用正在迅速发展。其实,这类材料不只有抗水流的能力,它们的产品之一——泡沫塑料板(聚苯乙烯 EPS)在岩土工程中还被用于防止土体冻胀。

(六)加筋功能

在土体中的一定部位铺设水平方向的加筋材料,将土压实后,土与加筋材密切结合成一复合土体(加筋土),当在复合土体的表面施加荷载,由于加筋材与周围土之间有较大的摩阻力(有时尚有咬合力),限制了土的侧向变形,相当于在土体侧面上施加了约束力,提高了土体的复合强度,改善了土体的变形性质,提高了土体的稳定性和地基承载力。

必须指出的是,上述土工合成材料的六个功能并不是绝对独立的,有时一种土工合成材料应用于某一项工程中,同时具备上述的几种功能。例如,在公路路堤底部的碎石层和软土地基之间放置土工合成材料,就同时具有加筋、隔离、过滤和排水的作用,其中加筋和隔离作用是主要的,其他则次之。

二、土工合成材料工程应用

土工合成材料在工程上的应用是很广泛的,按其功能来划分,它包括反滤、排水、防渗、防护和加筋等诸方面。这里仅介绍与地基和土体的加固等有关的应用,主要包括以下几个方面。

(一)加筋土挡墙

加筋土挡墙有四个基本组成部分,即加筋材料、地基土、墙面板和基础,如图11-2所示,加筋材料是织造土工织物、加筋带或土工格栅;墙面板大多为预制混凝土整体板或板块,一般不作受力杆件处理,仅供表面防护和装饰之用;填土最好是透水材料,当必须采用不透水材料填充时,应做好排水通道,以及时将进入填土内的水排出,墙面板基础一般为预制混凝土构件。

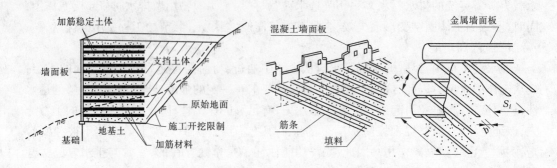

图 11-2　加筋土挡墙结构示意图

(二)软土地基堤坝基底加固

地基加固用的筋材可为织造土工织物或土工格栅,使用时将它水平铺放在软基面上,两端包折,如果土很软,可以先铺层薄砂,再铺加筋材,如图 11-3(a)所示。如果一层筋材强度仍不足,可在第一层筋材上填 0.5~1.0 m 厚度土层(最好是透水料),再铺第二层筋材,两层筋材在端部连接起来。

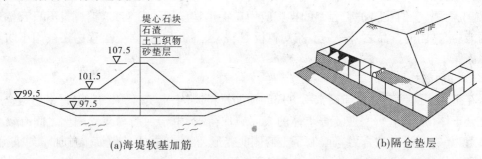

(a)海堤软基加筋　　　　　　　　(b)隔仓垫层

图 11-3　堤坝软基加筋

(三)加筋堤坝

如图 11-4 所示,由于堤坝或其他类工程的边坡过陡,可通过各种形式的加筋,提高边坡稳定性,防止滑动。

(四)排水固结加固地基

排水固结加固地基主要是利用塑料排水带作为竖向排水体,通过施加预压荷载,使地基排水固结,达到加固的目的。

(五)垃圾填埋场中的周边维护

如图 11-5 所示,利用土工膜、土工黏土垫、土工织物、土工网格、土工排水材料等进行防渗、隔水、隔离反滤、排水、加筋等,防止垃圾渗滤液渗出,引导渗滤液排走、回灌,防止垃圾滑动,覆盖垃圾等。

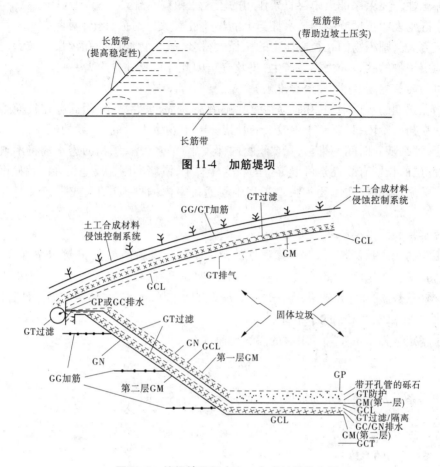

图 11-4　加筋堤坝

图 11-5　垃圾填埋场中土工合成材料的应用

(六)建筑物地基加筋垫层

在软土地基上的建筑物基础,可在基底设置一定厚度的加筋土垫层,提高地基的承载力,均化应力分布,调整不均匀沉降。

第四节　土工合成材料设计计算

一、土工织物滤层设计

(一)滤层设计中的几个概念

1. 等效孔径

所谓等效孔径 O_{95},是指在织物的孔径分布曲线中,对应于 95% 的那个孔径,也就是说,在织物的大小不同孔隙中,有 95% 的孔径小于该孔径。

2. 保土性和透水性

根据反滤层的定义,土工织物反滤层的设置主要应考虑两个方面的问题:保土性与透水性。保土性即要求保证土中起骨架作用的较大的颗粒不流失。

透水准则表明了反滤织物透水性与土的渗透性有关。对砂性土,两者应当相等或接近;而对于黏土,则织物的孔径应比土的粒径大得多,故织物滤层的孔径尺寸较大。同时土粒在滤层织物的孔口处也容易产生"拱效应",因此孔口尺寸也应大一些。

3. 织物的长期透水性(防淤堵准则)

织物在长期的运用中,其孔眼易被土颗粒堵塞,使透水性减小,因此存在长期透水性的问题。在初始阶段,只要基土中较大的骨架颗粒不发生大量的、持续的流失,使基土能保持稳定,那么随着时间的推移,只要织物内部发生严重淤堵,织物的透水性将不致显著降低,故滤层的长期有效性是可以维持的。这样看来,淤堵准则在反滤设计中就显得十分重要。有关淤堵问题,在重要和大型工程中需通过室内的模拟试验,或进行长期观测来检验。

4. 透水性和导水率

土工织物用于反滤层时,表示渗透性的指标是垂直渗透系数 k_n 和透水率 Ψ,因为这时的水流是垂直于织物平面的;而当土工织物用做排水材料时,表示透水性的指标是织物的平面渗透系数 k_p 和导水率 θ。由于 k_p 和 k_n 与织物的厚度有关,使用起来不便,故经常采用透水率 Ψ 和导水率 θ 两个指标。

透水率定义为水头差等于1时的渗透流速,即

$$\Psi = \frac{v}{\Delta h} \tag{11-1}$$

而渗透系数是渗流的水力坡度等于1时的渗透流速,即

$$k_n = \frac{v}{i} = \frac{vt}{\Delta h} \tag{11-2}$$

式中 t——织物的厚度;

Δh——织物上、下游的水头差;

v——渗透流速;

i——水力比降。

故

$$\Psi = \frac{k_n}{t} \tag{11-3}$$

由此,当测量透水率时,无须测量土工织物的厚度。类似地,织物的平面渗透系数 k_p 定义为水力比降等于1时的渗透流速,即

$$k_p = \frac{v}{i} = \frac{vl}{\Delta h} \tag{11-4}$$

而导水率定义为沿织物平面的渗透系数 k_p 与织物厚度的乘积,即

$$\theta = k_p t \tag{11-5}$$

若令 q 为织物平面输导水流的流量,则

$$\theta = \frac{q}{iB} \tag{11-6}$$

式中 B——试样宽度,cm。

因此,导水率也可定义为比降为 1 时,单位宽度织物沿平面排导的水量。

应当指出的是,透水率与导水率均不是一个常数,它们会随织物上的压力而变。同时,水流状态、水流方向与织物经纬向的夹角,水中含气量和水温等也有密切的关系,这点在设计反滤织物和排水织物时应特别注意。

还应指出的是,上面讨论的渗透性均是对起始状态而言的,一方面,在织物反滤运用过程中,由于淤堵及其他一些因素影响,使织物透水能力下降。因此,考虑长期效果时,织物渗透性能乘以一个折减系数。但另一方面,由于与织物相邻的土体中,有部分细颗粒流失,其渗透性反而会增大。由此启示我们,应当把土工织物和相邻土体构成的整个体系作为一个"反滤系统"来考虑。无疑,对该系统的性能进行理论分析或定量计算很困难。实用的方法是将织物与相邻土体在符合工程实际条件下进行试验,以作为设计的依据,而不是简单地仅用织物本身的渗滤试验成果进行设计,这点应该特别注意。

(二)织物滤层的设计方法

土工织物反滤层设计的一般步骤如下:

(1)设计应具备被保护土或用做排水体土料的粒径分布曲线、渗透系数、抗剪强度等,以及土工织物的等效孔径、渗透系数等资料。

(2)按反滤准则校核选用的土工织物。

(3)对排水用的织物还应导水。

(4)土工织物反滤层用于坡面时应进行抗滑稳定性分析。

对于校核准则,2005 年《水利规范》的修订中仍然保留了《水利规范》(SL/T 225—98)中建议的准则,该准则已应用多年,有了一定的经验,故目前仍采用这个公式。

$$O_{95} \leqslant nd_{85} \quad \text{(保土准则)} \tag{11-7}$$

$$k_{\mathrm{g}} \geqslant \lambda k_{\mathrm{s}} \quad \text{(透水准则)} \tag{11-8}$$

$$GR \leqslant 3 \quad \text{(防堵准则)} \tag{11-9}$$

式中　O_{95}——土工织物的等效孔径,mm;

　　　d_{85}——被保护土的特殊孔径,mm;

　　　n——与被保护土的类型、级配、织物品种等有关的系数;

　　　k_{g}——土工织物的渗透系数,cm/s;

　　　k_{s}——土的渗透系数,cm/s;

　　　λ——经验系数;

　　　GR——以现场土料制成的试样和拟选土工织物在进行淤堵试验后,所得梯度比。

土工织物应符合反滤准则,并应满足导水率的要求

$$\theta = k_{\mathrm{h}} \delta \tag{11-10}$$

$$\theta \geqslant F_{\mathrm{s}} \theta_{\mathrm{r}} \tag{11-11}$$

式中　θ——土工织物的导水率;

　　　k_{h}——土工织物水平渗透系数,cm/s;

　　　F_{s}——安全系数,可取 3～5,重大工程应取大值;

　　　θ_{r}——要求的导水率。

当土工织物导水率不满足式(11-11)时,可选用较厚的土工织物,或采用其他复合排

水材料。

(三)影响织物反滤设计的主要因素

影响反滤准则的因素很多,主要有以下几个方面:

(1)土工织物的种类和特性。

(2)被保护土的性质和状态(内部稳定土或内部不稳定土,砂性土或黏土,密度、湿度等)。

(3)水流的特性(静态流与动态流,单向流与双向流,层流与紊流,挟砂流与无砂流等)。

(4)土工织物铺设的施工质量和与土层接触面的状况。

(5)其他外部条件(如反滤层下游排水材料的情况,如土工网、砾状排水管或多孔管等)。

二、加筋土垫层设计

(一)建筑物地基加筋

地基加筋设计的目的主要是按设计荷载的要求,合理地确定加筋垫层的尺寸和选用符合要求的加筋材料,包括加筋材料布置的宽度、层数和厚度,以及加筋材料的抗拉强度和变形模量等。为了达到此目的,要求分析加筋层的地基承载力和沉降能否满足设计荷载的要求。分析的方法一般有两种:荷载比法和扩散应力法。这里仅介绍 Binquent 提出的荷载比法(Binquent, J. 1975)。

加筋垫层的承载力 q 应包括天然地基的承载力 q_0 和加筋张拉等所承受的部分承载力 Δ_q,即 $q = q_0 + \Delta_q$。加筋引起的部分承载力 Δ_q 与加筋地基向下位移(沉降)所形成拉力的大小有关,并以所设置的加筋不发生被拉断裂和拔出为前提。

设加筋地基在 q 荷载作用下的沉降等效天然地基承载力 q_0,得到承载比 $R = \dfrac{q}{q_0}$,应用弹性理论计算在该承载比条件下,作用于加筋材上引起的拉力 T_D,然后按照拉筋不许被拉断裂和滑动拔出失效为准则,即

$$T_D < \left(\frac{R_f}{K_s}, \frac{T_f}{K_f} \right) \tag{11-12}$$

由此选用合理的加筋布置形式、抗拉强度、变形模量和数量等。

(1)拉力 T_D 的计算和加筋材料强度的选取。如图 11-6 所示为加筋垫层的受力分析图。

J 和 I 可查图 11-7 求得。

设所求得的 T_D 为设计基础荷载 q 作用下加筋材料上的拉力。因此,所用的拉筋的抗拉强度 R_f 必须保证不被拉断,即要求满足下式的条件,即

$$T_D < \frac{R_f}{K_s} \tag{11-13}$$

对于加筋条带

$$R_f = N_r b t f_y \tag{11-14}$$

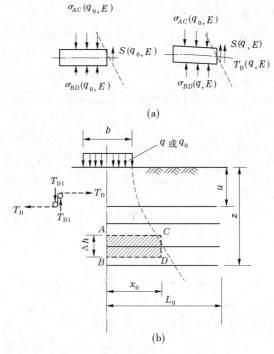

图 11-6　加筋垫层受力分析图

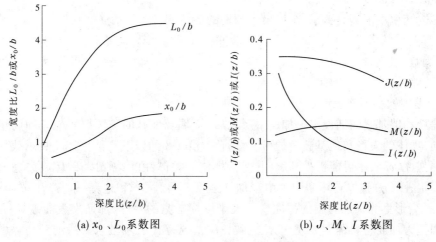

（a）x_0、L_0 系数图　　　　　　（b）J、M、I 系数图

图 11-7　x_0、L_0 和 J、M、I 系数图

对于土工织物和土工格栅为

$$R_f = N_r T_u \qquad (11\text{-}15)$$

式中　N_r——条形基础单位宽度上加筋条带的总数或土工织物和土工格栅的宽度，mm；

b——每一条拉筋条带的宽度，mm；

t——筋条的厚度，mm；

f_y——筋条单位面积的极限抗拉强度，kPa；

T_u——单位宽度土工织物和土工格栅的极限抗拉强度,kN/m。

因为土工合成材料一般的延伸率比较大,还需考虑拉伸变形与土的变形相互协调,以免松弛而失效,必须控制材料变形模量的大小,要求加筋材料的模量满足

$$E_y \geq 10T_D \tag{11-16}$$

(2)抗拔力计算与加筋材料宽度的确定。为了防止加筋材料被拔出而失效,加筋必须具有足够的宽度和抗拔阻力 T_f,并检验是否满足拉应力 T_D 的要求,即

$$T_D < \frac{T_f}{K_f} \tag{11-17}$$

加筋宽度常按有效垂直压力影响范围布置,即图11-7 中的 L_0 和 x_0 布置,x_0 为沿水平方向中心至最大剪力点处的距离,L_0 为中心至竖向应力为 $0.01q$ 处的距离,x_0 和 L_0 可由图11-7 中(a)查得。其抗拔力按下式计算

$$T_f = 2\mu N_R b \left[Mbq\left(\frac{q}{q_0}\right) + \gamma(L_0 - x_0)(z + d) \right] \tag{11-18}$$

式中　T_f——每一加筋层沿基础单位宽度的抗拔阻力;

　　　μ——土与加筋间的摩擦参数,对于土工织物 $\mu = 0.8\tan\varphi$,对于土工格栅,$\mu = (1.2 \sim 1.4)\tan\varphi$;

　　　N_R——单位基础宽度加筋材料的数量,对于满铺式加筋,$N_R = 1$;

　　　b——每根加筋材料的宽度,对于满铺式的加筋,b 为单位宽度;

　　　M——加筋层深度为 z 的应力系数;

　　　d——基础的埋置深度。

若检验结果不能满足要求,则应增大加筋的层数或者增大加筋的数量等。

(3)加筋层的布置。根据试验研究结果,每一加筋层应以距基础底面 $z = 0.5b$(b 为基础宽度)为宜;其他加筋层的间距 Δ_h 应以 $\Delta_h < 0.5b$ 为宜;加筋层数 n 最优为 3 层,少于 3层,效果变差,多于 3 层,效果不显著。

(二)堤坝软基加筋设计

在堤坝和地基之间铺设水平加筋垫层之后,堤坝及地基的破坏形式与无加筋垫层的情况不同,坝体的失稳和地基破坏的可能性有如图11-8 的以下几种:图中(a)承载力型为基底加筋强度较高,不可能被拉断裂,并保持坝体的整体性,堤坝滑动破坏或失稳只能在地基中产生;图(b)整体破坏型则为由于加筋强度不足,坝体和地基一起产生整体滑动;图(c)弹性变形型为加筋材料的弹性变形大于堤坝自身的变形,加筋失效而破坏;图(d)拉拔锚固型为加筋材料锚固失效,被拉拔破坏的情况;图(e)坝坡水平滑动型为堤坝边坡失稳,沿水平加筋表面滑动破坏等。因此,软基上加筋堤坝设计应考虑以上五种破坏模式。

1. 加筋堤的承载力分析

如图11-8 中的(a)图情况,软土地基上加筋堤的地基稳定性可用罗(R. K. Rowe,1994)提出的承载力理论分析,如图11-9 所示。

加筋堤地基的极限承载力 p_u 为

$$p_u = N_c c_{uo} + q_z \tag{11-19}$$

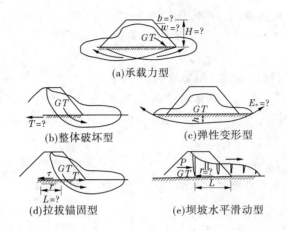

(a)承载力型

(b)整体破坏型　　　　　　　　(c)弹性变形型

(d)拉拔锚固型　　　　　　　　(e)坝坡水平滑动型

? ——在具体应用时输入具体的数值

图 11-8　堤坝软基加筋稳定分析模型

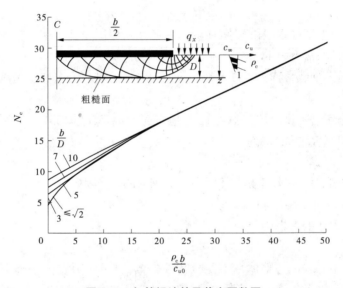

图 11-9　加筋堤地基承载力因数图

$$c_u = c_{uo} + \rho_c z$$

式中　N_c——承载力因子,对 $50 < \rho_c b/c_{uo} < 100$ 和 $\dfrac{b}{D} < 10$,$N_c = 11.3 + 0.38 \rho_c b/c_{uo}$,对于

$\rho_c b/c_{uo} < 50$ 和 $b/D < 10$,可查图 11-12 求得;

c_{uo}——不排水抗剪强度随深度增大在地表面的截距;

ρ_c——强度随深度增长的斜率;

z——距地表的深度;

q_z——加筋堤基础宽度外地表面的均布压力。

对于梯形剖面的堤坝应近似地转变为等效基础宽度 b,理论上刚性基础边缘点的压力为 $2 + \pi c_{uo}$,对于堤坝基底必有两个点地基上的压力 $\gamma h = 2 + \pi c_{uo}$,假设这两个点的距离

为堤坝等效基础宽度 b，这两点处的堤坝坡高为

$$h = \frac{2 + \pi c_{uo}}{\gamma} \qquad\qquad (11-20)$$

如图 11-9 所示，可得到等效基础宽度为

$$b = B + 2nH - h \qquad\qquad (11-21)$$

式中　B——加筋堤顶宽；

　　　H——中筋堤高度；

　　　n——堤坝角的余切。

图 11-9 中基础宽度 b 外的三角荷载可视为均布压力 q_z，根据塑性理论分析，则 q_z 为

$$\left.\begin{array}{ll} q_z = n\gamma h^2/(2x) & x > nh \\ q_z = (2nh - x)\gamma x/(2nh) & x < nh \end{array}\right\}$$

式中　x——刚性基础边缘外塑性变形影响范围。

然而，堤坝为一梯形，此时以基础宽度为 b 的加筋堤基础上的平均压力 q_a 为

$$q_a = (BH + nH^2 - h^2)\gamma/b \qquad\qquad (11-22)$$

必须注意，当地基处于极限破坏时，p_u/q_a 应为 1，但因受地基塑性变形和加筋材料性能等的影响，实际上常不为 1。

修正后的地基承载力称为容许承载力 p_{ua}，相对应的堤高为容许筑堤高 H_{ca}。

$$p_{ua} = N_c c_{ua} + q_z \qquad\qquad (11-23)$$

式中　c_{ua}——修正后不排水抗剪强度 c_{uz} 在地表面的截距，$c_{ua} = 0.77 c_{uo}$，相应的不排水抗剪强度为

$$c_{uz} = c_{ua} + \rho_c z \qquad\qquad (11-24)$$

应用容许承载力分析软土地基上加筋堤的地基稳定性必须满足如下两个条件，并以此确定加筋垫层材料的强度和布置形式：

(1)在设计上还要考虑必要的安全系数，即

$$K_s = p_{ua}/q_a > 1.0 \qquad\qquad (11-25)$$

(2)加筋垫层必须保持整体性不受拉断裂失效，方可作为整体基础求解承载力。因此，要求垫层中的加筋材料不被拉断裂和拔出，所选用的加筋材料的容许抗拉强度应满足下式的要求

$$[T_a] > T_i \qquad\qquad (11-26)$$

式中　$[T_a]$——加筋材料的容许抗拉强度；

　　　T_i——基础垫层的最大拉应力。

假设堤坝基础垫层的最大拉应力在基础宽度的中点 $\frac{1}{2}b$ 处。最大拉应力应用有限元求解，实用上采用 Ingold 分析法求得

$$T_i = \frac{\Delta K_s \sum W \sin\alpha}{\sum \cos\alpha_i/K_e} \qquad\qquad (11-27)$$

对于堤坝基础加筋垫层最大拉应力可近似为

$$T_i = \frac{b}{2}\gamma H \Delta K_s K_e \tan\alpha_i \qquad (11\text{-}28)$$

式中　ΔK_s——由于加筋引起堤坝地基稳定性安全系数的增大值，$\Delta K_s = 1.2 - \dfrac{5.14c_u}{H\gamma}$，$c_u$

　　　　　为地基土平均不排水抗剪强度；

　　　　γ——堤坝填土的重度；

　　　　H——设计堤坝高度；

　　　　α_i——基础中点滑动面的切线角；

　　　　K_e——抗拔安全系数，$K_e = 1.2 \sim 1.4$。

　　2. 堤坝整体滑动分析

　　图 11-8 中的(b)加筋堤坝的地基稳定性可采用常规的条分法分析。稳定性安全系数可用下式计算求得

$$K_s = \frac{\sum\limits_{i=1}^{n}(cl_i + W_i\cos\alpha_i\tan\varphi_i)R + \sum\limits_{i=1}^{m}T_i y_i}{\sum\limits_{i=1}^{n}(W_i\sin\alpha_i)R} \qquad (11\text{-}29)$$

式中　K_s——稳定性安全系数，设计要求 $K_s > 1.3$；

　　　　W_i——分条的重量；

　　　　l_i——分条圆弧段的长度；

　　　　R——滑弧的半径；

　　　　c——土的黏聚力，当地基土为饱和软黏土时，采用不排水抗剪强度 c_u；

　　　　φ_i——土的内摩擦角，(°)；

　　　　T_i——土工合成材料的容许抗拉强度 $[T_a]$，$[T_a] = \dfrac{[T_u]}{K}$，T_u 为产品的试验测定强

　　　　　度，K 为安全系数，$K = 3 \sim 5$。

　　必须注意：应用式(11-29)条分法分析时，它与无加筋堤坝的分析方法不同，除了式中增加 $\sum T_i y_i$ 一项外，最危险滑弧不是无限定地通过试算确定的，而是限定通过加筋垫层最大拉力点处来确定的。因为堤坝基底加筋后，由于加筋的约束作用，使地基中的应力场和位移场产生改变，堤坝滑动破坏只有在加筋被拉断后才产生，潜在的滑动面应通过加筋垫层的最大拉力点处，一般是在堤坝基底的中心上，所以分析计算时，应照这一方法确定最危险的滑弧，计算其最小的安全系数。

　　除判定加筋堤坝的稳定性安全度外，还需按地基稳定性的要求($K_s > 1.3$)确定设计加筋材料需用的抗拉强度。因此，分析的方法可按如下步骤进行：①令 $T_i = 0$，计算无加筋条件堤坝地基的稳定性，求得安全系数 K_{s0}；②按安全系数的差值 $\Delta K_s = 1.3 - K_{s0}$，用下式计算加筋所需用的总抗拉力 T_i，即

$$\Delta K_s = \frac{\sum\limits_{i=1}^{m}T_i y_i}{\sum\limits_{i=1}^{n}W_i\sin\alpha} \qquad (11\text{-}30)$$

T_i 可通过试算求得,然后按 T_i 的大小选用加筋材料的容许抗拉强度$[T_a]$,$[T_a]$也可

按式 $K_s = \dfrac{\sum\limits_{i=1}^{n}(cl_i + W_i\cos\alpha_i\tan\varphi_i)R + \sum\limits_{i=1}^{m}T_i y_i}{\sum\limits_{i=1}^{n}(W_i\sin\alpha_i)R}$ 中$[T_a]$选用加筋材料产品的试验测定的抗拉强

度$[T_u]$值。

3. 弹性变形破坏分析

对于图 11-8 中(c)情况的检验,这是因为所用的加筋材料拉伸模量不足,影响抗拉力的发挥而出现的地基破坏,因此设计时必须检验加筋材料的拉伸模量,可用下式来检验

$$E_{rg} > 10T_{rg} \tag{11-31}$$

式中　E_{rg}——所需用的加筋材料拉伸模量,kN/m^2;

　　　T_{rg}——工程所需的加筋抗拉应力,kN/m^2,该抗拉应力可用上述总体分析法或有限元法求得。

4. 抗拔锚固破坏分析

对于图 11-8 中(d)的情况,可用下式检验加筋材料是否被拔出而失去其锚固作用

$$L_{rg} \geqslant \frac{T_a}{2\eta(c + \sigma_v \gamma_g \tan\varphi)} \tag{11-32}$$

式中　L_{rg}——滑动面上所需的锚固长度;

　　　T_a——作用于加筋材料上实际的拉应力;

　　　c——土的黏聚力;

　　　φ——土的内摩擦角;

　　　σ_v——竖向应力,$\sigma_v = \gamma H$,H 为上覆土的高度,γ 为土的重度;

　　　γ_g——加筋材料的重度;

　　　η——土与加筋间的协调系数,土工织物 $\eta = 1 \sim 0.8$,土工格栅 $\eta = 1.3 \sim 2.6$。

5. 水平滑动分析

对于图 11-8 中(e)的情况,可用下式检验是否出现边坡滑动

$$p_a < \tau L \tag{11-33}$$

式中　p_a——边坡的主动土压力,$p_a = 0.5\gamma H^2 K_a$,H 为堤坝的高度,γ 为土的重度,K_a 为主动土压力系数;

　　　τ——抗滑阻力,$\tau = \sigma_v \xi \tan\varphi$,$\sigma_v$ 为平均竖向应力,φ 为土的内摩擦角,ξ 为土与筋材摩擦调节系数,土工织物 $\xi = 0.6 \sim 0.8$,土工格栅 $\xi = 1.0 \sim 1.5$;

　　　L——滑动带的长度,可用坝坡的宽度验算。

软土地基上的加筋堤的设计,主要通过以上的分析,检验所布置的加筋是否满足地基的稳定性与承载力的要求,同时也要检验加筋堤坝内部的稳定性,包括加筋被拉断裂、拔出失效等,若不能满足,可增加加筋的数量和强度或改变布置的形式。

三、加筋土坡设计

加筋土坡设计采用传统的极限平衡方法。当坡角 $\beta \leqslant 70°$ 时按土坡设计,$\beta > 70°$ 时按挡墙设计。

　　加筋土坡设计的主要内容是:优选材料、确定铺设范围、确定筋材长度和层间间距等。
基本步骤如下:

　　(1)确定设计所需的基本资料。

　　①安全系数。

抗平面滑动　　　　　　　　　　　　$F_s \geq 1.3$

抗深层滑动　　　　　　　　　　　　$F_s \geq 1.3$

地基承载力　　　　　　　　　　　　$F_s \geq 1.3$

工后沉降及其速率按工程许可而定。

　　②确定土性指标。包括原位土、回填土和回填土后的土料。

　　③确定筋材设计参数。筋材允许抗拉强度。

设计筋材的抗拔安全系数:砾类土≥ 1.5,黏土≥ 2.0。

筋材最短锚固长度:$L_c = 1.0$ m。

　　(2)针对未加筋土坡,进行稳定性分析(圆弧滑动及楔体滑动),判别是否需要加筋:

　　①要求加筋后达到的安全系数为F_{SR}。

　　②将每一试算滑弧绘在同一张土坡剖面图上。

　　③针对②中每一试算滑弧,标明对应的滑动力矩$(M_D)_i$和安全系数$(F_{SU})_i$。

　　(3)确定土坡中待加筋范围。

　　针对②中所述各试算滑动弧,针对所有$(F_{SU})_i \approx F_{SR}$的各弧,绘制它们的外包线,它所
包围的区域即为待加筋的临界区。

　　(4)加筋力计算。为将土坡安全系数从F_{SU}提高到要求的F_{SR}所需的总加筋T_s按
式(11-34)计算,即针对每一试算滑弧分别计算相应的T_s

$$T_s = \left(F_{SR} - F_{SU} \right) \frac{M_D}{D} \tag{11-34}$$

式中　F_{SU}、M_D——相应于某滑弧的安全系数和对应的滑动力矩;

　　　　D——抗滑力臂,对满铺连续筋材,$D = R$(滑弧半径),对非满铺条带式筋材,$D = y$
　　　　　　　(这里总加筋力假设作用于坡高的$1/3$高度处)。

　　注意,未加筋土土坡具有最小安全系数的滑弧并非要求最大拉筋力的控制情况,故对
应于式(11-34)给出的最大T_s(即T_{smax}),才是所需的最大拉筋力。

　　(5)加筋力计算辅助图。图11-10可用于对(4)中计算结果进行快速复核。该图系
根据单楔和双楔破坏面计算机简化分析而得。应用按以下步骤:第一,从图11-10(a)的
坡角β和转化摩擦角φ_f'查取加筋力系数K;

$$\varphi_f' = \arctan\left(\frac{\tan\varphi_r}{F_{SR}}\right) \tag{11-35}$$

式中　φ_r——加筋土的内摩擦角。

　　第二,最大加筋力T_{smax}

$$T_{smax} = 0.5 k \gamma_r H'^2 \tag{11-36}$$

式中　γ_r——加筋土容重;

　　　　$H' = H + \dfrac{q}{\gamma_r}$;

　　　　q——坡顶均布荷载。

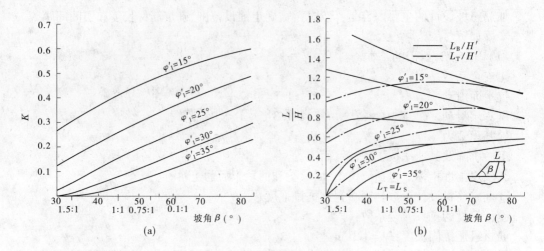

图 11-10　加筋力计算辅助图

第三,确定顶部和底部所需筋材长度 L_T 和 L_B。

按图 11-10(b)估算。注意图 11-10 是按以下假定求得:①柔性材料;②破土为均匀无黏土;③未计土内孔压;④无动力荷载;⑤均匀超荷载不大于 $0.2\gamma_rH$ 等。

(6)加筋力分配。将由(4)确定的所需最大拉筋力分配于坡高内:

第一,坡高 $H \leqslant 6$ m,将其均匀分布于全坡高;

第二,坡高 $H > 6$ m,可分为二个或三个等高的加筋区:

分二区时:T_b(底区)$= \dfrac{3}{4}T_{smax}$

$$T_t(顶区) = \frac{1}{4}T_{smax}$$

分三区时:$T_b = \dfrac{1}{2}T_{smax}$

$$T_m(中区) = \frac{1}{3}T_{smax}$$

$$T_t = \frac{1}{6}T_{smax}$$

(7)筋材间距确定。根据(6)分配的某区(H_z)加筋力 T_z(为 T_b、T_m 或 T_t),可假设间距 S_v 计算该区一根筋材的拉力 T_{max}:

$$T_{max} = \frac{T_z S_v}{H_z} = \frac{T_z}{N} \leqslant T_a R_C \tag{11-37}$$

式中　N——某区的筋材层数;

　　　T_a——筋材的允许抗拉强度;

　　　R_C——平面上筋材的覆盖率,当为满堂连续筋材时,$R_C = 1$,若为非连续筋材,且沿

　　　　　　坡轴(垂直于破断面)方向的筋材水平面间距为 S_h,$R_C = \dfrac{1}{S_h}$。

筋材的垂直间距一般为 400 ~ 600 mm,为了保持坡面稳定,不使产生局部膨胀,可在

二主筋间铺设辅筋,其长度为 1.2~2 m。辅筋应满堂铺设,其强度可较主筋略低。对于坡度缓于1:1的土坡,且 $S_v \leqslant 400$ mm 时,筋材端部可不折回包裹。如坡度较陡则需包裹。

对于关键或复杂情况,应复核某主筋以上土坡的稳定性,以验证上述按经验分配的加筋力的正确性。

(8)筋材的锚固长度。每层筋材应伸出 T_{smax} 相应滑弧以外一定距离以确保提供足够的抗拔力,伸出长度 L_e 称锚固长度:

$$L_e = \frac{T_{smax} F_S}{2F^* \alpha \sigma_v} \tag{11-38}$$

式中 F_S——抗拔安全系数;

F^*——抗拔因数或摩擦系数;

α——尺寸效应因数;

σ_v——土-筋界面上的有效垂直应力。

L_e 值不小于 1 m。

针对黏土,验算应既考虑短期强度,又考虑长期强度。按长期强度设计时,采用 φ_r' 和 $C_r = 0$;按短期强度设计时,采用固结不排水强度指标 φ_r 和 $C_r = 0$ 或按拉拔试验成果验算。

将所有算得的筋长绘在上述(3)所定的待加筋区的图幅中,可以注意:①底部的筋长长度由抗水平滑动控制;②较低部分的筋材长度应延伸至待加筋区边缘;③上部的筋材不一定延伸至加筋区边缘,但此区下部筋长应保证待加筋区内所有滑弧均满足安全系数 F_{SR}。但应复核伸出每一滑弧筋材的合力要大于 T_s(伸出长度不足 1 m 的不计)。

第五节 施工技术与质量监测

由于土工合成材料可以应用在很多工程领域,不同的工程有不同的施工技术和质量要求,这里对其在隔离、加筋、防护和防渗工程中的应用作详细介绍。

一、隔离工程

(一)土工织物的铺设

土工织物直接铺设在路基表面或路槽表面时,必须先清除路基表面和路槽中有可能损坏织物的凸出物,然后将土工织物展开铺平,尽可能无折皱地铺置在路基上或路槽内。当地面很不平整或地面杂物不易清除时,可以先铺一层 15~30 cm 的垫层。若需在一个较长的距离内整块展开土工织物,则应将其固定,例如用混凝土块或石料固定,以防止四周被吹起。在承载力低的地区铺设材料时,横向亦须固定。织物铺设后,为减少日光对织物的损害,应随铺随填,或采取保护措施。摊铺时一定要注意轻放,以免碎石尖部刺破织物。

(1)道路工程。展铺土工织物有以下三种施工方法。

①直接铺放在路基上:先清除地面杂物,然后将土工织物展开,并且用木桩标出土工织物相对于道路中心线的边,以保证摊铺位置正确。

②在有垂直面的路槽内铺放:土工织物横越路槽成段展开,无须采取特殊措施,往上折的端部与路槽边垂直。

③摊铺于路槽内有粒料嵌固:土工织物横越路槽展开,两端嵌固长度由侧边粒料护道覆盖,然后土工织物折回护道上,再用第二层基层材料嵌固。

(2)隧道工程。在隧道内施工,其方法基本上与路基相同,但应注意以下几点:

①铺设前应根据隧道情况处理好排水,即增设或加深侧沟,水沟侧壁钻凿泄水孔,部分地段加设横向盲沟。

②施工时限速 15 km/h。

③应凿除破损底部混凝土块,必要时挖除基底软弱层,再铺砂垫层至隧道底面标高。

(二)土工织物的连接方法

织物与织物的连接一般有搭接法、缝接法、加热接缝法等。

(三)防止土工织物破坏的施工要求

土工织物作为隔离层时,承受的荷载并不太大,对织物的强度要求不高。但是在施工中,它们却要承担各种临时性荷载,如重型机械和重型运料汽车等,有可能引起织物的破坏。

为保证在施工中土工织物能保持其完整性,要针对路基状态与施工机械、路堤填料与施工机械提出施工要求。

二、加筋工程

加筋土结构施工的一般步骤如下:

(1)平整场地。如果场地难以平整,可以先铺一层薄的垫层并表面平整,然后铺第一层加筋材料。

(2)铺放筋材。在使用前应检查筋材本身有无缺损或破坏,一经发现立即处理。铺放时,应使筋材强度较大的方向(主强度方向)沿建筑物的轴线方向且垂直于坡面,总之,应布置在土的拉伸变形较大的区域,最好在主拉应变方向。筋材上应插固定钉或销。当加筋材料铺到坡面附近时,若采用土工织物加筋,且坡面处转折包裹,则相邻织物至少搭接 15 ~ 20 cm;如不需包裹,则可平接。若采用土工格栅,则两相邻处应扎紧或用卡件卡紧。

加筋材料铺放后,应保持平整、拉紧,不可有折皱。加筋材料要与某些结构物紧密贴合。在水下的铺设应按顺流方向进行,且有潜水员指挥,并配合工作船将加筋织物沿导线和导轨平缓展开,并不断接紧。应尽量选用宽幅的土工织物或土工格栅作为加筋材料,在铺放时,幅与幅之间要重叠 50 ~ 100 cm(视不同的结构物和水上、水下的环境而定)。

(3)回填或加压。筋材铺设停当后,应在其上尽快铺土,最迟不得超过48 h。对于极软的地基土,填土应分层铺压,每层厚度不超过 250 ~ 300 mm。所用的施工机械应与软土地基相适应,接触压力不可过大。卸土时不要直接卸在织物筋材上,应卸在已铺有土的层面上,再用小型机械等立即摊铺开来,以防局部下陷。在平面上铺土应分块,且铺土前应保持 U 形前进。

对于一般地基土,可采用常用的碾压机具,如平碾、气胎碾等进行压实。但所有的压实机械均不宜在加筋材料面上直接碾压。填土的碾压应达到要求的压实标准。

（4）观测。布置必要的观测设备以监测加筋结构的工作状况，如有问题应及时分析和提出解决办法。观测设备除观测沉降、倾斜、含水量等项目外，还可量测土压力和孔隙水压力的变化。

三、防护工程

土工织物防治反射裂缝的施工工序：清扫旧路面—旧路面处理—喷洒黏层油—铺土工织物—摊铺热拌沥青混合料—热拌沥青混合料的压实和成型。黏层油分两次喷洒，即在铺土工织物前后各喷洒一次效果最好。故公路工程中对土工织物要求先后两次喷洒。

土工格栅类防治反射裂缝的施工工序：清扫旧路面—旧路面处理—铺土工格栅—喷洒黏油层—摊铺热拌沥青混合料—热拌沥青混合料的压实和成型。

四、防渗工程

土工材料应用于防渗工程施工中应注意的有拼接方法、检验方法、铺设方法。

（一）拼接方法

所采用的拼接方法主要有热压硫化法、热元件焊接法、热熔挤压焊接法、高温气焊法、高频热焊法、胶接法、溶剂焊接法等。

（二）检验方法

采用上述方法将土工膜拼接完成后，需要对拼接缝的质量进行检查，确定拼接缝是否有漏气或漏焊处，以便采取补救措施。检查拼接缝质量的方法主要有真空罐法、火花试验、超声波探测、双焊线加压检测等。

（三）铺设方法

土工膜铺设时，首先应把土石坝坡的垫层、排水层或排水排气系统铺筑完成，库盘或水池底面平整好，再铺设排气排水系统。把土工膜按需要长度裁剪好，在工厂或工作棚内焊接成宽幅，然后卷成卷材，运到铺设地点，定位安放进行铺设。

在坝坡上铺设时一定将卷材自上向下滚铺。把卷材的一端固定在坝顶，卷材中心轴（一般为钢管）的两头系于安装在坝顶的绞车上，绞车慢慢将卷材向下滚铺，然后将相邻的土工膜卷材向下滚铺，幅边按规定尺寸搭叠，并进行焊接。如果坝较高，在筑坝过程中有度汛挡水的要求，则先铺设挡水部位以下的坝坡土工膜，然后砌好土工膜上的护坡体，即可先蓄水，待上部坝体填筑完成，再滚铺到上部，并与已铺设好的土工膜顶部相互搭叠并焊接。

在水库库盘或水池底部铺设土工膜时，同样，在钢管上把拼接好的宽幅土工膜卷成卷材，放于地面并系在拖拉机后附设的横杆上，随拖拉机前进，土工膜铺开。相邻的土工膜铺设时，与铺好的土工膜搭叠数厘米进行焊接，也可采用人力推卷材摊铺。

铺设土工膜时，工作人员应穿软底鞋，不能穿硬底皮鞋或带钉的鞋。铺设好后应立即覆盖，以免阳光照射而老化，或被风吹动而撕破。坝坡上的土工膜可以砌筑混凝土板护坡或块石护坡。库盘或池底的土工膜可用土、砂砾、碎石等覆盖，覆盖厚度至少 30～40 cm。

在严寒地区，要防止冻害损坏土工膜。铺设后应迅速覆盖保护。在坝坡和库盘的死水位以上范围,需要较厚的防护层,其厚度最好等于地面冻结深度,其材料不宜用黏土或细粉砂,以免发生冻胀破坏护坡,应选用粗颗粒材料,如碎石、碎砾、软砾石等。在坝坡或库盘较陡的岸坡,不能用黏土做防护层,因为在水库水位下降时,黏土防护层会沿着土工膜表面滑落而失稳。

思考题与习题

11-1　试述土工织物、土工网格、土工格栅、土工膜、土工复合材料等的主要性质及其在工程上的用途。

11-2　一座 10 m 高的土坝,采用土工织物作竖向排水和水平卧式排水。拟采用的土工织物为 200 g/m² 针刺无纺织物,其导水率试验值 $\theta_{ult} = 15 \times 10^{-4}$ m²/min,选用综合折减系数 3.0,心墙材料为黏质粉土,渗透系数 1×10^{-7} m/s。试计算该织物对心墙渗流量导水的安全系数。

11-3　设在饱和软黏土地基上修筑一公路堤,路堤高为 5 m,顶宽为 12 m,两边坡的坡度为 1:2。堤填土的重度为 19 kN/m³,内摩擦角 $\varphi = 28°$,黏聚力 $c = 15$ kPa。堤基为饱和淤泥质黏土,天然十字板强度为 $c_{uz} = 15 + 1.52z$,重度 $\gamma = 17.5$ kN/m³。在堤基底全部铺设二层土工编织布,宽度为 32 m,其抗拉强度为 80 kN/m³。试检验加筋后的地基承载力与地基的稳定性及所用的土工编织布能否满足工程的要求。

11-4　试述在软土地基上堤坝加筋的整体圆弧滑动稳定分析方法的原理,并说明与无加筋堤的地基稳定分析方法有何区别。加筋对地基稳定性安全系数的影响主要是什么(抗拉力呢? 或地基应力场的改变)?

11-5　建筑物基础下加筋垫层对于提高地基承载力的原理是什么? 它与选用的加筋材料的抗拉强度、层数和加筋材料的铺设宽度有什么关系?

第十二章　复合地基基本理论

第一节　概　述

建筑工程都是从基础开始建造的,而基础又位于地基之上。以往由于受到生产技术条件的限制,尽量选择较好的工程地质条件而把重点放在基础工程和上部结构工程上。近年来,随着我国经济建设的持续快速发展,基本建设规模不断扩大。现代工业、城市布局、交通及高层重型建筑物等的发展,对地基和基础工程提出了更高的要求,且愈来愈多的工程需要对天然地基进行人工处理。复合地基技术以其工艺简单、施工方便、造价低廉等优势,在工程建筑的地基处理中也得到了广泛应用。

一、复合地基的发展历史

自 20 世纪 60 年代,国际上首次使用复合地基一词以来,复合地基理论已成为许多地基处理方法的理论分析及公式建立的基础和根据。在发展的初期,复合地基主要指天然地基中设置碎石桩等,后来慢慢发展到深层搅拌桩、高压旋喷注浆法的应用,人们开始重视水泥土复合地基的研究,实践的发展和理论的研究让复合地基运用越来越广泛,被大量运用到如碎石桩、水泥土搅拌桩、旋喷桩、石灰桩和灰土桩等加固地基的理论分析中。近年来,水泥粉煤灰碎石桩(CFG 桩)、树根桩及疏桩基础也被引入复合地基理论范畴。复合地基理论的研究已得到国内外岩土工程界和学术界的重视。

复合地基的出现虽然才 50 多年,但其工程应用却有着长远的历史。天津市在修建公园时曾在清代道台衙门的旧址下,挖出长 300 ~ 500 mm 的石灰桩。复合地基理论是地基处理技术的理论升华。地基处理技术是伴随着人类文明的起源而兴起的,但现代地基处理技术起源于欧洲。1835 年法国工程师设计了最早的砂石桩。设计桩长 2 m,直径 20 cm,每根桩的承载力为 10 kN。后来,德国 S. Steuerman 在 1930 年提出采用振冲法加密砂性土原理。1933 年,德国 J. Keeller 制成了第一台振冲器,并于 1935 年在纽伦堡用于加固松散粉砂地基。后来在美国、欧洲、日本等地得到应用。1960 年左右在英国开始将振冲法应用于加固黏土地基。不久,在德国、美国和日本也用于加固软黏土地基。1976 年下半年,南京水利科学研究所和交通部水运规划设计院共同研究振冲法加固软填土地基技术,1977 年试制出我国第一台 13 kW 的振动水冲器,1977 年 9 月首先用于南京船厂船体车间软黏土地基加固,加固深度 13 ~ 18 m。20 世纪 80 年代末由中国建筑科学研究院地基所开发了 CFG 桩复合地基成套技术,1992 年通过了建设部组织的专家鉴定,并在国内得到了广泛应用。1990 年,河北承德,由中国建筑学会地基基础专业委员会黄熙龄院士主持召开了我国第一次以复合地基为专题的学术讨论会。

二、复合地基的加固机制

虽然复合地基中增强体材料的强度性质及施工方法对复合地基的作用具有一定的影响,但不论何种复合地基都具备以下一种或多种作用。

(一)桩体作用

复合地基是桩体与桩间土共同工作,由于桩体的刚度比周围土体大,在刚性基础下等量变形时,地基中应力将按材料模量重新分布。因此,桩体产生应力集中,大部分荷载将由桩体承担,桩间土应力相应降低(见图 12-1),因此复合地基承载力和整体刚度高于原地基,沉降量有所减小。随着桩体刚度增加,其桩体作用发挥得更加明显。

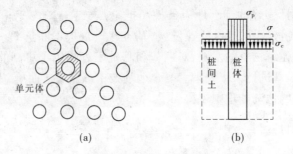

(a)　　　　　　(b)

图 12-1　复合地基应力重新分布示意图

(二)垫层作用

桩与桩间土形成的复合地基,由于其性能优于原天然地基,它可以起到类似垫层的换土、均匀地基应力和增大应力扩散等作用。在桩体没有贯穿整个软弱土层的地基中,垫层的作用尤为明显。

(三)加速固结作用

碎石桩、砂桩具有良好的透水特性,可加速地基土的固结。另外,水泥土类桩和混凝土类桩在某种程度上也可加速地基固结。因为地基固结不仅与地基土的排水性能有关,而且还与地基土的变形特性有关。虽然水泥土类桩会降低地基土的渗透系数 k,但它同样会减小地基土的压缩系数 a,而且通常后者的减小幅度还要较前者为大。为此,使加固后水泥土的固结系数 C_v 大于加固前原地基土的系数,同样起到了加速固结的作用。

(四)挤密作用

砂桩、土桩、石灰桩、砂石桩等在施工过程中由于振动、挤压、排土等因素,可使桩间土起到一定的密实作用。

采用生石灰桩,由于其材料具有吸水、发热和膨胀等作用,对桩间土同样可起到挤密作用。

对深层搅拌桩,有资料报道,日本横滨泵厂建设工程在深层搅拌施工过程中,对距施工点 4.5 m 处的地基土侧向位移进行测量,其结果发现深层搅拌桩同样存在排土问题。粉体喷射法施工过程中使桩周土强度产生瞬时下降,然后随着时间推迟,会重新得到恢复,在 30 d 时强度可恢复到 80%,因而水泥土搅拌法在施工过程中的排土效应还应进一步探讨。

（五）加筋作用

各种桩土复合地基除可提高地基的承载力外,还可用来提高土体的抗剪强度,增加土坡的抗滑能力。目前,在国内的深层搅拌桩、粉体喷射桩和旋喷桩等已被广泛地用做基坑开挖时的支护。在国外,对碎石桩和砂桩常用于高速公路等路基或路堤的加固,这都利用了复合地基中桩体的加筋作用。

三、复合桩基和复合地基的区别

复合地基是指天然地基在地基处理过程中部分土体得到增强,或被置换,或在天然地基中设置加筋材料,加固区是由基体(天然地基土体)和增强体两部分组成的人工地基(见图12-2(a))。

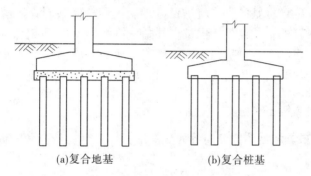

(a)复合地基　　　　　(b)复合桩基

图12-2　复合桩基和复合地基的区别

复合桩基是指按大桩距(一般在5～6倍桩径以上)稀疏布置的低承台摩擦群桩或端承作用较小的端承摩擦桩与承台体共同承载的桩基础(见图12-2(b))。

(1)从各自概念上看,复合地基是一种人工地基,属于地基的范畴;而复合桩基是一种桩和承台体共同承载的桩基础,属于基础的范畴。

(2)从复合桩基和复合地基的受力特性看,两者也存在显著的差异。复合桩基有明确的传力路径。上部荷载首先由承台传给桩,当桩达到极限承载力,发生一定的刺入沉降时,荷载才开始逐渐向桩间土转移,并且最终桩土之间有明确的荷载分担。复合地基中承台和桩体通过褥垫层来过渡,故桩间土一开始就承担了较大比例的荷载,在正常使用状态下,上部结构的荷载始终由桩和桩间土共同承担。

(3)从复合桩基和复合地基的设计思路来看,两者存在很大差别。复合地基主要是对薄弱土层进行改造加固,以增强地基土的承载力。复合地基的主要受力部位还在加固体内,进行复合地基设计时主要考虑的是地基土。复合桩基则是将桩的承载力用到极限,然后利用其较大的沉降来使桩间土承担一部分的荷载,以减少工程桩的使用数量,从而达到节省造价的目的。所以,复合桩基设计主要还是考虑桩。

(4)复合桩基所用桩型常为预制桩或质量可靠的灌注桩,这与常规桩基并无区别。确定常规桩基承载力的静载荷试验仍然适合于复合桩基。复合地基虽也形成明确的桩体,但套用静载荷试验的方法确定其承载力并不合适。

(5)复合桩基与复合地基在承载力计算、沉降计算方面亦不尽相同。另外,复合地基与复合桩基在筏板的处理上还有不同。复合地基一般在筏板中不设承台梁,复合桩基却像常规桩基一样,常常需要设置承台梁来满足筏板中较大的冲剪力。

要区别复合桩基和复合地基的最简单、最有效的方法就是看其是否有明确的传力路径,即桩与承台是否有可靠的连接。复合地基在实际工程设计计算中,还是属于地基的范畴。复合桩基却更接近于桩基。所以,这几种基础形式比较合理的关系应该是:纯地基—复合地基—复合桩基—桩基。

近年来发展起来的桩土共同作用分析,主要也是考虑桩间土直接承担荷载。在疏桩基础、减小沉降量桩基础和考虑桩土共同作用的思路中都是主动考虑摩擦桩基础中客观上存在的桩间土直接承担荷载的性状。考虑桩土共同直接承担荷载的桩基称为复合桩基。是否可以说复合桩基实质上是主动考虑桩间土直接承担荷载的摩擦桩基,而在经典桩基理论中,摩擦桩基中是不考虑桩间土直接承担荷载的。

前面已经讲过,复合地基的本质就是考虑桩间土和桩体共同直接承担荷载。由上面的分析可知,复合桩基的本质也是考虑桩土共同直接承担荷载,可以认为复合桩基是复合地基的一种。因此,可将复合桩基归为刚性桩复合地基范畴,是一种类型的刚性桩复合地基,并有助于对复合桩基荷载传递规律的认识,也有益于复合桩基理论的发展。

四、复合地基的破坏模式

复合地基可以根据增强体的方向分为竖向增强体复合地基和水平向增强体复合地基(见图12-3)。

图 12-3　竖向增强体复合地基和水平向增强体复合地基

竖向增强体复合地基和水平向增强体复合地基破坏模式是不同的,现分别加以讨论分析。

(一)竖向增强体复合地基破坏模式

对竖向增强体复合地基,刚性基础下和柔性基础下破坏模式也有区别。

竖向增强体复合地基的破坏首先可以分成下述两种情况:一种是桩间土首先破坏进而发生复合地基全面破坏,另一种是桩体首先破坏进而发生复合地基全面破坏。在实际工程中,桩间土和桩体同时达到破坏是很难遇到的。大多数情况下,桩体复合地基都是桩体先破坏,继而引起复合地基全面破坏。

竖向增强体复合地基中桩体破坏的模式可以分成下述4种形式:刺入破坏、鼓胀破坏、桩体剪切破坏和滑动剪切破坏,如图12-4所示。

桩体发生刺入破坏如图12-4(a)所示。桩体刚性较大,地基上承载力较低的情况下较易发生桩体刺入破坏。桩体发生刺入破坏,承担荷载大幅度降低,进而引起复合地基桩间土破坏,造成复合地基全面破坏。刚性桩复合地基较易发生刺入破坏模式。特别是柔

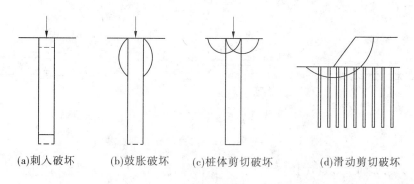

(a)刺入破坏　　　(b)鼓胀破坏　　　(c)桩体剪切破坏　　　　(d)滑动剪切破坏

图 12-4　竖向增强体复合地基破坏模式

性基础下(填土路堤下)刚性桩复合地基更容易发生刺入破坏模式。若处在刚性基础下,则可能产生较大沉降,造成复合地基失效。

　　桩体鼓胀破坏模式如图 12-4(b)所示。在荷载作用下,桩周土不能提供给桩体足够的围压,以防止桩体发生过大的侧向变形,产生桩体鼓胀破坏。桩体发生鼓胀破坏造成复合地基全面破坏,散体材料桩复合地基较易发生鼓胀破坏模式。在刚性基础下和柔性基础下散体材料桩复合地基均可能发生桩体鼓胀破坏。

　　桩体剪切破坏模式如图 12-4(c)所示。在荷载作用下,复合地基中桩体发生剪切破坏,进而引起复合地基全面破坏。低强度的柔性桩较容易产生桩体剪切破坏。刚性基础下和柔性基础下低强度柔性桩复合地基均可产生桩体剪切破坏。相比较柔性基础下发生可能性更大。

　　滑动剪切破坏模式如图 12-4(d)所示。在荷载作用下,复合地基沿某一滑动面产生滑动破坏。在滑动面上,桩体和桩间土均发生剪切破坏。各种复合地基均可能发生滑动破坏模式。柔性基础下的比刚性基础下的发生可能性更大。

　　在荷载作用下,一种复合地基的破坏究竟取何种模式影响因素很多。

　　从上面分析可知,它不仅与复合地基中增强体材料性质有关,还与复合地基上基础结构形式有关。此外,还与荷载形式有关。竖向增强体本身的刚度对竖向增强体复合地基的破坏模式有较大影响。桩间土的性质与增强体的性质的差异程度会对复合地基的破坏模式产生影响。若两者相对刚度较大,较易发生桩体刺入破坏,但筏形基础下的刚性桩复合地基,由于筏形基础的作用,复合地基中的桩体也不易发生桩体刺入破坏。显然,复合地基上基础结构形式对复合地基破坏模式也有较大影响。总之,对于具体的桩体复合地基的破坏模式应考虑上述各种影响因素,通过综合分析加以估计。

(二)水平向增强体复合地基破坏模式

　　水平向增强体复合地基通常的破坏模式是整体破坏。受天然地基土体强度、加筋体强度和刚度以及加筋体的布置形式等因素影响而具有多种破坏形式。Jean. Binqut 等根据土工织物的加筋与土的相互作用,将破坏模式分为三类(见图 12-5)。

　　1.加筋体以上土体剪切破坏

　　如图 12-5(a)所示,在荷载作用下,最上层加筋体以上土体发生剪切破坏。也有人把它称为薄层挤出破坏。这种破坏多发生在第一层加筋体埋置较深、加筋体强度大,且具有

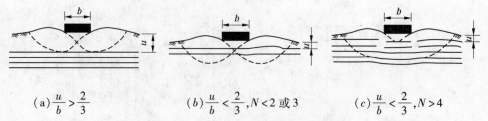

$$(a) \frac{u}{b} > \frac{2}{3} \qquad (b) \frac{u}{b} < \frac{2}{3}, N < 2 \text{ 或 } 3 \qquad (c) \frac{u}{b} < \frac{2}{3}, N > 4$$

图 12-5　水平向增强体复合地基破坏模式

足够锚固长度,加筋层上部土体强度较弱的情况。这种情况下,上部土体中的剪切破坏无法通过加筋层,剪切破坏局限于加筋体上部土体中。若基础宽度为 b,第一层加筋体埋深为 u,当 $\frac{u}{b} > \frac{2}{3}$ 时,发生这种破坏形式的可能性较大。

2. 加筋体在剪切过程中被拉出或与土体产生过大相对滑动产生破坏

如图 12-5(b)所示,在荷载作用下,加筋体与土体间产生过大的相对滑动,甚至加筋体被拉出,加筋体复合土体发生破坏而引起整体剪切破坏。这种破坏形式多发生在加筋体埋置较浅,加筋层较少,加筋体强度高但锚固长度过短,两端加筋体与土体界面不能提供足够的摩擦力防止加筋体拉出的情况。试验表明,这种破坏形式多发生在 $\frac{u}{b} < \frac{2}{3}$ 且加筋层数 $N < 2$ 或 3 的情况。

3. 加筋体在剪切过程中被拉断而产生剪切破坏

如图 12-5(c)所示,在荷载作用下,剪切过程中加筋体被绷断,引起整体剪切破坏。这种破坏形式多发生在加筋体埋置较浅,加筋层数较多,并且加筋体足够长,两端加筋体与土体界面能够提供足够的摩擦力防止加筋体被拉出的情况。这种情况下,最上层加筋体首先被绷断,然后一层一层逐步向下发展。试验结果表明加筋体绷断破坏形式多发生在 $\frac{u}{b} < \frac{2}{3}$,且加筋体较长,加筋体层数 $N > 4$ 的情况。

五、复合地基的发展趋势

当前复合地基理论研究的最新发展表现为:

(1)多元复合地基的出现和大量应用,不同模量桩型组合复合地基,利用刚度大的桩承载,刚度低的桩解决失陷性、液化。

多种新型桩的出现使复合地基的分类变得多样化(见图 12-6),多元复合地基具有灵活、节省投资、承载力较高、适应性强等突出优点,值得大量推广。但就如何进行桩型选择、如何组合各种桩型等问题给广大的工程人员提出了更高的要求。

(2)工前、工中、工后地基处理方式的灵活应用,极大地提高了复合地基的承载能力。尤其是施工处理技术和顺序充分优化,是提高复合地基承载能力的有效途径。

(3)一次型施工与工后加固方式的有机结合是复合地基设计的新思路。例如:采用后灌浆技术就是工后加固提高承载力的一种新技术。

(4)增强承载力与减小沉降相结合,对于不同的目的采用不同的思路。两个方面相互影响,有时共同起作用。目前,出现采用"梳桩"来减小沉降量,这是复合地基设计中的新理念。新型材料的使用使增加承载力和减小沉降量变得更容易实现,充分考虑桩端下持力层塑性变形克服后期沉降大的问题;运用改变桩顶(或桩端)物件或材料的模量,是单桩(均匀布桩)复合地基研究的最高形式。长短桩刚性桩复合地基,也是重复利用上部持力层的良好实例。

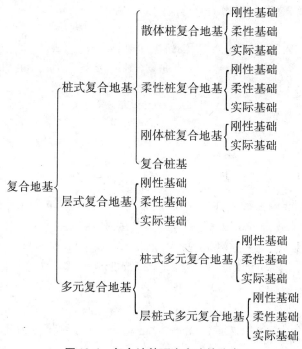

图 12-6 复合地基研究方法的分类

(5)发展无刚性竖向增强体的时代,靠扩大承力面积减小基底附加应力,也可视做满布"土"桩。

(6)桩基础,桩与基础底板(承台)刚接,依上部结构在柱、墙下布桩;褥垫层的运用,使复合地基的优化设计真正量化。

(7)数值计算方法在复合地基计算中的大量运用,是对地基处理经验分析的重要补充,有相互借鉴、相互促进、相互验证的趋势。复合地基涉及桩体、土体和下卧层的相互作用,还涉及基础刚度的相互作用的问题,十分复杂,而数值分析有着严密的数学基础,可以考虑众多的、复杂的影响因素,擅长解决复杂的边界问题,精度较高,但土体和桩体的本构模型难以准确选择,相信通过大家的理论研究和工程实践的探索,数值分析将是具有广泛运用前途的有效方法。

第二节 复合地基分类

由于复合地基的材料、结构形式种类很多,因此分类的方法也不同,对于不同类型的复合地基,其研究方法、设计方案、理论计算都不尽相同,本节主要从五个方面阐述分类方法。

一、根据复合地基荷载传递机制分类

根据复合地基荷载传递机制将复合地基分成竖向增强体复合地基和水平向增强体复合地基两类(见图 12-7)。竖向增强体复合地基通常称为桩体复合地基,如砂石桩、水泥土桩、土桩与灰土桩、CFG 桩等。水平向增强体复合地基主要包括由各种加筋材料,如土工隔栅、土工聚合物、金属材料格栅等形成的复合地基。

广义复合地基 { 竖向增强体复合地基 { 散体桩复合地基(砂石桩、碎石桩、矿渣桩)
柔体桩复合地基(石灰桩、水泥土桩、低强度混凝土桩)
刚性桩复合地基(混凝土疏桩、小桩复合地基、CFG 桩)
水平向增强体复合地基 —→ 加筋土复合地基

图 12-7　复合地基分类

二、按照成桩材料分类

(一)柔性桩

散体土类桩属于此类桩。散体材料桩复合地基的桩体是由散体材料组成的,桩身材料没有黏结强度,不能单独形成桩体,必须依靠周围土体的围箍作用才能形成桩体。散体土类桩复合地基的承载力主要取决于散体材料的内摩擦角和周围地基土体能够提供的桩侧阻力。柔性桩复合地基的桩体刚度较小,但具有一定的黏结强度。柔性桩复合地基的承载力由桩体和桩间土共同承担,其中绝大多数情形为桩体的置换作用。

(二)半刚性桩

半刚性桩中水泥掺入量的大小将直接影响桩体的强度。当掺入量较小时,桩体的特性类似柔性桩;而当掺入量较大时,桩体的特性又类似于刚性桩。为此,它具有双重特性。如水泥土类桩。

(三)刚性桩

刚性桩复合地基主要通过桩体的置换作用来提高地基的承载能力,由于桩体本身强度较高,所以承载能力比散体桩、柔性桩复合地基提高很多。中国建筑科学研究院地基基础研究所于 1992 年开发成功的 CFG 桩复合地基即为中国最早的刚性桩复合地基。

三、桩体复合地基按桩的分类

在桩体复合地基中,桩的作用是主要的,而地基处理中桩的类型较多,性能变化较大。为此,复合地基的类型按桩的类型进行划分较妥。然而,桩又可根据成桩所采用的材料以及成桩后桩体的强度(或刚度)来进行分类。

桩体按成桩所采用的材料可分为散体土类桩、水泥土类桩和混凝土类桩。

(1)散体土类桩:如碎石桩、砂桩等。

(2)水泥土类桩:如水泥土搅拌桩、旋喷桩等。

(3)混凝土类桩:树根桩、CFG 桩等。

四、水平向增强体复合地基按材料的分类

水平向增强体复合地基主要包括由各种加筋材料,如土工隔栅、土工聚合物、金属材

料格栅等形成的复合地基。

五、多元复合地基与桩网复合地基

复合地基中三种类型的桩(散体材料桩、柔性桩和刚性桩)的承载能力和变形特性是不同的,每一种地基处理方法都有其适用的范围和优缺点。将以上三种类型的桩两种甚至三种综合应用加固软土地基形成多元复合地基,以充分发挥各自桩型的优势和特点,大幅度提高地基承载力,减小地基沉降。

桩网复合地基是由水平向和竖向两个方向增强体构成的网状复合地基形式,即将单一的水平向增强体和竖向增强体进行组合,通过变形协调充分发挥桩 - 网 - 土各自的作用,有效控制工后沉降,从而达到综合加固的目的。

第三节 复合地基承载力

一、复合地基承载力的计算

桩体复合地基承载力的计算思路通常是先分别确定桩体的承载力和桩间土的承载力,然后根据一定的原则叠加这两部分承载力得到复合地基的承载力。主要方法有面积比复合地基承载力公式、复合地基的极限承载力、应力比复合地基的承载力公式等方法,本书中第一章已介绍了最常用的计算公式。在本章中将总结不同地基处理方法地基承载力的计算公式。

前面已经介绍了多种地基处理方法,不同地基处理方法得到的复合地基承载力公式不同,但其中也有的计算公式类似。具体总结如下。

(1)振冲法、砂石桩法、石灰桩法的计算公式如下

$$f_{spk} = mf_{pk} + (1 - m)f_{sk}$$
$$f_{spk} = [1 + m(n - 1)]f_{sk}$$

m 和 f_{sk} 取值对于石灰桩法有不同规定。

(2)CFG 桩法、水泥搅拌法、高压喷射注浆法的计算公式如下

$$f_{spk} = m\frac{R_a}{A_p} + \beta(1 - m)f_{sk}$$

其中 β 为桩间土强度折减系数,宜按地区经验取值,无经验时,三种方法取值有较大差异。对于 CFG 桩法,可取 0.75 ~ 0.95,天然地基承载力较高时取大值。对于水泥搅拌法,当桩端土未经修正的承载力特征值大于桩周土的承载力特征值的平均值时,可取 0.1 ~ 0.4,差值大时取低值;当桩端土未经修正的承载力特征值小于或等于桩周土的承载力特征值的平均值时,可取 0.5 ~ 0.9,差值大时或设置褥垫层时均取高值。对于高压喷射注浆法,可取 0 ~ 0.5,承载力较低时取低值。

式(6-1)中 R_a 的计算方法稍有不同,分别为

$$R_a = u_p \sum_{i=1}^{n} q_{si}l_i + q_p A_p \quad \text{且满足} \quad f_{cu} \geq 3\frac{R_a}{A_p} \text{(CFG 桩法)}$$

$$R_a = u_p \sum_{i=1}^{n} q_{si}l_i + q_p A_p \quad \text{且满足} \quad R_a = \eta f_{cu}A_p（高压喷射注浆法）$$

$$R_a = u_p \sum_{i=1}^{n} q_{si}l_i + \alpha q_p A_p \quad \text{且满足} \quad R_a = \eta f_{cu}A_p（水泥搅拌法）$$

由上述公式总结可看出,面积置换率 m 是一个重要的参数。实际工程中,由于地基土性质的变化、上部结构荷载的不均匀性以及基础平面尺寸等因素的影响,不可能在整个基础下都是等间距布桩。对只在基础下布桩的复合地基,桩的截面面积之和与基础总面积相等的复合土体面积之比,称为平均面积置换率。

桩体在平面上的布置形式最常用的有三种:等边三角形布置、正方形布置和长方形布置(见图 12-8)。

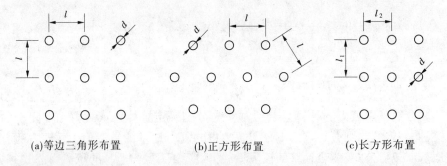

(a)等边三角形布置　　　　(b)正方形布置　　　　(c)长方形布置

图 12-8　桩体平面布置形式

若桩体为圆形,直径为 d,则对等边三角形布置、正方形布置(加固区域见图 12-9)和矩形布置的情形,复合地基面积置换率分别为:

$$m = \frac{A_p}{A_e} = \frac{d^2}{d_e^2}$$

等边三角形布置:　　　　　　$d_e = 1.05S$ 　　　　　　　　　　(12-1)

正方形布置:　　　　　　　　$d_e = 1.13S$ 　　　　　　　　　　(12-2)

长方形布置:　　　　　　　$d_e = 1.13\sqrt{S_1 S_2}$ 　　　　　　　(12-3)

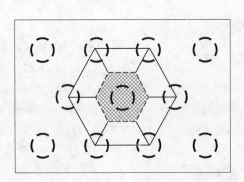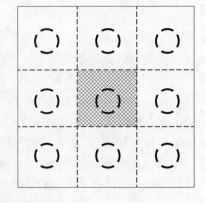

图 12-9　圆形截面桩加固区域示意图

式中　S——等边三角形布桩和正方形布桩时的桩间距,m;

　　　S_1、S_2——长方形布桩时的行间距、列间距。

二、水平向增强体复合地基承载力计算

水平向增强体复合地基主要包括在地基中铺设各种加筋材料,如土工织物、土工格栅等形成的复合地基。加筋土地基是最常用的形式。加筋土地基工作性状与加筋体长度、强度、加筋层数以及加筋体与土体间的黏聚力和摩擦系数等因素有关(龚晓南,1992)。

水平向增强体复合地基破坏可具有多种形式,影响因素也很多。到目前为止,水平向增强体复合地基的计算理论尚不成熟,其承载力可通过载荷试验确定。

这里只介绍 Florkiewicz(1990)承载力公式,供借鉴。

图 12-10 表示水平向增强体复合地基上的条形基础。刚性条形基础宽度为 B,下卧厚度为 Z_0 的加筋复合土层,其视黏聚力为 c_r,内摩擦角为 φ_0,复合土层下的天然土层黏聚力为 c,内摩擦角为 φ。

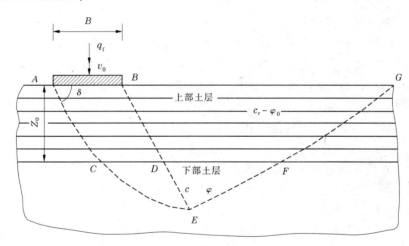

图 12-10　水平向增强体复合地基上的条形基础

Florkiewicz 认为基础的极限荷载 $q_f B$ 是无加筋体($c_r = 0$)的双层土体系的常规承载力 $q_0 B$ 和由加筋引起的承载力提高值 $\Delta q_f B$ 之和,即

$$q_f = q_0 + \Delta q_f \tag{12-4}$$

复合地基中各点的视黏聚力 c_r 值取决于所考虑的方向,其表达式(Schlosser 和 Long, 1974)为

$$c_r = \sigma_0 \frac{\sin\delta\cos(\delta - \varphi_0)}{\cos\varphi_0} \tag{12-5}$$

式中　δ——考虑的方向与加筋体方向的倾斜角;

　　　σ_0——加筋体材料的纵向抗拉强度。

采用极限分析法分析,地基土体滑动模式取 Prandtl 滑移面模式,当加筋复合土层中加筋体沿滑移面 AC 滑动时,地基破坏。此时,刚性基础竖直向下速度为 v_0,加筋体沿 AC 面滑动引起的能量消散率增量为

$$D = AC \cdot c_r v_0 \frac{\cos\varphi_0}{\sin(\delta - \varphi)} = \sigma_0 v_0 Z_0 \cot(\delta - \varphi_0) \tag{12-6}$$

于是承载力的提高值可用下式表示

$$\Delta q_f = \frac{D}{v_0 B} = \frac{Z_0}{B}\sigma\cot(\delta - \varphi_0) \tag{12-7}$$

上述分析中忽略了 $ABCD$ 区和 $BGFD$ 区中由于加筋体存在($c_r \neq 0$)能量消散率增量的增加。

三、复合地基载荷试验

复合地基承载力特征值:由载荷试验测定的地基土压力变形曲线线性变形段内规定的变形所对应的压力值,其最大值为比例界限值。基于复合地基是由增强体和地基土通过变形协调承载的机制,复合地基的承载力目前只能通过现场载荷试验确定。

试验点的数量不应少于3点,当满足其极差不超过平均值的30%时,可取其平均值为复合地基承载力特征值。

《建筑地基基础设计规范》(GB 50007—2011)指出,复合地基承载力特征值应通过现场复合地基载荷试验确定,或采用增强体的载荷试验结果和其周边土的承载力特征值结合经验确定。应当指出,单桩的桩土相互作用条件与承台下的单桩相比是有较大区别的,严格讲,有了单桩载荷试验结果和天然地基土的载荷试验结果仍难以导出桩土变形协调的复合地基的载荷试验结果。因此,规范强调指出应结合经验确定。

根据《建筑地基处理技术规范》(JGJ 79—2002)中第 3.0.4 条的规定,经载荷试验确定的复合地基承载力特征值修正时,应符合下列规定:

(1)地基宽度的地基承载力修正系数应取零。

(2)基础埋深的地基承载力修正系数应取 1.0。

经地基处理后的地基,当在受力层范围内仍存在软弱下卧层时,尚应验算下卧层的地基承载力;对水泥土类桩复合地基尚应根据修正的复合地基承载力特征值,进行桩身强度验算。

【例 12-1】　某软弱土地基承载力特征值为 100 kPa,采用水泥土搅拌桩处理方案,设计桩径为 $d = 500$ mm,采用正方形布置,桩间距 S 为 1.2 m;按照岩土的物理、力学性质指标确定的单桩承载力为 $R_a = 210$ kN;已知 $\beta = 0.8$,$\eta = 0.3$,$f_{cu} = 3$ MPa,$f_{sk} = 100$ kPa,试确定:

(1)搅拌桩单桩竖向承载力特征值与下面哪一个最相近?(　　)

A. 210 kN　　　　　B. 176 kN　　　　　C. 588 kN　　　　　D. 193 kN

答案:B

(2)复合地基承载力特征值与下面哪一个最相近?(　　)

A. 215 kPa　　　　　B. 191 kPa　　　　　C.477 kPa　　　　　D. 203 kPa

答案:B

解:(1)$R_a = \eta f_{cu} A_p = 0.3 \times 3\,000 \times 0.25^2 \times 3.14 = 177$(kN)

$$R_a = u_p \sum_{i=1}^{n} q_{si} l_i + \alpha q_p A_p = 210\,(\text{kN})$$

比较以上两个式子,取较小值,取 $R_a = 177$ kN,
故选择答案 B。

$$(2) m = \frac{A_p}{A_e} = \frac{0.25^2 \times 3.14}{1.2 \times 1.2} = 0.136$$

$$f_{spk} = m \frac{R_a}{A_p} + \beta(1-m)f_{sk} = 0.136 \times \frac{177}{0.196\,25} + 0.8 \times (1-0.136) \times 100 = 191.8(kPa)$$

故选择答案 B。

第四节 复合地基稳定性

在复合地基设计时有时还需要进行稳定性分析。与承载力研究和变形研究相比,复合地基的稳定性问题还是一个较少涉及的研究方向。究其原因,首先在实际工作中,地基基础的问题通常都消化成了承载力和变形的问题,稳定性问题并不突出;其次目前尚没有分析复合地基稳定性的较为成熟的理论和切实可行的方法。但是,实际工程中往往会遇到一些地基特别软弱或者工程地质条件特别复杂的情况(如岩溶地基、硐室地基),在这种情况下对复合地基的稳定性进行分析评价以及在必要时采取相应的措施是很有必要的。因此,在复合地基的稳定性分析方面作一些探讨与尝试具有理论意义和实际意义。

一、复合地基单桩稳定性分析

桩屈曲破坏的早期研究表明(Forsell,1918 和 Granholm,1929),除打入极软弱的土层中的细长混凝土桩等外,一般可以去考虑桩的屈曲问题。但是,随着对复合地基承载力要求的提高,复合地基中桩体变得较为细长,因此必须慎重考虑桩的屈曲失稳问题。Lee(1968)的室内钢桩、铝桩模型试验就证明了在软弱土层中桩的屈曲失稳是可能的。

在普通钢筋混凝土桩的稳定性分析方面,有研究人员进行了一些研究工作。研究表明,桩的正摩擦力有利于桩的稳定,可以提高临界荷载,桩侧负摩擦力会降低桩的临界荷载,忽略桩侧负摩擦力的影响是危险的。如果将桩侧摩擦阻力简化为线性变化的荷载,土的侧向约束力可由 Winkler 地基假设按"m"法确定,通过推导和数值计算,得到了桩顶弹性嵌固、桩端为固端时的桩顶集中荷载和桩侧摩阻力作用下竖向稳定性问题的数值解。

因此,复合桩基中的单桩稳定性分析应全面考虑以下因素:

(1)由于桩侧存在负摩擦力和正摩擦力,所以桩身的轴力是变化的,桩间土对桩身的侧向约束力与桩身的侧向变形大小有关,类似弹簧约束。

(2)由于桩顶并不嵌入基础中,桩端也不嵌入岩石中,所以桩顶和约束都不能视为固定,而是弹性约束。所以,完全考虑上述影响因素的临界力计算非常困难,目前正在研究中。

二、复合地基群桩稳定性分析

复合地基的群桩整体稳定性可以采用圆弧分析法计算。在圆弧分析法中假设复合地基的滑动面是通过加固区和未加固区的圆弧,在滑动面上力矩记为 M_S,则沿该圆弧滑动

面发生滑动破坏的安全系数 K 为

$$K = \frac{M_R}{M_S} \tag{12-8}$$

假设:建筑物基础埋深为零,不考虑桩体对地基的抗滑作用,圆弧分析法的计算原理见图 12-11。

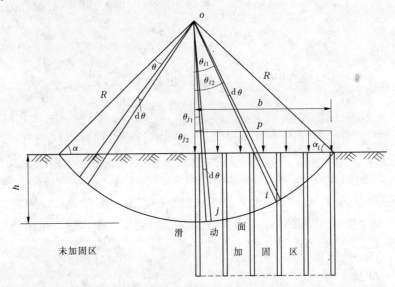

图 12-11　圆弧分析法(基础埋深为零)

复合地基在外荷载 p 的作用下相对于滑动圆弧圆心 o 的总滑动力矩 M_S 为

$$M_S = \int_0^b px\mathrm{d}x = \frac{1}{2}pb^2 \tag{12-9}$$

式中　b——基础宽度,m。

当不考虑桩体对地基的抗滑作用时,在外荷载 p 的作用下的复合地基相对于滑动圆弧的总抗滑力矩 M_R 为

$$M_R = 2\int_0^{\frac{\pi}{2}-\alpha} \tau_s R \cdot R\mathrm{d}\theta = \frac{2\tau_s\left(\frac{\pi}{2}-\alpha\right)b^2}{\cos^2\alpha} \tag{12-10}$$

式中　R——滑动圆弧的半径;

　　　τ_s——复合地基土的抗剪强度,kPa。

因此,滑动破坏的安全系数可表示为

$$K = \frac{M_R}{M_S} = \frac{\tau_s(\pi - 2\alpha)b^2}{pb^2\cos^2\alpha} \tag{12-11}$$

为求最危险的滑动面,在式(12-11)中令

$$\frac{\mathrm{d}K}{\mathrm{d}\alpha} = 0 \tag{12-12}$$

可得

$$(\pi - 2\alpha)\sin\alpha - \cos\alpha = 0 \tag{12-13}$$

对式(12-13)用牛顿迭代法求解,可得

$$\alpha = 0.403\mathrm{rad} \tag{12-14}$$

$$h = R(1 - \sin\alpha) = 0.66b \tag{12-15}$$

式中　h——滑动面最深处的埋深,m。

由式(12-15)可知,最危险的滑动圆弧会通过基础边沿下深度为基础宽度的2/3处。

复合地基加固区复合土体的抗剪强度 τ_c 可用下式表示

$$\tau_c = (1 - m)\tau_s + m\tau_p \tag{12-16}$$

式中　τ_s——桩间土抗剪强度;

τ_p——桩体抗剪强度;

m——复合地基面积置换率。

第五节　复合地基沉降计算

《建筑地基处理技术规范》(JGJ 79—2002)中规定,按地基变形设计或应作变形验算且需进行地基处理的建筑物或构筑物,应对处理后的地基进行变形验算;受较大水平荷载或位于斜坡上的建筑物及构筑物,当建造在处理后的地基上时,应进行地基稳定性验算。

复合地基的沉降由两部分组成(见图12-12),第一部分是复合加固区的沉降变形 s_1,其计算方法有复合模量法(E_c 法)、应力修正法(E_s 法)、桩身压缩模量法(E_p 法)等。但工程中常将加固区中的桩体和桩间土的复合体(复合模量法)的压缩模量采用分层复合模量(E_{spi}),分层按天然土层划分,采用分层总和法计算 s_1;第二部分是加固区以下下卧层的沉降变形 s_2,采用应力扩散后的应力计算加固区下卧层的沉降变形,用扩散后应力作用宽度作为计算宽度,采用分层总和法计算。

其总沉降变形量

$$s = s_1 + s_2 \tag{12-17}$$

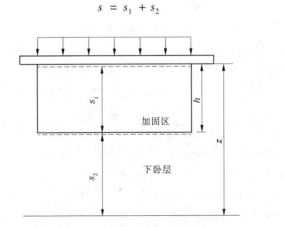

图 12-12　复合地基的沉降

复合地基加固区土层的压缩量 s_1 的计算方法主要有下述三种:复合模量法、应力修正法和桩身压缩量法。三种方法中复合模量法应用较多。加固区下卧层土层压缩量 s_2

的计算常采用分层总和法计算。在工程应用上,作用在下卧层上的荷载常采用下述三种方法计算:压力扩散法、等效实体法和改进 Geddes 法。

一、加固区的土层压缩量 s_1 的计算方法

加固区的土层压缩量 s_1 的计算方法一般有以下三种。

(一)复合模量法

将复合地基加固区中增强体和基体两部分视为一复合土体,采用复合压缩模量 E_{cs} 来评价复合土体的压缩性。采用分层总和法计算加固区的压缩模量。将土层分为 n 层,每层复合土体的复合压缩模量为 E_{csi},加固区的土层的压缩量 s_1 的表达式为

$$s_1 = \sum_{i=1}^{n} \frac{\Delta p_i}{E_{csi}} H_i \tag{12-18}$$

式中　Δp_i——第 i 层复合土上附加应力增量;

H_i——第 i 层复合土层的厚度。

复合模量法的关键是复合地基模量的确定和计算,由于受许多因素的影响,使得复合模量的计算较为困难。复合土体的复合模量也可采用弹性理论求解出解析解或数值解或通过室内试验来测定。

(二)应力修正法

在竖向增强体的复合地基中,增强体的存在使作用在桩间土上的荷载密度比作用在复合地基上的平均荷载密度要小。在采用应力修正法计算压缩量时,根据桩间土承担的荷载,按照桩间土的压缩模量,忽略增强体的存在,采用分层总和法计算加固区土层的压缩量。

$$p_s = \frac{p}{1 + m(n-1)} = \mu_s p \tag{12-19}$$

式中　p——复合地基平均荷载密度;

μ_s——应力减少系数,也称为应力修正系数;

n——复合地基桩土应力比;

m——复合地基的置换率。

复合地基在加固区土层中的压缩模量采用分层总和法计算,其表达式为

$$s_1 = \sum_{i=1}^{n} \frac{\Delta p_{si}}{E_{si}} H_i = \mu_s \sum_{i=1}^{n} \frac{\Delta p_i}{E_{si}} H_i = \mu_s s_{1s} \tag{12-20}$$

式中　Δp_i——荷载 p 作用下第 i 层桩间土的附加应力增量,相当于未加固地基在荷载作用下第 i 层土上的附加应力增量;

Δp_{si}——复合地基中第 i 层土中的附加应力增量;

s_{1s}——未加固地基(天然地基)在荷载 P 作用下相应厚度内的压缩量。

该方法存在的问题是桩间土分担的荷载是不均匀的,再则地表以下的土体不仅承受桩间土地表传来的荷载,也承受桩侧摩阻力传来的荷载,即不能忽略桩的存在。

(三)桩身压缩量法

在荷载作用下,若桩体不会发生桩底刺入下卧层的沉降变形,则可以通过计算桩身的

压缩量来计算加固区土层的压缩量。

在桩身压缩量法中根据作用在桩体上的荷载和桩体变形模量计算桩身压缩量,并将桩身压缩量作为加固区土层压缩量。

竖向增强体复合地基桩体分担点荷载为

$$p_p = \frac{np}{1 + m(n+1)} = \mu_p p \tag{12-21}$$

若桩侧摩阻力为平均分布,桩底端承力为 p_{b0},则桩身压缩量为

$$s_1 = s_p = \frac{\mu_p p + p_{b0}}{2E_p}l \tag{12-22}$$

式中　μ_p——应力集中系数;

　　　l——桩身长度,即等于加固区厚度;

　　　E_p——桩身材料变形模量。

若桩侧摩阻力分布不是均匀分布的,则需先算桩身压缩量。计算中也可考虑桩身变形模量沿桩长方向的变化,压缩量 s_1 的表达式为

$$s_1 = s_p = \int_0^l \frac{p_p(z)}{E_p(z,p)}dz \tag{12-23}$$

式中　$p_p(z)$——桩身应力沿深度变化的表达式;

　　　$E_p(z,p)$——桩身变形模量,可以是深度和桩身应力 p 的函数。

桩身压缩量法的前提是桩端不发生刺入下卧层的沉降变形,而实际对于复合地基来说在很多情况下会发生刺入变形。

二、下卧层土层压缩量 s_2 的计算方法

复合地基加固区下卧层土层指复合土层下未加固的土层。由于其未加固处理,土的工程特性没有变化,只是因其上部复合地基的性能改变,导致下卧层的应力分布有所变化,故主要的设计方法比较适合土层的应力分布,然后采用分层总和法计算其沉降量。

下卧层土层压缩量 s_2 通常采用分层总和法计算

$$s_2 = \sum_{i=1}^n \frac{e_{1i} - e_{2i}}{1 + e_{1i}}H_i = \sum_{i=1}^n \frac{\alpha_i(p_{2i} - p_{1i})}{1 + e_{1i}}H_i = \sum_{i=1}^n \frac{\Delta p_i}{E_{si}}H_i \tag{12-24}$$

式中　e_{1i}——根据第 i 分层的自重应力平均值(即 p_u)从土的压缩曲线上得到相应的孔隙比;

　　　e_{2i}——根据第 i 分层的自重应力平均值与附加应力平均值之和,从土的压缩曲线上得到相应的孔隙比;

　　　H_i——第 i 分层土的厚度;

　　　α_i——第 i 分层土的压缩系数;

　　　E_{si}——第 i 分层土的压缩模量。

在计算下卧层土层压缩量 s_2 时,作用在下卧层上的荷载是比较难以精确计算的。目前在工程应用上,常采用下述三种方法计算。

(一)应力扩散法

应力扩散法计算加固区下卧层上附加压力示意图如图 12-13 所示。将复合地基视为

双层地基,由加固区的土层和下卧层土层组成。复合地基上作用的荷载 p,通过加固区土层,应力扩散角为 β,作用在下卧层上的荷载 p_b,计算方法如下

$$p_{b} = \frac{bDp}{(b + 2h\tan\beta)(D + 2h\tan\beta)} \tag{12-25}$$

式中　b——复合地基上荷载作用宽度;

　　　D——复合地基上荷载作用长度;

　　　h——复合地基加固区厚度。

采用应力扩散法计算关键是压力扩散角的合理选用。应力扩散角的值可由竖向增强体复合地基的加固区复合模量与下卧层土体的压缩模量之比来确定。至今没有人提出复合地基的 β 的计算或者确定方法,都是参照天然地基的应力扩散角。

对条形基础,仅考虑宽度方向扩散,则式(12-25)可改写为

$$p_b = \frac{bp}{b + 2h\tan\beta} \tag{12-26}$$

对于加固区为有限范围时,不能把复合地基视为双层地基。

(二)等效实体法

等效实体法计算加固区下卧层上附加应力示意图如图 12-14 所示。复合地基上荷载密度为 p_b,作用面长度为 D,宽度为 S,加固区厚度为 h,f 为等效实体侧摩阻力密度,则作用在下卧层上的附加应力 p_b 为

$$p_b = \frac{bDp - (2b + 2p)hf}{bD} \tag{12-27}$$

对于条形基础,式(12-27)可改写为

$$p_b = p - 2hf/b \tag{12-28}$$

等效实体法计算关键是侧摩阻力的计算。

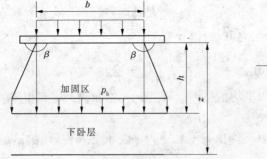

图 12-13　应力扩散法

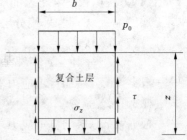

图 12-14　等效实体法

(三)改进 Geddes 法

改进 Geddes 法的计算思路为将下卧层应力计算分为桩间土引起的下卧层附加应力和桩体引起的应力两个部分,桩间土引起的下卧层附加应力用 Boussinesq 方法计算;桩体引起的应力按照 Geddes 方法计算。两者的合成就得到下卧层受到的附加应力值。

建议采用下述方法计算下卧层土层中的应力。复合地基总荷载为 p，桩体承担 p_p，桩间土承担 $p_s = p - p_p$。桩间土承担的荷载 p_s 在地基上所产生的竖向应力 $\sigma_{z,ps}$，其计算方法和天然地基中应力计算方法相同。桩体承担的荷载 p_p 在地基中所产生的竖向应力采用 Geddes 法计算。然后叠加两部分应力得到地基中总的竖向应力。

S. D. Geddes(1996 年)将长度为 L 的单桩在荷载 Q 作用下对地基土产生的作用力，近似地视做如图 12-15 所示的桩端集中力 Q_p，桩侧均匀分布的摩阻力 Q_r 和桩侧随深度线性增长的分布摩阻力 Q_t 等三种形式荷载的组合。S. D. Geddes 根据弹性理论半无限体中作用一集中力的 Mindlin 应力解积分，导出了单桩的上述三种形式荷载在地基中产生的应力计算公式。地基中的竖向应力 $Q_{z,Q}$ 可按下式计算

$$\sigma_{z,Q} = \sigma_{z,Q_p} + \sigma_{z,Q_r} + \sigma_{z,Q_t} = \frac{Q_p K_p}{L^2} + \frac{Q_r K_r}{L^2} + \frac{Q_t K_t}{L^2} \tag{12-29}$$

式中　　K_p、K_r、K_t——竖向应力系数。

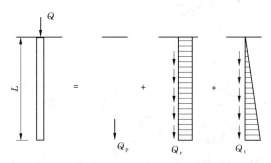

图 12-15　单桩荷载的组合

对于由 n 根桩组成的桩群，地基中竖向应力可对这 n 根桩逐根采用式(12-29)计算后叠加求得。由桩体荷载 p_p 和桩间土荷载 p_s 共同产生的地基中竖向应力表达式为

$$\sigma_z = \sum_{i=1}^{n} \left(\sigma_{z,Q_p^i} + \sigma_{z,Q_r^i} + \sigma_{z,Q_t^i} \right) + \sigma_{z,p_s} \tag{12-30}$$

【例 12-2】　某软土地基，天然地基土压缩模量为 2.5 MPa，厚度为 8.0 m，以下为不可压缩土层，采用水泥土搅拌桩对其进行地基处理，桩体压缩模量为 150 MPa，置换率为 15%，基底附加压力为 160 kPa，桩端平面处 $z_i \bar{\alpha}_i - z_{i-1} \bar{\alpha}_{i-1} = 2.8$，问：

(1)复合层压缩模量与下面(　　)数值最接近？

A. 24.6 MPa　　　　B. 76.3 MPa　　　　C. 22.5 MPa　　　　D. 39.4 MPa

(2)复合地基沉降量最接近(　　)的数值。

A. 0.9 mm　　　　B. 18.32 mm　　　　C. 19.9 mm　　　　D. 11.4 mm

解：(1)复合层压缩模量

$$E_{sp} = \frac{E_p A_p + E_s A_s}{A} = \frac{0.15 \times 150 + 0.85 \times 2.5}{1} = 24.625(MPa)$$

故正确答案是：A。

(2)复合地基沉降量

$$s = \sum_{i=1}^{ni} \frac{p_0}{E_{spi}} (z_i \alpha_i - z_{i-1} \alpha_{i-1}) + \sum_{i=ni+1}^{n} \frac{p_0}{E_{si}} (z_i \bar{\alpha_i} - z_{i-1} \bar{\alpha_{i-1}}) = \frac{160 \times 2.8}{24.6} = 18.2 (\text{mm})$$

故正确答案是：B。

第六节　复合地基优化设计

复合地基已成为土木工程建设中常用的基础形式之一。采用复合地基可以比较充分利用自然地基和增强体两者的潜能，并且可以通过调整增强体的刚度、长度和复合地基置换率等设计参数以满足地基承载力和控制沉降量的要求，具有较大的灵活性。因此，复合地基具有一定的优势。展望复合地基的发展，在复合地基计算理论、复合地基形式、复合地基施工工艺、复合地基质量检查等方面都具有较大的发展空间，都有很多工作需要做。复合地基的发展需要更多的工程实践经验的积累，需要工程记录的研究，需要理论上的探索，需要设计、施工、科研和业主单位的共同努力。

复合地基的优化设计势在必行，主要有以下几个步骤。

一、优化设计的前期工作

(1)设计前应掌握详细的岩土工程勘察资料，上部结构及基础设计资料等。

(2)应根据工程要求，确定选用复合地基的目的、处理范围和处理后要求达到的承载力，工后沉降等各项技术经济指标。

(3)应结合工程情况，了解当地复合地基选用经验和施工条件，对于有特殊要求的工程，尚应了解其他地区的有关经验等。

(4)应掌握建筑物场地的环境情况，包括邻近建筑、地下工程和有关地下管线等情况。

二、复合地基形式选用原则

(1)应根据上部结构类型、荷载大小及使用要求对地基处理的要求和工程地质，水文地质条件，上部结构和基础形式，施工条件，以及环境条件进行综合分析，提出几种可供考虑的复合地基方案，经过技术经济比较，并考虑工期和环境保护要求，选用合理的复合地基形式。

(2)对初选的各种复合地基形式，分别从加固原理、适用范围、预期处理效果、耗用材料、施工机械、工期要求和对环境的影响等方面进行技术经济比较分析，选择一个或几个较合理的复合地基方案。

(3)对大型重要工程，应对已经选择的复合地基方案，在有代表性的场地上进行相应的现场试验或试验性施工，并进行必要的测试，以检验设计参数和处理效果。通过比较分析，选择和优化设计方案。

(4)在施工过程中应加强监测。监测结果如达不到设计要求，则应及时查明原因，修改设计参数或采取其他必要措施。

三、复合地基优化设计原则

（1）各类地基载荷规律，应力场和位移场特性。桩体复合地基设计中，应保证复合地基中桩体和桩间土在荷载作用下能够共同直接承担荷载。

（2）各类复合地基承载力和沉降计算方法及计算参数研究。

（3）复合地基设计宜按沉降控制设计思路进行设计。

（4）设计中应重视基础刚度对复合地基性状的影响。柔性基础下复合地基设计和刚性基础下桩体复合地基设计，应采用不同的计算参数；刚性基础下的复合地基宜设置柔性垫层，以改善地基和基础底板的受力性能；柔性基础下的复合地基应设置加筋碎石垫层等刚度较大的褥垫层；柔性基础下不宜采用不设褥垫层的桩体复合地基。通过变形协调，增强体与天然地基土体共同承受上部结构传来的荷载，这是形成复合地基的基本条件。在建筑工程中，通常在复合地基上设置刚度较大的扩展基础或筏形基础，也称为刚性基础下的复合地基。而在道路工程中，荷载则通过刚度较小的道路面层传递，亦称为柔性基础下的复合地基。理论研究和现场实测结果表明，刚性基础和柔性基础下的复合地基的性状有较大差异。因此，增强体与天然地基土体在荷载作用下的变形协调关系是复合地基性状的主要特性。设计时为了较充分地发挥天然地基土的承载作用，要求桩土间的荷载分担比在一个比较合理的范围内，这是复合地基设计中的关键所在。

（5）考虑桩 - 土 - 褥垫层体系的共同作用。通过改变褥垫层的模量和厚度可以很好地调节桩土间的荷载分配，即调节桩土应力比 n，使桩土能够同步发挥承载力，从而达到优化设计的目的。

（6）研究动力载荷和周期载荷作用下各类复合地基性状。

（7）复合地基测试技术等。对于多元复合地基中的单桩桩身质量检测，可依照各类桩的检测法分别进行。刚性桩可采用低应变动力检测法检测桩身完整性；深层搅拌水泥土桩可采用轻便动力触探或抽芯检测；石灰桩可采用静力触探或轻便动力触探检测桩身强度和成桩质量；碎石桩可采用重型动力触探检测成桩质量。

同时，与竖向增强体复合地基相比较，水平向增强体复合地基的工程实践积累和理论研究相对较少。随着土工合成材料的发展，水平向增强体复合地基工程应用肯定会得到越来越大的发展，要积极开展水平向增强体复合地基的承载力和沉降计算理论的研究。展望复合地基技术的发展，相信最近几年在理论和工程实践两个方面我国都会有长足的发展。

思考题

12-1　什么是复合地基？简述其效应。

12-2　简述复合地基的分类。

12-3　简述复合地基的破坏模式。

12-4　何谓面积置换率？如何确定？

12-5　何谓桩土应力比？主要影响因素有哪些？有何影响？

12-6　复合地基基础下设置褥垫层的作用有哪些?

12-7　如何确定地基处理面积?

12-8　如何确定地基处理深度?

12-9　如何确定复合地基的沉降量?

12-10　怎样进行复合地基的优化设计?

参 考 文 献

[1] 中华人民共和国建设部.JGJ 79—2002 建筑地基处理技术规范[S].北京:中国计划出版社,2002.

[2] 中华人民共和国住房和城乡建设部,国家质量监督检验检疫总局.GB 50007—2011 建筑地基基础设计规范[S].北京:中国计划出版社,2011.

[3] 中国建筑科学研究院.JGJ 123—2000 既有建筑地基基础加固技术规范[S].北京:中国建筑工业出版社,2000.

[4] 中华人民共和国建设部,国家质量监督检验检疫总局.GB 50021—2001 岩土工程勘察规范(2009年版)[S].北京:中国建筑工业出版社,2009.

[5] 中华人民共和国国家标准.GB 50301—2001 建筑工程质量检验评定标准[S].北京:中国计划出版社,2001.

[6] 中华人民共和国住房和城乡建设部,国家质量监督检验检疫总局.GB 50164—2011 混凝土质量控制标准[S].北京:中国建筑工业出版社,1992.

[7] 中华人民共和国国家标准.GB 175—1999 硅酸盐水泥、普通硅酸盐水泥[S].北京:中国计划出版社,1999.

[8] 中华人民共和国国家标准.JGJ 63—89 混凝土拌和用水标准[S].北京:中国计划出版社,1989.

[9] 林宗元.岩土工程治理手册[M].沈阳:辽宁科学技术出版社,1993.

[10] 林宗元.岩土工程试验监测手册[M].辽宁:辽宁科学技术出版社,1994.

[11] 龚晓南.复合地基[M].杭州:浙江大学出版社,1992.

[12] 叶书麟.地基处理[M].北京:中国建筑工业出版社,2004.

[13] 左名麒.地基处理实用技术[M].北京:中国铁道出版社,2005.

[14] 叶观宝,叶书麟.地基加固新技术[M].北京:机械工业出版社,1999.

[15] 钱家欢,殷宗泽.土工原理与计算[M].2版.北京:中国水利水电出版社,1996.

[16] 龚晓南.地基处理技术发展与展望[M].北京:中国水利水电出版社,知识产权出版社,2004.

[17] 龚晓南.地基处理手册[M].3版.北京:中国建筑工业出版社,2008.

[18] 叶书麟,韩杰,叶观宝.地基处理与托换技术[M].北京:中国建筑工业出版社,2000.

[19] 苏宏阳.基础工程施工手册[M].北京:中国计划出版社,1996.

[20] 黄德发,王宗敏,杨彬.地层注浆堵水与加固施工技术[M].徐州:中国矿业大学出版社,2003.

[21] 莫海鸿,杨小平.基础工程[M].北京:中国建筑工业出版社,2008.

[22] 欧阳仲春.现代土工加筋技术[M].北京:人民交通出版社,1990.

[23] 包承纲.土工合成材料应用原理与工程实践[M].北京:中国水利水电出版社,2008.

[24] 江见鲸,陈希哲,崔京浩,等.建筑工程事故处理与预防[M].北京:中国建材工业出版社,2000.

[25] 孙林娜,龚晓南.复合地基沉降及按沉降控制的优化设计研究[C].杭州:浙江大学,2006.

[26] 张季超.地基处理[M].北京:高等教育出版社,2008.

[27] 巩天真,岳晨曦.地基处理[M].北京:科学出版社,2008.

[28] 殷宗泽,龚晓南.地基处理工程实例[M].北京:中国水利水电出版社,2000.

[29] 徐至钧,赵锡宏.地基处理技术与工程实例[M].北京:科学出版社,2008.